Karin Behring, Rudolf Kretschmann, Yvonne Dobrindt



# Prozessdiagnose mathematischer Kompetenzen

## Band III: Grundlegende Fertigkeiten des 2. Schuljahres Schwerpunkt Arithmetik

Persen

Persen Verlag GmbH

## Bergedorfer® Förderprogramme • 9

Die „Bergedorfer® Förderprogramme" sind eine Schriftenreihe aus dem Bereich der Pädagogik und Sonderpädagogik.

Da Leistungsausfälle in den verschiedensten Bereichen oft ihre Ursachen in dem Ausfall einzelner Grundfähigkeiten haben, ergibt sich die Notwendigkeit, gezielte Förderprogramme mit praxisorientierten Hinweisen und Anleitungen zu entwickeln.

In den Einzelschriften der „Bergedorfer® Förderprogramme" werden daher theoretische Erkenntnisse und praktische Erfahrungen in ganz speziellen Bereichen so aufbereitet, dass sie ohne große Schwierigkeiten in die Praxis umgesetzt werden können.

„Bergedorfer® Förderprogramme" sollen fiir alle, die mit der Gestaltung von Fördennaßnahmen befasst sind, eine Hilfe sein.

Heiner Müller
(Herausgeber)

Diese Materialien enstanden im Rahmen des Programms „Schulbegleitforschung" des Landes Bremen. Wir danken den Behörden des Landes Bremen rur die großzügige Unterstützung.

Die Autoren

Gedruckt auf umweltbewusst gefertigtem, chlorfrei gebleichtem
und alterungsbeständigem Papier.

3. Auflage 2008.
Nach den seit 2006 amtlich gültigen Regelungen der Rechtschreibung


ISBN 978-3-8344-**3364**-0

www.persen.de

# Inhaltsverzeichnis

## Band I: Theoretische Begründung und Vortest

# Band II: Grundlegende Fertigkeiten des 1. Schuljahres

## Kurzübersicht[1]:



[1] Ausführliche Inhaltsangaben jeweils vor den einzelnen Kapiteln.

# Band III: Grundlegende Fertigkeiten des 2. Schuljahres – Schwerpunkt Arithmetik

## Kurzübersicht[2]:



[2] Ausführliche Inhaltsangaben jeweils vor den einzelnen Kapiteln.

# Vorwort

Die vorliegende Aufgabensammlung ist eine Erprobungsfassung. Sie ist in mehrjähriger Arbeit im Rahmen eines Schulbegleitforschungsprojekts des Landes Bremen entstanden. Sie soll helfen bei Kindern mit erhöhtem bzw. sonderpädagogischem Förderbedarf die Zone der aktuellen Leistung zu ermitteln, um passende Förderangebote entwickeln zu können. Die Förderung soll sich auf den Lerngegenstand beziehen. Die Förderung lerngegenstandsunspezifischer Kompetenzen wie „Wahrnehmung“ oder „Motorik“ halten wir für einen methodischen Umweg. Auch bei einer gezielten und wirklichkeitsnahen Mathematikförderung wird die Wahrnehmung trainiert. Dennoch ist unser Ansatz nicht bloß nachhilfeorientiert. Mit Fragen zur Allgemeinentwicklung, zum Arbeitsstil („Lernhandeln“) bzw. zur emotionalen Einstellung zum Lerngegenstand setzen wir die schulischen Leistungen in einen Entwicklungskontext. Für den Fall, dass ein Kind sich eines unzweckmäßigen Arbeitsstils bedient oder ein gestörtes Verhältnis zu dem Lerngegenstand entwickelt hat, werden Lernfortschritte im Fach Mathematik erst dann (wieder) zu erwarten sein, wenn das Kind Hilfestellungen erhält, um zweckmäßiges Lernhandeln auf- bzw. Ängste und Hemmungen abzubauen. Wie dies erfolgen kann, ist in Bezug auf das Lernhandeln in dem Kapitel „Anleitung zum schulischen Lernen“ (Band I, Kap. 4, S. 15) ausführlich dargestellt. Möglichkeiten zur emotionalen Stabilisierung sind jeweils in den ersten Kapiteln des ersten und zweiten Bandes kurz skizziert.

Wir hätten an der Sammlung gerne noch länger getüftelt und gefeilt, Aufgaben erprobt und den einen oder anderen fachlichen Kommentar oder Fördervorschlag angefügt. Da wir in der einen oder anderen Form jedoch schon über unsere Arbeiten berichtet haben, wurden wir förmlich bedrängt, die Materialien endlich zur Verfügung zu stellen. Das tun wir hiermit. Wir sind uns bewusst, dass manches noch verbesserungsbedürftig ist. Dabei hoffen wir auf Ihre Mithilfe. Sie finden auf dieser Seite eine Adresse für Änderungsvorschläge. Wir würden uns über Mitteilungen von Ihnen freuen.

Unser Dank gilt der Schulbehörde des Landes Bremen, die das Projekt durch die Bereitstellung von Stundendeputaten gefördert hat, insbesondere der kürzlich verstorbenen Kollegin Barbara Kleinert-Molitor, die am Zustandekommen des Projekts maßgeblichen Anteil hatte.

Bremen, im Juni 1999

Karin Behring, Rudolf Kretschmann, Yvonne Dobrindt

Adresse für Änderungsvorschläge:

Prof. Dr. Rudolf Kretschmann
Studiengang Behindertenpädagogik, FB 12
Tel. 0421/2182583, Fax 2184577
Universität Bremen
Postfach 33 04 40
D-28334 Bremen

# 1 Übersicht über den erwarteten zeitlichen Verlauf der Entwicklung

Diese zeitlichen Zuordnungen entsprechen den Zeiträumen, in denen die entsprechenden Aufgaben behandelt werden, wobei wir eher von einem langsamen als von einem zügigen Lerntempo ausgegangen sind. Es kommt jedoch häufig vor, dass Lehrerinnen und Lehrer aus gutem Grund eine andere Zeiteilung wählen. Dies ist bei der Überprüfung des Leistungsstandes eines Kindes zu berücksichtigen.

Bei Kindern mit sonderpädagogischem Förderbedarf bzw. Lernrückständen ist ein anderer, individueller zeitlicher Maßstab anzulegen. Es ist durchaus denkbar, dass für ein Kind aus der 3. Klasse an der Schule für Lernbehinderte Aufgaben aus den Etappen I und II (s. u.) angemessen sind. Einer systematischen Überprüfung hat eine ungefähre Kompetenzeinschätzung durch den/die Mathematiklehrer/in voranzugehen.

***Die folgenden Aufgaben empfehlen sich unabhängig von der Klassenstufe bei allen Kindern mit erhöhtem Förderbedarf:***

- Ermittlung der emotionalen Einstellung zum Lerngegenstand Mathematik (Band I, Kap. 6.2)
- Mathematische Umwelterfahrungen mit Zahlen und Größen (Band II, Kap. 5)
- Rechenzeichen kennen (Band II, Kap. 3.2)
- Benutzung von Rechenmaterial (Band II, Kap. 4)

***Die folgenden Aufgaben empfehlen sich unabhängig von der Klassenstufe, wenn Sie nicht sicher sind, ob das Kind über die entsprechenden Kompetenzen verfügt:***

- Unterscheiden von Buchstaben, Ziffern, Rechenzeichen und geometrischen Formen (Band II, Kap. 3.1.1)
- Orientierung: Lagebegriffe kennen, Positionen finden (Band II, Kap. 4.1)
- Mit Tabellen umgehen (Band II, Kap. 4.2)

## Übersichtsplan (1)

| Etappe I: Schuljahr/1. Halbjahr | Etappe II: Ende 1. Schj./Anfang 2. Schj. | Etappe III: 2. Schuljahr/Ende des 1. Halbj. | Etappe IV: Ende 2. Schj./Anfang 3. Schj. |
|---|---|---|---|
| **Zahlen lesen** ZR 0–10<br>(Band II, Kap. 3.1.2.1) | **Zahlen lesen** ZR 10–20<br>(Band II, Kap. 3.1.2.2) | **Zahlen lesen** ZR 20–100<br>(Band II, Kap. 3.1.2.3) | |
| **Zahlen (ab)schreiben** ZR 0–9<br>(Band II, Kap. 3.1.3.1 und 3.1.3.2) | **Zahlen schreiben** ZR 10–20<br>(Band II, Kap. 3.1.3.3) | **Zahlen schreiben** ZR 10–100<br>(Band II, Kap. 3.1.3.4) | |
| **Mächtigkeitsvergleiche von Mengen**<br>(Invarianz, Repräsentanz)<br>(Band II, Kap. 2.1) | **Mächtigkeitsvergleiche von Mengen**<br>(Invarianz, Repräsentanz)<br>(Band II, Kap. 2.1) | | |
| **Anzahl als Eigenschaft von Mengen**<br>(Band II, Kap. 2.2) | | | |
| **(Ab-)Zählen** bis 6 bzw.10<br>(Band II, Kap. 2.3.1 bis 2.3.2) | **(Ab-)Zählen** bis 20 ggf.100<br>(Band II, Kap. 2.3.3 bzw. 2.3.4, 2.3.5) | **(Ab-)Zählen** bis 20 bzw.100<br>(Band II, Kap. 2.3.3 bzw. 2.3.4, 2.3.5) | |
| **Rückwärtszählen** von 10<br>(Band II, Kap. 2.3.6.1) | **Rückwärtszählen** von 20<br>(Band II, Kap. 2.3.6.2 und 2.3.6.3) | **Rückwärtszählen** im ZR 100<br>(Band II, Kap. 2.3.6.4) | |
| **Seriation I**<br>(Band II, Kap. 2.4) | **Seriation II** im ZR 11–20<br>(Band III, Kap. 2.2.1) | **Seriation II** im ZR bis 100<br>(Band III, Kap. 2.2.2) | |

## Übersichtsplan (2)

| **Etappe I:**<br>**1. Schuljahr/1. Hj.** | **Etappe II:**<br>**Ende 1. Schj./Anfang 2. Schj.** | **Etappe III:**<br>**2. Schuljahr/Ende des 1.Halbj.** | **Etappe IV:**<br>**Ende 2. Sj./Anfang 3. Sj.** |
|---|---|---|---|
| **Zusammensetzen von Mengen**<br>im ZR bis 10 (Band II, Kap. 6.1– 6.1.5) | **Zusammensetzen von Mengen**<br>– im ZR bis 10 (Band II, Kap. 6.1 insgesamt)<br>– ggf. im ZR bis 20 (Band III, Kap. 2.2.1) | **Dekadisches System**[3]<br>(Band III, Kap. 2.1, 2.2) | **Zehnerübergang, additiv**<br>(Band III, Kap. 4.1, 4.2 und 4.4.1) |
| **Vermindern von Mengen**<br>im ZR bis 10 (Band II, Kap. 6.2.1– 6.2.5 ohne rechnerische Lösungen) | **Vermindern von Mengen**<br>– im ZR bis 10 (Band II, Kap. 6.2 insgesamt)<br>– ggf. im ZR bis 20 (Band III, Kap. 2.2.1) | | **Zehnerübergang, subtraktiv**<br>(Band III, Kap. 4.3) |
| **Additives Ergänzen**<br>im ZR bis 10<br>(Band II, Kap. 6.3.1– 6.3.5) | **Additives Ergänzen**<br>– im ZR bis 10 (Band II, Kap. 6.3 insgesamt)<br>– ggf. im ZR bis 20 (Band III, Kap. 3.4.1) | | |
| **Subtraktives Ergänzen**<br>im ZR bis 10<br>(Band II, Kap. 6.4.1– 6.4.5) | **Subtraktives Ergänzen**<br>– im ZR bis 10 (Band II, Kap. 6.4 insgesamt)<br>– ggf. im ZR bis 20 (Band III, Kap. 3.5.1) | | |
| **Zerlegen** im ZR bis 10<br>(Band II, Kap. 6.5.1, 6.5.2.1, 6.5.3.1) | **Zerlegen**<br>im ZR bis 10 (Band II, Kap. 6.5 insgesamt) | | |
| | **Verdoppeln**<br>im ZR bis 10 ggf. bis 20<br>(Band III, Kap. 5.1.1) | **Zusammensetzen von Mengen**<br>– im ZR bis 20 (Band III, Kap. 3.1)<br>– im ZR bis 100 (Band III, Kap. 3.2, Kap. 3.2.2 und Schwierigkeitsstufe 1 von Kap. 3.2.3 und 3.2.4) | **Zusammensetzen von Mengen**<br>im ZR bis 100<br>(Band III, Kap. 3.1 insgesamt, insbesondere Schwierigkeitsstufe 2 von Kap. 3.2.3–3.2.4) |
| | **Halbieren**<br>im ZR bis 10 ggf. bis 20<br>(Band III, Kap. 5.2) | **Vermindern von Mengen**<br>– im ZR bis 20 (Band III, Kap. 3.3.1)<br>– im ZR bis 100 (Band III, Kap. 3.3.2 und Schwierigkeitsstufe 1 von Kap. 3.3.2.4 und 3.3.2.5) | **Vermindern von Mengen**<br>im ZR bis 100<br>(Band III, Kap. 3.3.2 insgesamt, insbesondere Schwierigkeitsstufe 2 von Kap. 3.3.2.4 und Kap. 3.3.2.5) |

[3] Das dekadische System wurde in der Übersicht den Kapiteln der Etappe III vorangestellt, weil es eine Voraussetzung für die entsprechenden Operationen im Zahlenraum über 10 bzw. über 20 ist.

## Übersichtsplan (3)

| Etappe I:<br>1. Schuljahr/1. Halbjahr | Etappe II:<br>Ende 1. Schj./Anfang 2. Schj. | Etappe III:<br>2. Schuljahr/Ende des 1. Halbj. | Etappe IV:<br>Ende 2. Schj./Anfang 3. Schj. |
|---|---|---|---|
| | | **Additives Ergänzen**<br>– im ZR bis 20 (Band III, Kap. 3.4.1)<br>– im ZR bis 100 (Band III, Kap. 3.4.2 und Schwierigkeitsstufe 1 von Kap. 3.4.2.2 und Kap. 3.4.2.3) | **Additives Ergänzen**<br>im ZR bis 100<br>(Band III, Kap. 3.4.2 insgesamt, insbesondere Schwierigkeitsstufe 2 von Kap. 3.4.2.2 und Kap. 3.4.2.3) |
| | | **Subtraktives Ergänzen**<br>– im ZR bis 20 (Band III, Kap. 3.5.1)<br>– im ZR bis 100 (Band III, Kap. 3.5.2 und Schwierigkeitsstufe 1 von 3.4.2.2 und 3.4.2.3) | **Subtraktives Ergänzen**<br>im ZR bis 100<br>(Band III, Kap. 3.5.2 insgesamt, insbesondere Schwierigkeitsstufe 2 von Kap. 3.5.2.2 und Kap. 3.5.2.3) |
| | | **Zerlegen**<br>im ZR bis 20 bzw. 100<br>(Band III, Kap. 3.6) | |
| | | **Verdoppeln**<br>im ZR bis 100<br>(Band III, Kap. 5.1) | **Vervielfachen von Mengen/ Multiplikation**<br>(Band III, Kap. 5.3) |
| | | **Halbieren**<br>im ZR bis 100<br>(Band III, Kap. 5.2) | **Teilen von Mengen/Division**<br>(Band III, Kap. 5.10) |
| | **Lösungs- u. Ableitungsstrategien**<br>bei Addition u. Subtraktion<br>im ZR bis 10<br>(Band III, Kap. 6.1 bis 6.1.5.2) | **Lösungs- u. Ableitungsstrategien**<br>bei Addition u. Subtraktion<br>im ZR bis 20 (Band III, Kap. 6.1 bis 6.1.4, ggf. bis 6.1.5) | **Lösungs- u. Ableitungsstrategien**<br>bei Addition u. Subtraktion<br>(Band III, Kap. 6.1 insgesamt) |
| | | | **Lösungs- u. Ableitungsstrategien**<br>bei Multiplikation und Division<br>(Band III, Kap. 6.2 insgesamt) |

# 2 Dekadisches System

Seite:

# 2 Dekadisches System

## 2.1 Aufbau von Zahlen im Zehnersystem und Struktur des Zehnersystems

### 2.1.1 Zehnerbündelungen herstellen bei großen Mengen von konkretem Material

Mit dieser Aufgabenstellung soll geprüft werden, ob ein Kind Zehnerbündelungen herstellen und sich ihrer bei Mengenbestimmungen bedienen kann.

**Anweisung:**
Als zusätzliches Material benötigt man 70–80 Steckperlen einer Farbe.
Legen Sie dem Kind eine große Menge (zwischen 24 und 49) loser Steckperlen vor.
*„Hier hast du eine große Menge Steckperlen. Stecke die Perlen so zusammen, dass die Menge geordnet ist und du sie gut überschauen kannst. Danach sollst du (fast ohne Abzählen) herausfinden, wie viele Perlen es sind.“*
Wiederholen Sie die Aufgabenstellung noch einmal mit einer Perlenmenge über 60 Perlen. Falls das Kind keine Bündelung durchführt, geben Sie ihm den Hinweis: *„Stecke immer 10 Perlen zusammen.“*
Falls das Kind auch dann noch keine Bündelung durchführt, machen Sie ihm anhand der ersten Menge eine Zehnerbündelung vor (durch Zusammenstecken von je 10 Perlen zu einer Kette).

**Auswertung (Mengenbestimmung):**

| | x✍ | | | |
|---|---|---|---|---|
| **Anzahl der Elemente** | **richtig** | **falsch** | **weiß nicht** | **Bemerkungen** |
| ............. Perlen | | | | |
| ............. Perlen | | | | |
| | | | | **Summen** |

**Aufgabenbezogenes Lösungsverhalten:**

| **Das Kind ...** | **x✍** | **Bemerkungen** |
|---|---|---|
| stellt Zehnerbündelungen selbstständig her. | | |
| stellt Zehnerbündelungen über Fünferbündelungen her. | | |
| braucht Hinweis auf Zehnerbündelung. | | |
| braucht Beispiel für die Zehnerbündelung. | | |
| kann keine Zehnerbündelung herstellen. | | |
| nutzt beim Bestimmen der Anzahl die Zehnerbündelung. | | |
| zählt beim Bestimmen der Anzahl die Zehnermengen neu aus. | | |
| zählt drauflos, hat keine Zählstrategie. | | |

**Generalisierter Arbeitsstil:**

**a) Motivation und Ausdauer**

| **Das Kind ...** | **x✍** | **Bemerkungen** |
|---|---|---|
| nimmt (fast) alle Aufgaben in Angriff. | | |
| gibt Lösungsversuche schnell auf. | | |
| macht keinen Lösungsversuch. | | |

**b) Reflexives vs. impulsives Arbeitsverhalten**

| **Das Kind ...** | **x✍** | **Bemerkungen** |
|---|---|---|
| operiert überwiegend schnell (zügig) und planvoll. | | |
| operiert überwiegend langsam, aber gründlich und mit System. | | |
| operiert schnell, aber überhastet und mit wenig System. | | |
| operiert überwiegend langsam und planlos. | | |

### 2.1.2 Zehnerbündelungen zeichnerisch herstellen und mit deren Hilfe Anzahl bestimmen

Mit dieser Aufgabenstellung soll geprüft werden, ob ein Kind auf der zeichnerischen Ebene Zehnerbündelungen herstellen und sich ihrer bei Anzahlbestimmungen bedienen kann.

**Anweisung**:
Legen Sie dem Kind das Material zu 2.1.2 und einen Stift vor und kommentieren Sie:

a) *„Hier siehst du viele Stifte (Tassen, Eier, Briefe). Kannst du immer 10 Stück umrahmen (umkreisen) und so herausbekommen, wie viele es sind?"*

**Auswertung:**

**Aufgabenbezogenes Lösungsverhalten:**

| **Das Kind ...** | **x✍** | **Bemerkungen** |
|---|---|---|
| stellt Zehnergruppen systematisch* her und kann sie umkreisen. | | *gegebenenfalls wie? |
| umkreist Gruppen von Elementen, aber verzählt sich dabei laufend. | | |
| hat schreibtechnische Schwierigkeiten, die Objekte zu umkreisen. | | |
| hat keine Vorstellungen, wie zu verfahren ist. | | |

b) Mengenbestimmung: Fragen Sie das Kind nun genau, wie viele Stifte (Tassen, Eier, Briefe) es sind.

**Auswertung:**

| | **x✍** | | | |
|---|---|---|---|---|
| **Anzahl der Elemente** | **richtig** | **falsch** | **weiß nicht** | **Bemerkungen** |
| 28 Stifte | | | | |
| 36 Tassen | | | | |
| 63 Eier | | | | |
| 42 Briefe | | | | |
| | | | | **Summen** |

| **Das Kind ...** | **x✍** | **Bemerkungen** |
|---|---|---|
| nutzt beim Bestimmen der Anzahl die Zehnerbündelung. | | |
| zählt beim Bestimmen der Anzahl die Zehnermengen neu aus. | | |
| nutzt die Zehnerbündelung überhaupt nicht, sondern zählt einzeln aus. | | |

Bei diesen Aufgaben empfiehlt es sich, auch den generalisierten Arbeitsstil (siehe Seite 17) mit zu berücksichtigen.

**Material zu 2.1.2 – Zehnerbündelung zeichnerisch herstellen**

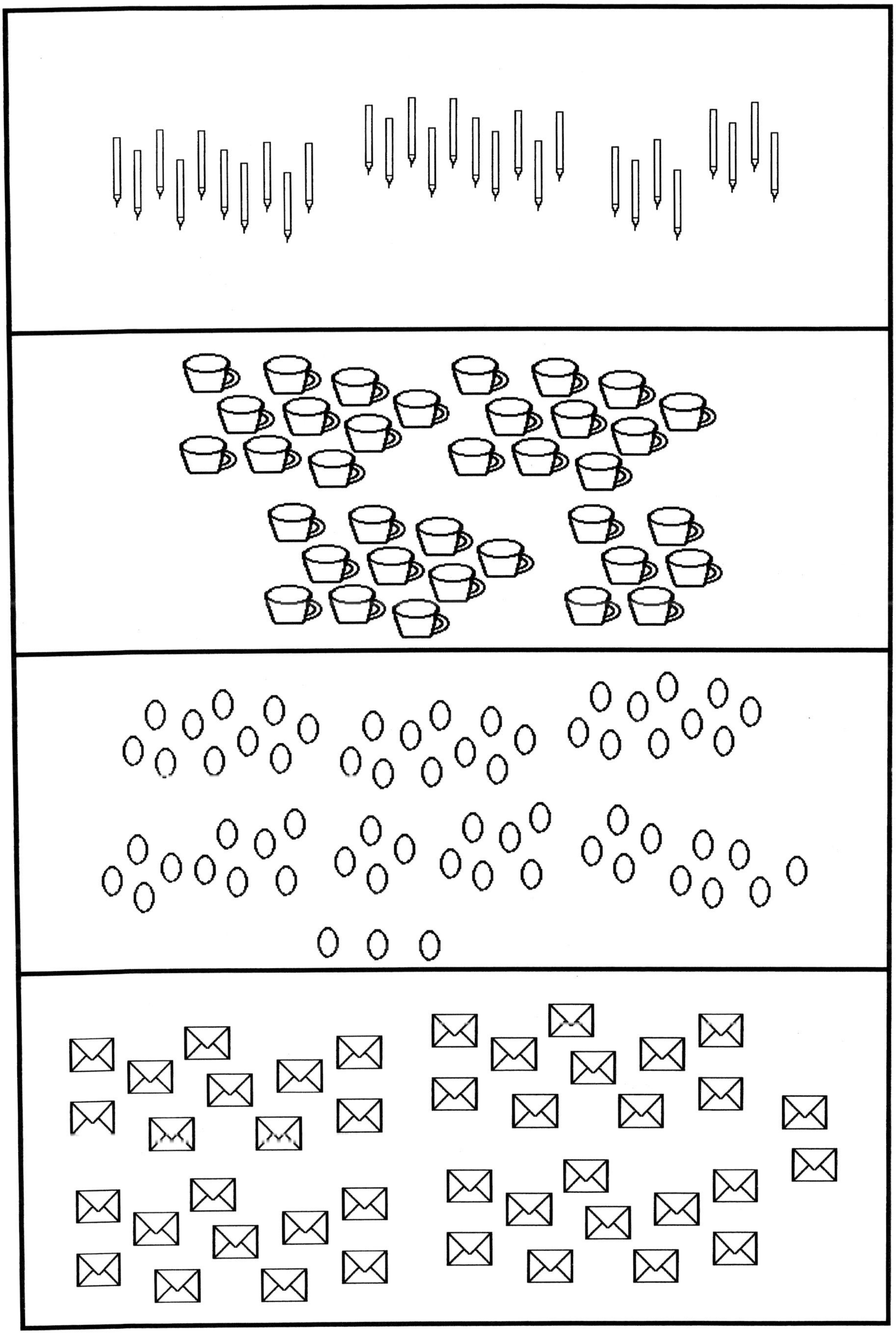

### 2.1.3 Nach dem Zehnersystem gebündelten Mengen Repräsentanten zuordnen

Mit dieser Aufgabenstellung soll geprüft werden, ob ein Kind vorgegebenen Zehnerbündelungen andere Repräsentanten zuordnen kann.

**Anweisung:**
Legen Sie dem Kind die in Zehnergruppen gebündelten Mengen (Abbildungen von Briefen, Tassen, Stiften, Eiern) dem Material zu 2.1.3 vor. Erarbeiten Sie mit dem Kind, dass immer 10 Briefe in einer Dose, 10 Tassen auf einem Tablett, 10 Stifte in einer Schachtel und 10 Eier in einem Eierkarton sind.
Legen Sie dann dem Kind die ausgeschnittenen Kärtchen mit den Zehnerstreifen (siehe Seite 21) vor. Kommentieren und demonstrieren Sie dazu:
*„Diese Kärtchen zeigen Stangen und Punkte. Jede Stange bedeutet 10, jeder Punkt ein Einzelner (Einer). Kannst du immer ein passendes Kärtchen neben die Stifte, neben die Tassen, neben die Eier und neben die Briefe legen?“*

**Auswertung:**

| | x✍ | | | |
|---|---|---|---|---|
| **Zuordnung der Repräsentanten bei** | **richtig** | **falsch** | **weiß nicht** | **Bemerkungen** |
| 27 Briefe | | | | |
| 35 Tassen | | | | |
| 72 Stifte | | | | |
| 53 Eier | | | | |
| | | | | **Summen** |

**Aufgabenbezogenes Lösungsverhalten:**

| **Das Kind ...** | x✍ | **Bemerkungen** |
|---|---|---|
| ordnet Kärtchen mit Repräsentanten für Zehnergruppen und Einer sicher zu. | | |
| ordnet Kärtchen mit Repräsentanten für Zehnergruppen und Einer überwiegend nicht richtig zu. | | |
| vertauscht Repräsentanten für Zehnergruppen und Einer. | | |

**Anweisung:**
Falls das Kind die Kärtchen mit den Repräsentanten überwiegend richtig zugeordnet hat:
*„Kannst du mir erklären, warum diese Kärtchen dazu passen?“*

| **Antwort des Kindes[3]:** |
|---|
| |

[3] Sie sollte sinngemäß lauten: Die Stangen sind die Zehner, die Punkte sind die Einer.

**Material zu 2.1.3 – Repräsentanten zuordnen**

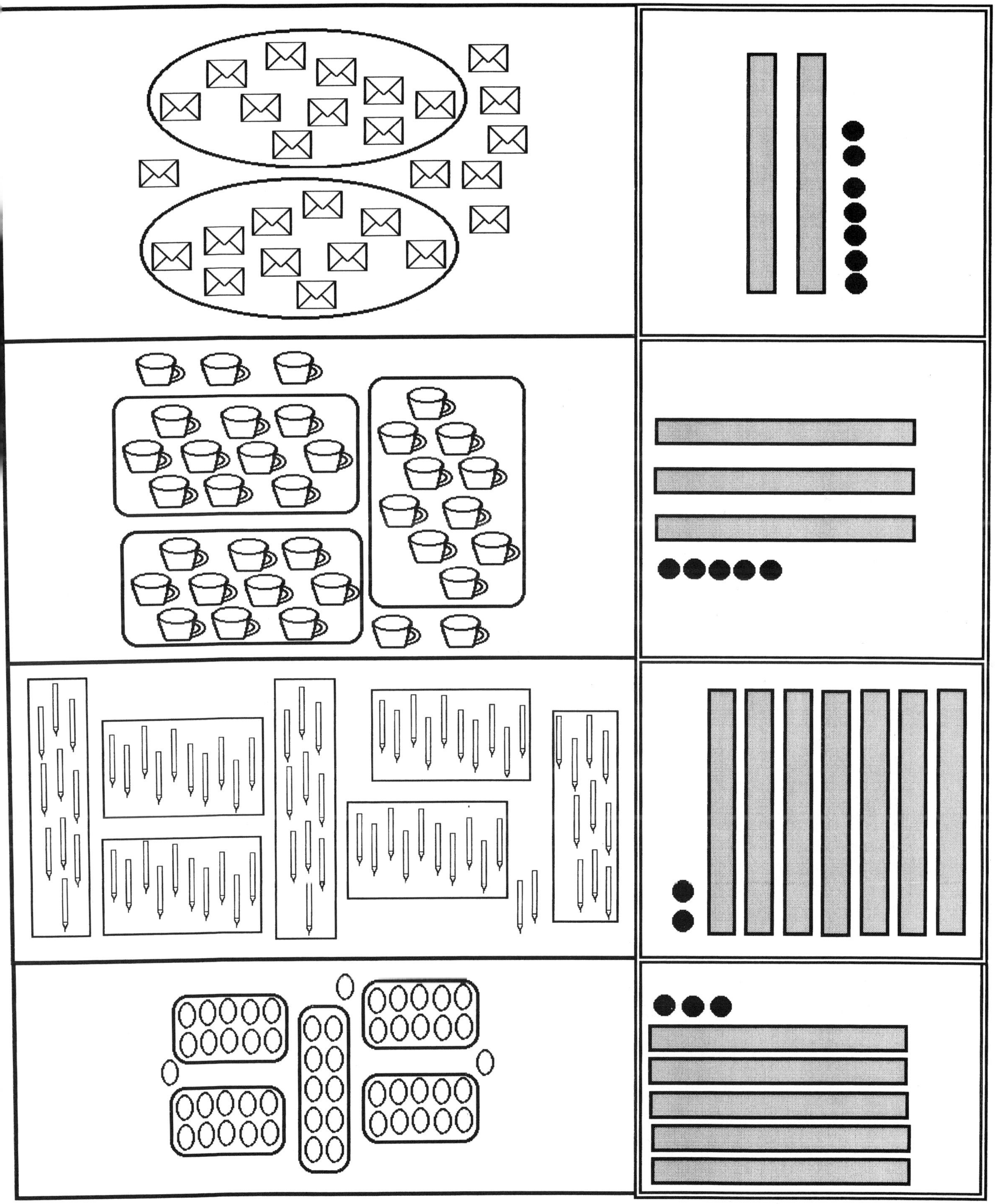

### 2.1.4 Zu Zehnerbündelungen Ziffern in der Stellenwerttafel notieren und die Notation als Zahl lesen

Mit dieser Aufgabenstellung soll geprüft werden, ob ein Kind die Ergebnisse einer Zehnerbündelung Zehnern und Einern zuordnen und entsprechend in Ziffern in einer Stellenwerttafel notieren sowie das Notierte als Zahlwort (z. B. dreiundvierzig) lesen kann.

**Anweisung 1:**
Legen Sie dem Kind das Material zu 2.1.4 vor. Zeigen Sie auf die erste Stellenwerttafel und kommentieren Sie:
*„Dies ist eine Stellenwerttafel. Weißt du, was der Buchstabe Z meint? Weißt du, was der Buchstabe E meint?“*

**Auswertung 1:**

| **Das Kind ...** | **x✍** | **Bemerkungen** |
|---|---|---|
| kennt Begriffe Z und E. | | |
| kennt Begriffe Z und E nicht. | | |

Wenn diese Aufgabe richtig gelöst ist, dann fahren Sie fort mit Anweisung 2:

**Anweisung 2:**
*„Kannst du in die Stellenwerttafel aufschreiben, wie viele Stifte, Tassen, Eier, Briefe es sind?“*

**Auswertung 2:**

| **Das Kind ...** | **x✍** | **Bemerkungen** |
|---|---|---|
| kann konkrete Mengen in Ziffern in einer Stellenwerttafel notieren. | | |
| notiert in der Zehnerstelle die Einzelelemente der Zehnergruppen als Zehner. | | |
| vertauscht die Notation für Zehner und Einer. | | |
| ordnet Zehner und Einer in der Stellenwerttafel völlig unregelmäßig zu. | | |
| hat keine Vorstellung, was zu tun ist. | | |

Nur wenn diese Aufgabe überwiegend richtig gelöst wurde, macht es Sinn, mit der folgenden Aufgabe fortzufahren.

**Anweisung 3:**
*„Lies nun vor, was du aufgeschrieben hast! Wie viele Stifte, Tassen, Eier, Briefe sind es?“*

**Auswertung:**

| | x✍ | | | | |
|---|---|---|---|---|---|
| **Das Kind** | **Stifte** | **Tassen** | **Eier** | **Briefe** | **Bemerkungen** |
| benennt Ergebnis mit einem Zahlwort richtig, z. B. dreiundzwanzig. | | | | | |
| nennt Zahlwort, aber vertauscht die Positionen, z. B. zweiunddreißig statt dreiundzwanzig. | | | | | |
| benennt Ergebnis (?) als Summe, z. B. 20 (Stifte) und 3 (Stifte) oder 3 (Stifte) und 20 (Stifte). | | | | | |
| nennt Anzahl der Zehner und Einer, z. B. 2 Zehner, 3 Einer oder 3 Einer und 2 Zehner. | | | | | |
| benennt Ergebnis nach den Repräsentanten, z. B. 2 Schachteln und 3 einzelne Stifte. | | | | | |
| nennt lediglich Ziffern ohne Stellenwertzuordnung, z. B. 2 und 3 oder umgekehrt. | | | | | |
| **Andere Antworten:** | | | | | |

**Material zu 2.1.4 – Stellenwerttafel**

| | |
|---|---|
| 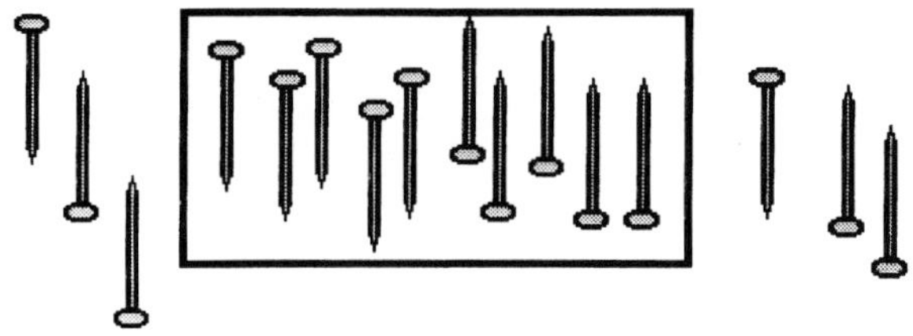 | Z E |
|  | Z E |
|  | Z E |
| 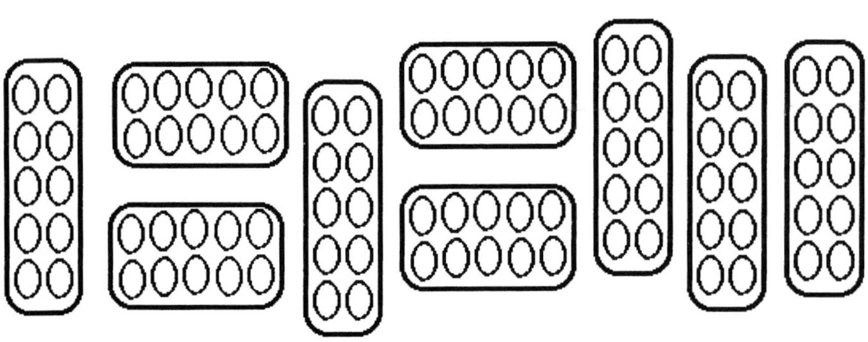 | Z E |

### 2.1.5 Zu Zahlwörtern Repräsentanten finden

Mit dieser Aufgabenstellung soll geprüft werden, ob ein Kind zu Zahlwörtern geordnete Mengendarstellungen finden kann.

**Anweisungen:**
Zusätzlich zum Material zu dieser Seite benötigt man: nach dem Zehnersystem gebündelte konkrete Gegenstände (z. B. mit einem Gummiband gebündelte Trinkhalme, Kugeln oder Erbsen in Tüten oder Bechern o. Ä.) und einzelne Gegenstände, auf Pappe geklebte Zehnerstreifen und Einzelne (Material zu 2.1.5), Papier und Stift.

Begleiten Sie die folgenden Anweisungen mit entsprechenden Demonstrationen.

a) *„Hier sind einzelne Erbsen. In jedem Becher sind immer 10 Erbsen. So kann ich damit 25 auslegen: Ich nehme 2 Becher mit 10 Erbsen darin für die 20 und dann lege ich noch 5 einzelne Erbsen dazu. Lege du jetzt auf diese Weise 36 (71).“*
b) *„Hier sind einzelne Vierecke. Die Zehnerstreifen haben immer 10 Vierecke. So kann ich damit 34 auslegen: Ich nehme 3 Zehnerstreifen für die 30 und dann lege ich noch 4 einzelne Vierecke dazu. Lege du jetzt auf diese Weise 47 (62).“*
c) *„Kannst du mit langen Strichen und einzelnen Punkten Zahlen darstellen? Jeder Strich bedeutet 10, jeder Punkt bedeutet ein Einzelner. So kann ich dann 73 zeichnen: Ich zeichne 7 lange (waagerechte) Striche für die 70 und 3 Punkte für die 3. Zeichne du jetzt auf diese Weise 28 (59).“*

**Auswertung:**

| | x✍ | | | |
|---|---|---|---|---|
| **darzustellende Zahlwörter** | **richtig** | **falsch** | **nicht dargestellt** | **Bemerkungen** |
| a) mit Erbsen | | | | |
| 36 | | | | |
| 71 | | | | |
| b) mit Zehnerstreifen | | | | |
| 47 | | | | |
| 62 | | | | |
| c) mit Strichen und Punkten | | | | |
| 28 | | | | |
| 59 | | | | |
| | | | | **Summen** |

**Aufgabenbezogenes Lösungsverhalten:**

| | x✍ | | | |
|---|---|---|---|---|
| **Das Kind ...** | **a)** bei (fast) **allen** Aufgaben | **b)** bei **einem Teil** der Aufgaben | **c)** bei (fast) **keiner** Aufgabe | **Bemerkungen** |
| stellt die Zahlwörtern richtig mit Zehnergruppen und Einzelnen dar. | | | | |
| vertauscht Repräsentanten für Zehnergruppen und Einer. | | | | |
| geht die Aufgabenstellung nicht an. | | | | |

**Material zu 2.1.5 – Zehnerstreifen und Einzelne als Repräsentanten**

(Kopieren oder kleben Sie die Vorlage auf Pappe und zerschneiden Sie sie dann in Zehnerstreifen und Einzelne.)

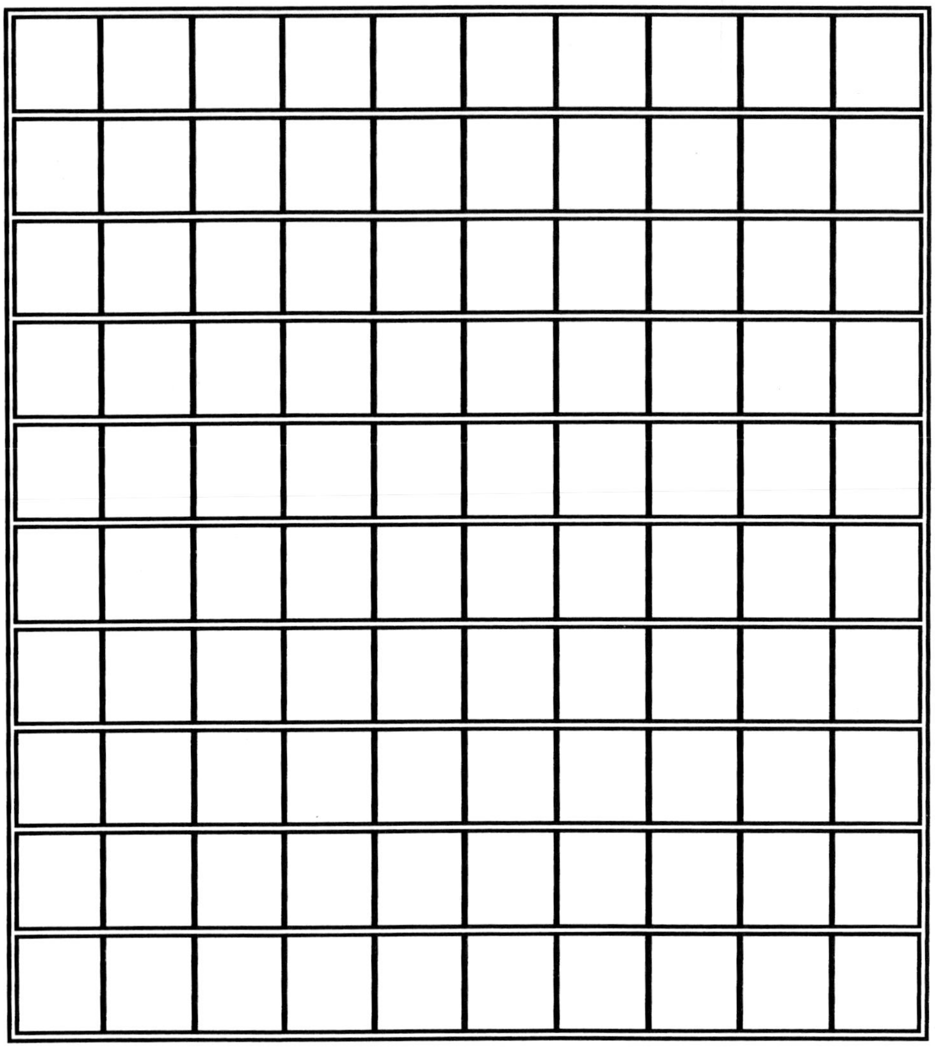

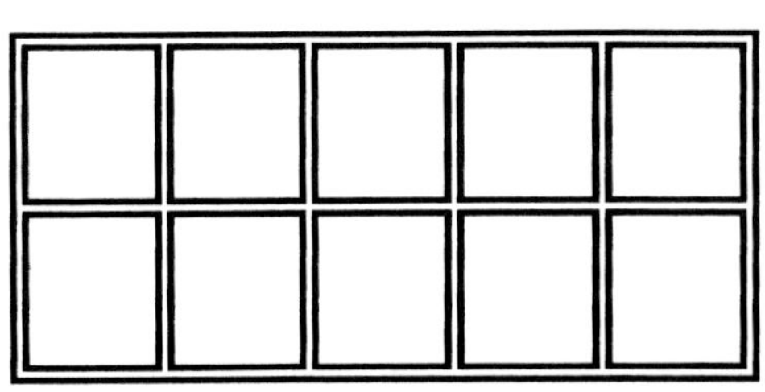

**Förderplan** für: Alea Faye Heidrich

Klasse: C Schuljahr: 1. Halbjahr 2015/16

Ausgewählte Entwicklungsbereiche:

| | | | |
|---|---|---|---|
| ☐ | Kognition | ☐ | Sozialverhalten |
| ☐ | Wahrnehmung | ☐ | Arbeitsverhalten |
| ☐ | Motorik | X | Sprache / Deutsch |
| ☐ | Emotionalität | X | Mathematik |

| Aktueller Entwicklungsstand (Stärken und Schwächen) | Ziel | Fördermaßnahmen | Ergebnisse |
|---|---|---|---|
| Alea klatscht zwei- und dreisilbige Wörter korrekt, erkennt aber noch keine Reimwörter und gleiche Anfangslaute. Sie merkt sich nur kurze Phantasiewörter. | Alea klatscht einsilbige Wörter korrekt, erkennt Reime und Anlaute gelernter Buchstaben. Sie merkt sich Wörter mit 4 oder 5 Silben. | Teilnahme an der Deutschförderung, Training der phonologischen Bewusstheit, Kartenspiele zum Reimen und Zuordnen, Lautgebärden zur Verinnerlichung von Laut-Buchstaben-Paaren, KIM-Spiele, Silbenhüpfen | |
| Alea erfasst Anzahlen bis 3 simultan. | Alea erfasst 4 oder 5 Objekte simultan. | Teilnahme an der Mathematikförderung, Blitzrechnen-Kartei, KIM-Spiele | |

Bemerkungen:

Der Förderplan wurde besprochen und erläutert. Datum: ____________________

Unterschriften: ____________________ Lehrkraft ____________________ Eltern / Erziehungsberechtigte

**Förderplan** für: Fatime Maroli

Klasse: C Schuljahr: 1. Halbjahr 2015/16

Ausgewählte Entwicklungsbereiche:

| | | | |
|---|---|---|---|
| ☐ | Kognition | ☐ | Sozialverhalten |
| ☐ | Wahrnehmung | ☐ | Arbeitsverhalten |
| ☐ | Motorik | ☐ | Sprache / Deutsch |
| ☐ | Emotionalität | X | Mathematik |

| Aktueller Entwicklungsstand (Stärken und Schwächen) | Ziel | Fördermaßnahmen | Ergebnisse |
|---|---|---|---|
| Fatime kennt einige Additionsaufgaben im Zahlenraum bis 10 auswendig.<br><br>Fatime rechnet meist zählend im Zahlenraum bis 20. | Fatime kennt alle Additionsaufgaben im Zahlenraum bis 10 auswendig.<br><br>Fatime nutzt Rechenstrategien im Zahlenraum bis 20. | Spiele zur Zahlenraumorientierung, optische und haptische Rechenhilfen, Menge-Zahl-Zuordnung, Lernbox zum Auswendiglernen von Kernaufgaben<br><br>Ergänzen üben mit der Schüttelbox, verliebte Zahlen auswendig lernen, Strategie „Bis zur Zehn und dann den Rest" | |

Bemerkungen:

Der Förderplan wurde besprochen und erläutert. Datum: ____________________

Unterschriften: ____________________ ____________________

Lehrkraft Eltern / Erziehungsberechtigte

**Förderplan** für: Efe Yahya Yilmaz

Klasse: C Schuljahr: 1. Halbjahr 2015/16

Ausgewählte Entwicklungsbereiche:

| | | | |
|---|---|---|---|
| ☐ | Kognition | ☐ | Sozialverhalten |
| ☐ | Wahrnehmung | X | Arbeitsverhalten |
| ☐ | Motorik | X | Sprache / Deutsch |
| ☐ | Emotionalität | X | Mathematik |

| Aktueller Entwicklungsstand (Stärken und Schwächen) | Ziel | Fördermaßnahmen | Ergebnisse |
|---|---|---|---|
| Efe erfasst Anzahlen bis 3 simultan. | Efe erfasst 4 oder 5 Objekte simultan. | Teilnahme an der Mathematikförderung, Blitzrechnen-Kartei, KIM-Spiele | |
| Efe klatscht zwei- und dreisilbige Wörter korrekt, erkennt aber noch keine Reimwörter und gleiche Anfangslaute. Er merkt sich nur wenige Phantasiewörter. | Efe klatscht einsilbige Wörter korrekt, erkennt Reime und Anlaute gelernter Buchstaben. Er merkt sich Wörter mit 4 oder 5 Silben. | Teilnahme an der Deutschförderung, Training der phonologischen Bewusstheit, Kartenspiele zum Reimen und Zuordnen, Lautgebärden zur Verinnerlichung von Laut-Buchstaben-Paaren, KIM-Spiele, Silbenhüpfen | |
| Efes deutscher Wortschatz ist begrenzt. Er kann sich manchmal nur schwer ausdrücken. | Sein deutscher Wortschatz ist altersangemessen.<br>↳ passiver Wortschatz<br>↳ aktiver Wortschatz dagegen nicht. | Sprechanlässe über Bilderbücher und Spiele, Bild – Wort – Karten, Erzählen von Bildergeschichten, Erarbeitung verschiedener alltagsnaher Themenfelder anhand von Bildkarten | |
| Efe setzt einfache Anweisungen zum Teil selbstständig um. | Efe setzt einfache, einteilige Anweisungen alleine um. | Kurze Arbeitsaufträge, Rückfragen zum Verständnis, positive Verstärkung | |

Bemerkungen:

Der Förderplan wurde besprochen und erläutert.

Datum: 5.11.2015

Unterschriften: P. [Unterschrift] Lehrkraft

[Unterschrift] Eltern / Erziehungsberechtigte

**Förderplan** für: Joy Nneoma Onumkpu

Klasse: C Schuljahr: 1. Halbjahr 2015/16

Ausgewählte Entwicklungsbereiche:

| | |
|---|---|
| ☐ Kognition | ☐ Sozialverhalten |
| ☐ Wahrnehmung | ☐ Arbeitsverhalten |
| ☐ Motorik | X Sprache / Deutsch |
| ☐ Emotionalität | ☐ Mathematik |

| Aktueller Entwicklungsstand (Stärken und Schwächen) | Ziel | Fördermaßnahmen | Ergebnisse |
|---|---|---|---|
| Joy schreibt nahezu lautgetreu. | Joy beherrscht erste Rechtschreibregeln. | Diagnostik zum Rechtschreibwissen, Aufstellung eines individuellen Rechtschreibtraining, Kleingruppenförderung zur intensiven Auseinandersetzung mit einzelnen Rechtschreibregeln (z.B. im Wort nur Kleinbuchstaben, Nomen groß, Auslauterhärtungen,…) | |
| Joy schreibt teilweise verschieden groß und nicht in den Linien. | Joy schreibt in den Linien. | Liniertes Schreibpapier, konsequente Erinnerung und Wiederholung: Welche Buchstaben gehören in welche Linien?, Abschreibübungen | |

Bemerkungen:

Der Förderplan wurde besprochen und erläutert. Datum: ____________________

Unterschriften: ____________________ ____________________

Lehrkraft Eltern / Erziehungsberechtigte

**Förderplan** für: Efe Yahya Yilmaz

Klasse: C Schuljahr: 1. Halbjahr 2015/16

Ausgewählte Entwicklungsbereiche:

| | | | |
|---|---|---|---|
| ☐ | Kognition | ☐ | Sozialverhalten |
| ☐ | Wahrnehmung | X | Arbeitsverhalten |
| ☐ | Motorik | X | Sprache / Deutsch |
| ☐ | Emotionalität | X | Mathematik |

| Aktueller Entwicklungsstand (Stärken und Schwächen) | Ziel | Fördermaßnahmen | Ergebnisse |
|---|---|---|---|
| Efe erfasst Anzahlen bis 3 simultan. | Efe erfasst 4 oder 5 Objekte simultan. | Teilnahme an der Mathematikförderung, Blitzrechnen-Kartei, KIM-Spiele | |
| Efe klatscht zwei- und dreisilbige Wörter korrekt, erkennt aber noch keine Reimwörter und gleiche Anfangslaute. Er merkt sich nur wenige Phantasiewörter. | Efe klatscht einsilbige Wörter korrekt, erkennt Reime und Anlaute gelernter Buchstaben. Er merkt sich Wörter mit 4 oder 5 Silben. | Teilnahme an der Deutschförderung, Training der phonologischen Bewusstheit, Kartenspiele zum Reimen und Zuordnen, Lautgebärden zur Verinnerlichung von Laut-Buchstaben-Paaren, KIM-Spiele, Silbenhüpfen | |
| Efes deutscher Wortschatz ist begrenzt. Er kann sich manchmal nur schwer ausdrücken. | Sein deutscher Wortschatz ist altersangemessen. | Sprechanlässe über Bilderbücher und Spiele, Bild – Wort – Karten, Erzählen von Bildergeschichten, Erarbeitung verschiedener alltagsnaher Themenfelder anhand von Bildkarten | |
| Efe setzt einfache Anweisungen zum Teil selbstständig um. | Efe setzt einfache, einteilige Anweisungen alleine um. | Kurze Arbeitsaufträge, Rückfragen zum Verständnis, positive Verstärkung | |

Bemerkungen:

Der Förderplan wurde besprochen und erläutert. Datum: ____________________

Unterschriften: ____________________ Lehrkraft ____________________ Eltern / Erziehungsberechtigte

**Förderplan** für: Fatime Maroli

Klasse: C Schuljahr: 1. Halbjahr 2015/16

Ausgewählte Entwicklungsbereiche:

☐ Kognition ☐ Sozialverhalten
☐ Wahrnehmung ☐ Arbeitsverhalten
☐ Motorik ☐ Sprache / Deutsch
☐ Emotionalität X Mathematik

| Aktueller Entwicklungsstand (Stärken und Schwächen) | Ziel | Fördermaßnahmen | Ergebnisse |
|---|---|---|---|
| Fatime kennt einige Additionsaufgaben im Zahlenraum bis 10 auswendig. | Fatime kennt alle Additionsaufgaben im Zahlenraum bis 10 auswendig. | Spiele zur Zahlenraumorientierung, optische und haptische Rechenhilfen, Menge-Zahl-Zuordnung, Lernbox zum Auswendiglernen von Kernaufgaben | |
| Fatime rechnet meist zählend im Zahlenraum bis 20. | Fatime nutzt Rechenstrategien im Zahlenraum bis 20. | Ergänzen üben mit der Schüttelbox, verliebte Zahlen auswendig lernen, Strategie „Bis zur Zehn und dann den Rest“ | |

Bemerkungen:

Der Förderplan wurde besprochen und erläutert. Datum: ____________________

Unterschriften: ____________________ Lehrkraft

B. Maroli

____________________ Eltern / Erziehungsberechtigte

### 2.1.6 Zu zweistelligen Zahlen Repräsentanten finden

Mit dieser Aufgabenstellung soll geprüft werden, ob ein Kind zu zweistelligen Zahlen geordnete Mengendarstellungen finden kann.

**Anweisungen:**
Zusätzlich zum Material zu diesem Kapitel benötigt man wie in Aufgabenstellung 2.1.2: nach dem Zehnersystem gebündeltes konkretes Material (z. B. mit einem Gummiband gebündelte Trinkhalme, Kugeln oder Erbsen in Tüten oder Bechern o. Ä.) und Einzelne, auf Pappe geklebte Zehnerstreifen und Einzelne (Material zu 2.1.5), Papier und Stift.

a) „*Hier sind einzelne Erbsen. In jedem Becher sind immer 10 Erbsen. So kann ich damit diese Zahl 36* (zeigen Sie darauf) *legen: Ich nehme 3 Becher mit 10 Erbsen darin für die 30 und dann lege ich noch 6 einzelne Erbsen dazu.* (Demonstrieren Sie es.) *Lege du jetzt auf diese Weise diese Zahl* (a 1)*.*“ (Markieren Sie die gerade zu legende Zahl und dann die nächste (a 2).)

b) „*Hier sind einzelne Vierecke. Die Zehnerstreifen haben immer 10 Vierecke. So kann ich damit diese Zahl 47* (zeigen Sie darauf) *legen: Ich nehme 4 Zehnerstreifen für die 40 und dann lege ich noch 7 einzelne Vierecke dazu.* (Demonstrieren Sie es.) *Lege du jetzt auf diese Weise diese Zahl* (b 1)*.*“ (Markieren Sie die gerade zu legende Zahl und dann die nächste (b 2).)

c) „*Kannst du mit langen Strichen und einzelnen Punkten Zahlen darstellen? Jeder Strich bedeutet 10, jeder Punkt bedeutet ein Einzelner. So kann ich dann diese Zahl 56* (zeigen Sie darauf) *zeichnen: Ich zeichne 5 lange (waagerechte) Striche für die 50 und 6 Punkte für die 6.* (Demonstrieren Sie es.) *Zeichne du jetzt auf diese Weise diese Zahl* (c 1)*.*“ (Markieren Sie die gerade zu zeichnende Zahl und dann die nächste (c 2).)

**Auswertung:**

| | x✍ | | | |
|---|---|---|---|---|
| **darzustellende Zahl** | **richtig** | **falsch** | **nicht dargestellt** | **Bemerkungen** |
| a) mit Kastanien | | | | |
| a 1) 28 | | | | |
| a 2) 41 | | | | |
| b) mit Zehnerstreifen | | | | |
| b 1) 24 | | | | |
| b 2) 62 | | | | |
| c) mit Strichen und Punkten | | | | |
| c 1) 43 | | | | |
| c 2) 87 | | | | |
| | | | | **Summen** |

**Aufgabenbezogenes Lösungsverhalten:**

| | x✍ | | | |
|---|---|---|---|---|
| **Das Kind ...** | **a)** bei (fast) **allen** Aufgaben | **b)** bei **einem Teil** der Aufgaben | **c)** bei (fast) **keiner** Aufgabe | **Bemerkungen** |
| stellt die Zahl richtig mit Zehnergruppen und Einzelnen dar. | | | | |
| vertauscht Repräsentanten für Zehnergruppen und Einer. | | | | |
| geht die Aufgabenstellung nicht an. | | | | |

**Material zu 2.1.6 – Zahlenkärtchen**

Markieren Sie für das Kind die Zahl, die gerade dargestellt werden soll (z. B. mit einem Plättchen).

Beispiel a)

| |
|---|
| 36 |

a1)

| |
|---|
| 28 |

a2)

| |
|---|
| 41 |

Beispiel c)

| |
|---|
| 56 |

c1)

| |
|---|
| 43 |

c2)

| |
|---|
| 87 |

Beispiel b)

| |
|---|
| 47 |

b1)

| |
|---|
| 24 |

b2)

| |
|---|
| 62 |

### 2.1.7 In Stellenwerttafeln diktierte Zahlen im Zahlenraum 10 bis 100 eintragen

**Anweisung:**
Legen Sie dem Kind das Material zu 2.1.7 (Seite 30) vor und kommentieren Sie:
*„Ich sage dir jetzt nacheinander Zahlen. Du sollst sie nacheinander in diese Stellenwerttafeln schreiben. Schreibe die erste Zahl in diese Stellenwerttafel und dann die nächste in die Stellenwerttafel daneben"* (Zeigen Sie auf die erste Stellenwerttafel usw.).
„Also: ... "
(Entnehmen Sie die zu diktierenden Zahlen der folgenden Auswertungstabelle.)

**Auswertung:**

| | x✍ | | | |
|---|---|---|---|---|
| **Zahlen** | **richtig** | **falsch** | **nicht bearbeitet** | **Bemerkungen** |
| a) 36 | | | | |
| b) 82 | | | | |
| c) 17 | | | | |
| d) 65 | | | | |
| e) 40 | | | | |
| f) 9 | | | | |
| | | | | **Summen** |

**Aufgabenbezogenes Lösungsverhalten:**

| | x✍ | | | |
|---|---|---|---|---|
| **Das Kind ...** | **a)** bei (fast) **allen** Aufgaben | **b)** bei **einem Teil** der Aufgaben | **c)** bei (fast) **keiner** Aufgabe | **Bemerkungen** |
| trägt die Ziffern des Zahlwortes richtig in die Stellenwerttafel ein. | | | | |
| vertauscht Zehner und Einer. | | | | |
| ordnet beide Ziffern des Zahlwortes einer Stelle zu. | | | | |
| geht die Aufgabenstellung nicht an. | | | | |

**Material zu 2.1.7 – Diktierte Zahlen in die Stellenwerttafeln eintragen**

a)

| Z | E |
|---|---|
| | |

b)

| Z | E |
|---|---|
| | |

c)

| Z | E |
|---|---|
| | |

d)

| Z | E |
|---|---|
| | |

e)

| Z | E |
|---|---|
| | |

f)

| Z | E |
|---|---|
| | |

Bitte hier umknicken!

---

**Material zu 2.1.8 – Plusaufgaben**

| | | | |
|---|---|---|---|
| 27 | 2 + 7<br>7 + 2<br>20 + 7<br>70 + 2 | 64 | 40 + 6<br>60 + 4<br>4 + 6<br>6 + 4 |
| 83 | 8 + 3<br>3 + 80<br>30 + 8<br>3 + 8 | 45 | 40 + 50<br>50 + 4<br>4 + 5<br>40 + 5 |
| 19 | 1 + 9<br>10 + 90<br>10 + 9<br>90 + 1 | 70 | 7 + 0<br>10 + 7<br>70 + 0<br>0 + 7 |

### 2.1.8 Zweistelligen Zahlen Plusaufgaben mit Zehnerzahl und Einern zuordnen

Mit dieser Aufgabenstellung soll geprüft werden, ob ein Kind eine zweistellige Zahl als Addition aus einer Zehnerzahl und einer Einerzahl auffassen kann.

**Anweisung**:
Legen Sie dem Kind das Material zu 2.1.8 (Seite 30) vor und lesen Sie ihm die Arbeitsanweisung dazu vor: *„Zu jeder Zahl passt eine Plusaufgabe rechts. Verbinde sie mit einem Strich.“*

**Auswertung**:

| | x✍ | | | |
|---|---|---|---|---|
| **Zuordnung der Plusaufgaben zu** | **richtig** | **falsch** | **nicht bearbeitet** | **Bemerkungen** |
| 27 | | | | |
| 64 | | | | |
| 83 | | | | |
| 45 | | | | |
| 19 | | | | |
| 70 | | | | |
| | | | | **Summen** |

**Aufgabenbezogenes Lösungsverhalten:**

| | x✍ | | | |
|---|---|---|---|---|
| **Das Kind ...** | **a)** bei (fast) **allen** Aufgaben | **b)** bei **einem Teil** der Aufgaben | **c)** bei (fast) **keiner** Aufgabe | **Bemerkungen** |
| ordnet einer zweistelligen Zahl die richtige Plusaufgabe aus Zehnerzahl u. Einerzahl zu (z. B. 27 = 20 + 7). | | | | |
| ordnet einer zweistelligen Zahl die jeweiligen Ziffern als Plusaufgabe zu (z. B. 27 = 2 + 7 oder 7 + 2). | | | | |
| ordnet eine Plusaufgabe mit den Einern als Zehnerzahl zu, da es vermutlich Zehner und Einer vertauscht (z. B. 27 – 70 + 2). | | | | |
| ordnet zweistelligen Zahlen Plusaufgaben aus zwei Zehnerzahlen zu (z. B. 27 = 20 + 70 oder 70 + 20). | | | | |
| ordnet einer zweistelligen Zahl wahllos eine Plusaufgabe zu. | | | | |
| geht die Aufgabenstellung nicht an. | | | | |

### 2.1.9 Auffinden von Zahlen in der Hundertertafel durch Orientierung an den Zehnerreihen und Zehnerspalten

Mit dieser Aufgabenstellung soll:

a) geprüft werden, ob ein Kind sich mit Hilfe der Hundertertafel eine Vorstellung von Größe und Anordnung der Zahlen im Zahlenraum bis 100 verschafft hat und

b) ob es das Ordnungssystem Hundertertafel nutzen kann.

**Anweisung und Auswertung zu a):**
Legen Sie dem Kind das Material (Hundertertafel) zu 2.1.9 vor (Seite 34) und fragen Sie:

| | x✍ | | | |
|---|---|---|---|---|
| **Fragen an das Kind** | **richtig** | **falsch** | **weiß nicht** | **Bemerkungen** |
| *„Wie viele Häuser sind in einer Reihe?"* (Fahren Sie dabei mit dem Finger eine Reihe ab.) | | | | |
| *„Wie viele Reihen sind es?"* | | | | |
| *„Wie viele Häuser sind es also zusammen?"* | | | | |
| | | | | **Summen** |

**Anweisung und Auswertung zu b):**
*„Schreibe in die Häuser mit einem Fenster* (zeigen Sie darauf) *passende Zahlen! In dieses Haus z. B. muss ich 23 schreiben, in jenes 25"* (zeigen und schreiben Sie). Das Kind erschließt die Zahlen für die Fenster an Hand der Hundertertafel. Die in der Auswertungstabelle aufgelisteten Zahlen dienen der Kontrolle der vom Kind eingefügten Zahlen.

| | x✍ | | | |
|---|---|---|---|---|
| **zu schreibende Zahlen** | **richtig** | **falsch** | **nicht bearbeitet** | **Bemerkungen** |
| 23 | | | | zur Demonstration |
| 25 | | | | zur Demonstration |
| 30 | | | | |
| 31 | | | | |
| 35 | | | | |
| 41 | | | | |
| 44 | | | | |
| 47 | | | | |
| 50 | | | | |
| 52 | | | | |
| 59 | | | | |
| 68 | | | | |
| 70 | | | | |
| 73 | | | | |
| 80 | | | | |
| 86 | | | | |
| 91 | | | | |
| 99 | | | | |
| 100 | | | | |
| | | | | **Summen** |

**Aufgabenbezogenes Lösungsverhalten[5]:**

| | x✍ | | | |
|---|---|---|---|---|
| **Das Kind ...** | **a)** bei (fast) **allen** Aufgaben | **b)** bei **einem Teil** der Aufgaben | **c)** bei (fast) **keiner** Aufgabe | **Bemerkungen** |
| nutzt beim Bestimmen der Zahl die Zehnerschritte in den Spalten, z. B. 5, 15, 25, ..., 35. | | | | |
| orientiert sich beim Bestimmen der Zahl an den Zehnerreihen und zählt dann in Einerschritten weiter. | | | | |
| bestimmt die Zahl, indem es jeweils von der zuletzt bestimmten Zahl an weiterzählt. | | | | |
| bestimmt die Zahl durch erneutes Abzählen vom Anfang. | | | | |
| geht die Aufgabenstellung nicht an. | | | | |

## 2.1.10 Unterscheiden von zwei zweistelligen Zahlen nach der Größe durch Interpretation des Stellenwertes der Ziffern

**Anweisung:**
Legen Sie dem Kind nacheinander das jeweilige Paar Zahlenkärtchen (Material zu 2.1.10, Seite 35) vor. Fragen Sie jedesmal:
*a) „Welche Zahl ist größer?“*
*b) „Woran erkennst du, dass diese Zahl größer ist?“*

**Auswertung:**

| | x✍ | | | | x✍ | | |
|---|---|---|---|---|---|---|---|
| **zu Frage a)** Zahlenpaar[6] | **richtig** | **falsch** | **weiß nicht** | **Bemerkungen bzw. Begründungen zu Frage b)** Notieren Sie hier die Aussagen des Kindes | **richtig** | **falsch** | **weiß nicht** |
| 34 und 39 | | | | | | | |
| 56 und 86 | | | | | | | |
| 72 und 27 | | | | | | | |
| | | | | **Summen** | | | |

**Aufgabenbezogenes Lösungsverhalten:**

| | x✍ | | | |
|---|---|---|---|---|
| **Das Kind ...** | **a)** bei (fast) **allen** Aufgaben | **b)** bei **einem Teil** der Aufgaben | **c)** bei (fast) **keiner** Aufgabe | **Bemerkungen** |
| unterscheidet die Zahlen richtig der Größe nach. | | | | |
| geht die Aufgabenstellung a) nicht an. | | | | |
| kann seine Entscheidung durch Interpretation des Stellenwertes begründen. | | | | |
| geht die Aufgabenstellung b) nicht an. | | | | |

[5] Bei diesen Aufgaben empfiehlt es sich, auch den generalisierten Arbeitsstil mit zu berücksichtigen (siehe Seite 17).
[6] Umkreisen Sie jeweils die vom Kind als größer benannte Zahl.

**Material zu 2.1.9 – Hundertertafel**

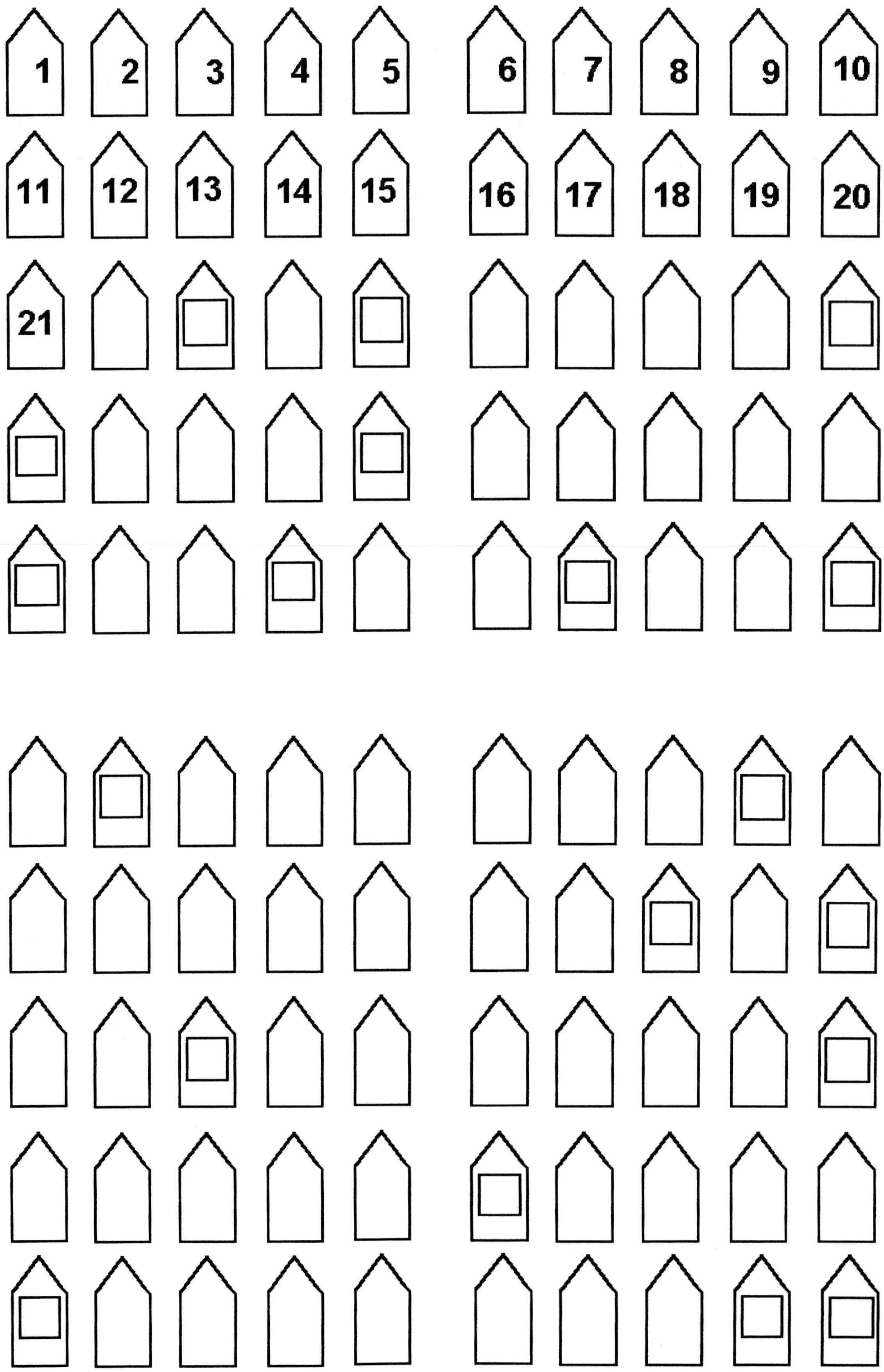

**Material zu 2.1.10 – Zahlenpaare nach der Größe vergleichen**

| | |
|---|---|
| 34 | 39 |

| | |
|---|---|
| 56 | 86 |

| | |
|---|---|
| 72 | 27 |

## 2.2 Seriation II (von Mengen und Zahlen im Zahlenraum 10 bis 100)

### 2.2.1 Seriation im Zahlenraum 11 bis 20

#### 2.2.1.1 Geordnete Punktemengen von 11 bis 20 Elementen der Größe nach ordnen

**Anweisung:**
Zerschneiden Sie das Material zu 2.2.1.1 (Seite 37) in Kärtchen.
Legen Sie dem Kind die Karten der Serie ungeordnet vor. Fordern Sie das Kind auf:
*„Bringe die Karten mit den Punktemengen in die richtige Reihenfolge!"*
Nötigenfalls fügen Sie hinzu: *„Beginne mit der Karte, die die wenigsten Punkte hat."*,
oder Sie legen die ersten beiden Karten vor und fordern das Kind zur Fortsetzung auf.
Vermerken Sie diese Hilfe in der Auswertungstabelle.

**Auswertung:**

| | x✍ | | | |
|---|---|---|---|---|
| **Das Kind ...** | **ja** | **nein** | **nicht bear-beitet** | **Bemerkungen**[7] |
| ordnet die Kärtchen mit den **Punktemengen** aufsteigend oder absteigend der Größe nach. | | | | |

**Aufgabenbezogenes Lösungsverhalten:**

| | x✍ | | | |
|---|---|---|---|---|
| **Das Kind ...** | **a)** bei (fast) **allen** Aufgaben | **b)** bei **einem Teil** der Aufgaben | **c)** bei (fast) **keiner** Aufgabe | **Bemerkungen** |
| löst die Aufgabenstellung **ohne** deutliches **Abzählen.** | | | | |
| löst die Aufgabenstellung **durch Abzählen.** | | | | |
| benutzt andere Strategien (Welche?). | | | | |
| geht die Aufgabenstellung nicht an. | | | | |

**Anmerkung:** Achten Sie bei diesen Aufgabenstellungen auch darauf, wie das Kind die Mengenkarten anordnet.

| **Das Kind ...** | x✍ | **Bemerkungen** |
|---|---|---|
| ordnet die Mengenkarten überwiegend konventionell von links nach rechts an. | | |
| von rechts nach links an*. | | |
| von oben nach unten an*. | | |
| von unten nach oben an*. | | |

*Sollte ein Kind eine andere Anordnungsstrategie systematisch bevorzugen, kann eine Hilfe darin bestehen, es auf die Links-rechts-Orientierung verstärkt aufmerksam zu machen.

[7] Falls nein, Anordnung in Ziffern eintragen.

**Material zu 2.2.1.1 – Seriation**

(Entlang der Doppellinie in Kärtchen zerschneiden.)

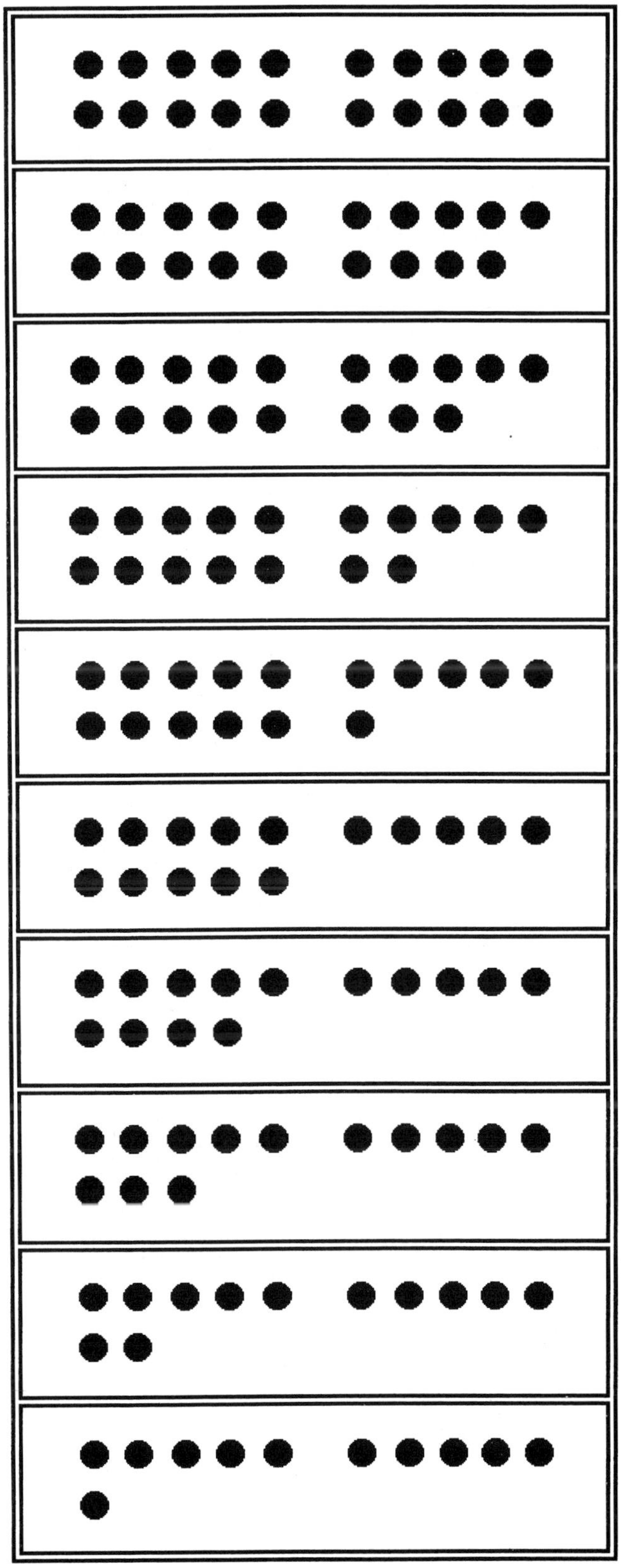

### 2.2.1.2 Zahlen im Zahlenraum 10 bis 20 der Größe nach ordnen – aufsteigend/absteigend

Hier soll geprüft werden, ob das Kind Zahlen im Zahlenraum 10 bis 20 in auf- bzw. absteigender Folge der Größe nach ordnen kann.

#### a) Aufsteigend

**Anweisung:**
Zerschneiden Sie das Material zu 2.2.1.2 (Seite 39) in Zahlenkärtchen.
Legen Sie dem Kind die Karten der Serie 10 bis 20 ungeordnet vor und erklären Sie:
*„Du sollst die Zahlen der Reihe nach ordnen. Du sollst mit der kleinsten Zahl beginnen!“*

Legen Sie nötigenfalls die ersten beiden Karten vor und fordern Sie das Kind zur Fortsetzung auf. Diese Hilfe sollte jedoch in der Auswertungstabelle vermerkt werden.

**Auswertung:**

| | x✍ | | | |
|---|---|---|---|---|
| **Das Kind ...** | **ja** | **nein** | **nicht bear-beitet** | **Bemerkungen/** Falls nein, Anordnung in Ziffern eintragen |
| ordnet die Zahlen 10 bis 20 in richtiger **aufsteigender Reihenfolge** der Größe nach. | | | | |

#### b) Absteigend

**Anweisung:**
Legen Sie dem Kind nochmals die Karten der Serie 10 bis 20 ungeordnet vor und erklären Sie:
*„Du sollst die Zahlen wieder der Reihe nach ordnen. Diesmal sollst du mit der größten Zahl beginnen.“*
Legen Sie nötigenfalls die ersten beiden Karten vor und fordern Sie das Kind zur Fortsetzung auf. Diese Hilfe sollte jedoch in der Auswertungstabelle vermerkt werden.

**Auswertung:**

| | x✍ | | | |
|---|---|---|---|---|
| **Das Kind ...** | **ja** | **nein** | **nicht bear-beitet** | **Bemerkungen** (Falls nein, Anordnung in Ziffern eintragen) |
| ordnet die Zahlen 20 bis 10 in richtiger **absteigender Reihenfolge** der Größe nach. | | | | |

Bei diesen Aufgaben empfiehlt es sich, auch den generalisierten Arbeitsstil mit zu berücksichtigen. (Siehe Seite 17.)

**Material zu 2.2.1.2 – Seriation von Zahlen**

(in Kärtchen zerschneiden)

| | | | |
|---|---|---|---|
| 10 | 11 | 12 | 13 |
| 14 | 15 | 16 | 17 |
| 18 | 19 | 20 | |

---

### 2.2.1.3 Zu einer Zahl die um 1 größere bzw. kleinere Zahl finden (Nachbarzahlen)

**a) Zu einer Zahl die um 1 größere Zahl finden**

**Anweisung:**
Sie benötigen die obigen Zahlenkärtchen.
Nehmen Sie die Zahlenkärtchen aus dem Material zu 2.2.1.2 und erklären Sie:
*„Ich lege die Zahl 13. Kannst du rechts daneben* (Zeigen Sie den Platz) *die Zahl legen, die (um) 1 größer ist?“*
Stellen Sie dem Kind weitere solche Aufgaben nach den Angaben in der Auswertungstabelle.

**Auswertung:**

| | ✍ | x✍ | | | |
|---|---|---|---|---|---|
| **dem Kind vorgelegte Zahl** | **vom Kind dazu gelegte (um 1 größere) Zahl** | **richtig** | **falsch** | **nicht bear-beitet** | **Bemerkungen** |
| 13 | | | | | zur Demonstration |
| 15 | | | | | |
| 12 | | | | | |
| 14 | | | | | |
| 10 | | | | | |
| 17 | | | | | |
| 11 | | | | | |
| 19 | | | | | |
| 16 | | | | | |
| 18 | | | | | |
| | | | | | **Summen** |

### b) Zu einer Zahl die um 1 kleinere Zahl finden

**Anweisung:**
*„Ich lege die Zahl 13. Kannst du links daneben* (zeigen Sie den Platz) *die **Zahl** legen, die (um) **1 kleiner** ist?"*
Stellen Sie dem Kind weitere solche Aufgaben nach den Angaben in der Auswertungstabelle.

**Auswertung:**

| | ✍ | x✍ | | | |
|---|---|---|---|---|---|
| **dem Kind vorzulegende Zahl** | **vom Kind dazu gelegte (um 1 kleinere) Zahl** | **richtig** | **falsch** | **nicht bear-beitet** | **Bemerkungen** |
| 13 | | | | | zur Demonstration |
| 15 | | | | | |
| 12 | | | | | |
| 14 | | | | | |
| 17 | | | | | |
| 19 | | | | | |
| 16 | | | | | |
| 18 | | | | | |
| 20 | | | | | |
| 11 | | | | | |
| | | | | | **Summen** |

**Aufgabenbezogenes Lösungsverhalten:**

| | x✍ | | | |
|---|---|---|---|---|
| **Das Kind ...** | **a)** bei (fast) **allen** Aufgaben **richtig** | **b)** bei **einem Teil** der Aufga-ben **richtig** | **c)** bei (fast) **keiner** Aufgabe **richtig** | **Bemerkungen** |
| kennt im Zahlenraum 10 bis 20 zu einer Zahl die um 1 größere Zahl. | | | | |
| Kennt im Zahlenraum 10 bis 20 zu einer Zahl die um 1 kleinere Zahl. | | | | |
| geht die Aufgabenstellung nicht an. | | | | |

## 2.2.2 Seriation im Zahlenraum bis 100

### 2.2.2.1 Geordnete Punktemengen (exemplarisch 45 bis 54 Elemente) der Größe nach ordnen

**Anweisung:**
Zerschneiden Sie das Material zu 2.2.2.1 (Seite 42) in Kärtchen.
Legen Sie dem Kind die Karten der Serie ungeordnet vor. Fordern Sie das Kind auf:
*„Bringe die Karten mit den Punktemengen in die richtige Reihenfolge!"*
**Nötigenfalls** fügen Sie hinzu: *„Beginne mit der Karte, die die wenigsten Punkte hat,"* oder Sie legen die ersten beiden Karten vor und fordern das Kind zur Fortsetzung auf.
Vermerken Sie diese Hilfe in der Auswertungstabelle.

**Auswertung:**

| | x✍ | | | |
|---|---|---|---|---|
| **Das Kind ...** | **ja** | **nein** | **nicht bearbeitet** | **Bemerkungen**[8] |
| ordnet die Kärtchen mit den **Punktemengen** (45 bis 54) aufsteigend oder absteigend der Größe nach. | | | | |

**Aufgabenbezogenes Lösungsverhalten:**

| | x✍ | | | |
|---|---|---|---|---|
| **Das Kind ...** | **a)** bei (fast) **allen** Aufgaben | **b)** bei **einem Teil** der Aufgaben | **c)** bei (fast) **keiner** Aufgabe | **Bemerkungen** |
| löst die Aufgabenstellung **ohne** deutliches **Abzählen.** | | | | |
| löst die Aufgabenstellung **durch Abzählen.** | | | | |
| benutzt **andere Strategien**. (Gegebenenfalls welche?) | | | | |
| geht die Aufgabenstellung nicht an. | | | | |

**Anmerkung:** Achten Sie bei diesen Aufgabenstellungen auch darauf, wie das Kind die Mengenkarten anordnet.

| **Das Kind** ordnet die Mengenkarten überwiegend ... | x✍ | **Bemerkungen** |
|---|---|---|
| konventionell von links nach rechts an. | | |
| von rechts nach links an*. | | |
| von oben nach unten an*. | | |
| von unten nach oben an*. | | |

*Sollte ein Kind eine andere Anordnungsstrategie systematisch bevorzugen, kann eine Hilfe darin bestehen, es auf die Links-rechts-Orientierung verstärkt aufmerksam zu machen.

Bei diesen Aufgaben empfiehlt es sich, auch den generalisierten Arbeitsstil mit zu berücksichtigen. (Siehe Seite 17.)

[8] Falls nein, Anordnung in Ziffern eintragen.

**Material zu 2.2.2.1 – Seriation**

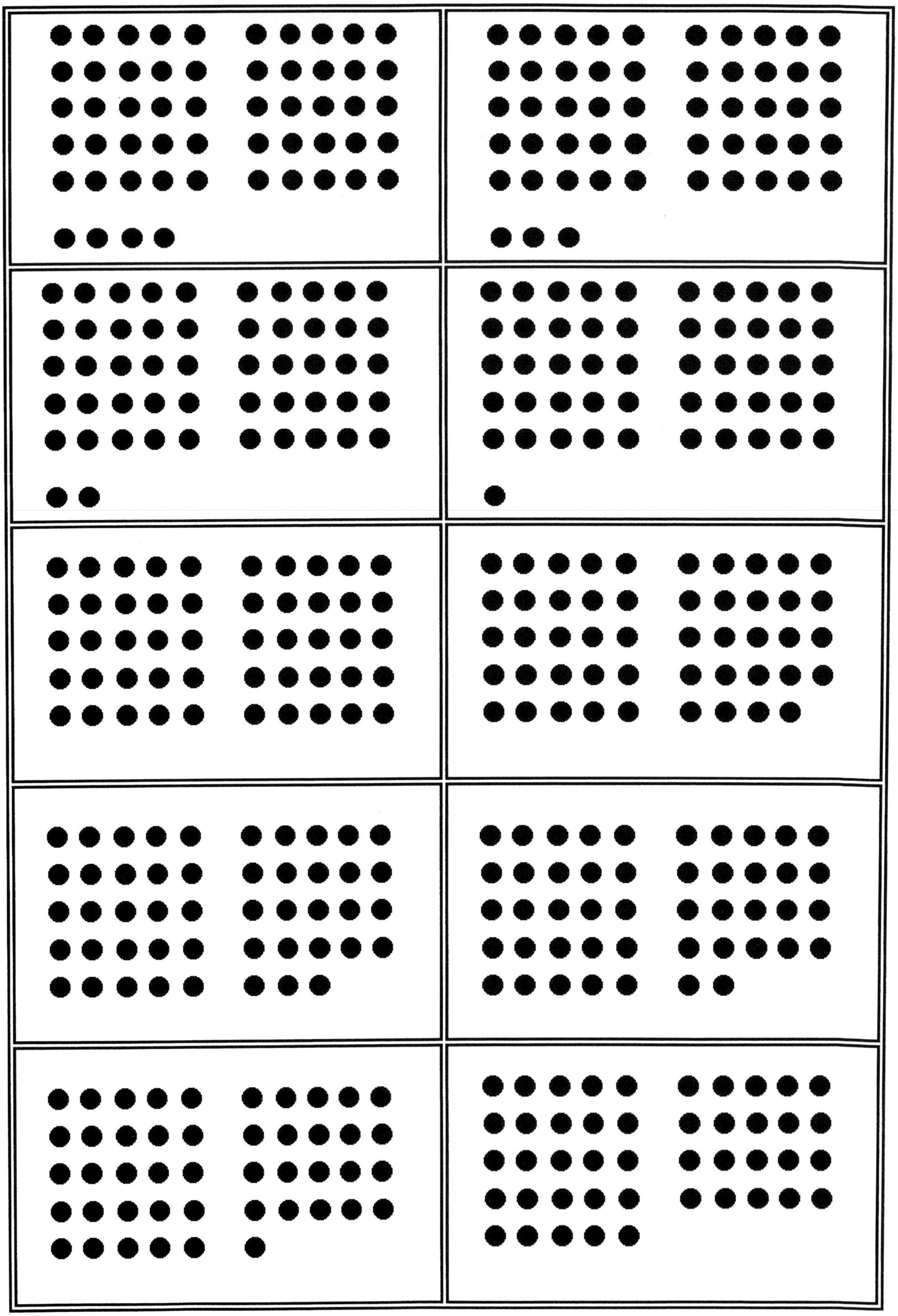

### 2.2.2.2 Zahlen im Zahlenraum bis 100 der Größe nach ordnen – aufsteigend/absteigend

#### a) Aufsteigend

**Anweisung:**
Zerschneiden Sie das Material a) zu 2.2.2.2 (Seite 44) in Kärtchen.
Legen Sie dem Kind die Zahlenkarten 73 bis 84 ungeordnet vor und erklären Sie:
*„Du sollst die Zahlen der Reihe nach ordnen. Du sollst mit der kleinsten Zahl beginnen!“*

Legen Sie die ersten beiden Karten vor und fordern Sie das Kind zur Fortsetzung auf. Diese Hilfe sollte jedoch in der Auswertungstabelle vermerkt werden.

**Auswertung:**

| | x✍ | | | |
|---|---|---|---|---|
| **Das Kind ...** | **ja** | **nein** | **nicht bearbeitet** | **Bemerkungen**[9] |
| ordnet die Zahlen 73 bis 84 in richtiger aufsteigender Reihenfolge der Größe nach. | | | | |

#### b) Absteigend

**Anweisung:**
Legen Sie dem Kind nochmals die Zahlenkarten 37 bis 44 von Seite 44 ungeordnet vor und erklären Sie:
*„Du sollst die Zahlen wieder der Reihe nach ordnen. Diesmal sollst du mit der größten Zahl beginnen.“*
Legen Sie die ersten beiden Karten vor und fordern Sie das Kind zur Fortsetzung auf. Diese Hilfe sollte jedoch in der Auswertungstabelle vermerkt werden.

**Auswertung:**

| | x✍ | | | |
|---|---|---|---|---|
| **Das Kind ...** | **ja** | **nein** | **nicht bearbeitet** | **Bemerkungen**[10] |
| ordnet die Zahlen 44 bis 37 in richtiger absteigender Reihenfolge der Größe nach. | | | | |

Bei diesen Aufgaben empfiehlt es sich, auch den generalisierten Arbeitsstil mit zu berücksichtigen. (Verwenden Sie dazu die Tabellen auf Seite 17.)

---

[9] Falls nein, Anordnung in Ziffern eintragen.
[10] Falls nein, Anordnung in Ziffern eintragen.

**Material zu 2.2.2.2 – Seriation von Zahlen**

a) aufsteigend

| | | | |
|---|---|---|---|
| 73 | 74 | 75 | 76 |
| 77 | 78 | 79 | 80 |
| 81 | 82 | 83 | 84 |

b) absteigend

| | | | |
|---|---|---|---|
| 37 | 38 | 39 | 40 |
| 41 | 42 | 43 | 44 |

### 2.2.2.3 Beliebige Zahlen im Zahlenraum bis 100 der Größe nach ordnen

Die Lösung dieser Aufgabenstellung setzt ebenfalls Kenntnis und Verständnis des dekadischen Systems voraus. (siehe Kapitel 2.1)

**Anweisung:**
Legen Sie dem Kind die Karten des Materials zu 2.2.2.3 ungeordnet vor und erklären Sie:
*„Ordne die Zahlen der Größe nach. Beginne mit der kleinsten Zahl!“*

Legen Sie die ersten beiden Karten vor und fordern Sie das Kind zur Fortsetzung auf. Diese Hilfe sollte jedoch in der Auswertungstabelle vermerkt werden.

**Auswertung:**

| | x✍ | | | |
|---|---|---|---|---|
| **Das Kind ...** | **ja** | **nein** | **nicht bear-beitet** | **Bemerkungen**[11] |
| ordnet die Zahlen richtig der Größe nach. | | | | |

**Arbeitsstil:**

| **Das Kind ...** | x✍ | **Bemerkungen** |
|---|---|---|
| operiert überwiegend schnell (zügig) und planvoll. | | |
| operiert überwiegend langsam, aber gründlich und mit System. | | |
| operiert schnell, aber überhastet und mit wenig System. | | |
| operiert überwiegend langsam und planlos. | | |

[11] Falls nein, Anordnung in Ziffern eintragen.

**Material zu 2.2.2.3 – Seriation von Zahlen**

| | | | |
|---|---|---|---|
| 73 | 37 | 18 | 80 |
| 25 | 46 | 59 | 84 |
| 61 | 92 | | |

### 2.2.2.4 Zu einer Zahl die um 1 größere bzw. kleinere Zahl finden (Nachbarzahlen)

#### a) zu einer Zahl die um 1 größere Zahl finden

**Anweisung:**
Legen sie dem Kind das Material a) zu 2.2.2.4 (siehe Seite 48) vor und kommentieren und demonstrieren Sie:
*„Hier sollst du immer die Nachbarzahlen aufschreiben. Ich mache dir am ersten Beispiel vor, wie das geht: Die Nachbarzahl, die um 1 größer ist als 45, heißt 46. Ich schreibe sie hier links daneben in den Kasten. Kannst du jetzt immer die um 1 größere Nachbarzahl aufschreiben?“*

**Auswertung:**

| vorge-gebene Zahl | Vom Kind dazu geschriebene (um 1 größere) Zahl | richtig | falsch | nicht bear-beitet | Bemerkungen |
|---|---|---|---|---|---|
| 45 | z. B. 46 | | | | zur Demonstration |
| 73 | | | | | |
| 69 | | | | | |
| 80 | | | | | |
| 39 | | | | | |
| 51 | | | | | |
| | | | | | **Summen** |

#### b) zu einer Zahl die um 1 kleinere Zahl finden

**Anweisung:**
Legen sie dem Kind das Material b) zu 2.2.2.4 (siehe Seite 48) vor und kommentieren und demonstrieren Sie:
*„Hier sollst du wieder die Nachbarzahlen aufschreiben, diesmal die um 1 kleinere Zahl. Ich mache dir wieder vor, wie das geht. Die um 1 kleinere Zahl von 83 heißt 82. Ich schreibe sie hier rechts daneben in den Kasten.Kannst du jetzt immer die um 1 kleinere Nachbarzahl aufschreiben?“*

**Auswertung:**

| vorge-gebene Zahl | vom Kind dazu geschriebene (um 1 kleinere) Zahl | richtig | falsch | nicht bear-beitet | Bemerkungen |
|---|---|---|---|---|---|
| 83 | z. B. 82 | | | | zur Demonstration |
| 67 | | | | | |
| 71 | | | | | |
| 50 | | | | | |
| 19 | | | | | |
| 80 | | | | | |
| | | | | | **Summen** |

**Aufgabenbezogenes Lösungsverhalten:**

| **Das Kind ...** | **a)** bei (fast) **allen** Aufgaben **richtig** | **b)** bei **einem Teil** der Aufgaben **richtig** | **c)** bei (fast) **keiner** Aufgabe **richtig** | **Bemerkungen** |
|---|---|---|---|---|
| kennt im Zahlenraum bis 100 zu einer Zahl die um 1 größere Zahl. | | | | |
| kennt im Zahlenraum bis 100 zu einer Zahl die um 1 kleinere Zahl. | | | | |
| geht die Aufgabenstellung nicht an. | | | | |

**Material zu 2.2.2.4 – Nachbarzahlen**

a)

| | |
|---|---|
| 45 | |
| 73 | |
| 69 | |
| 80 | |
| 39 | |
| 51 | |

b)

| | |
|---|---|
| | 83 |
| | 67 |
| | 71 |
| | 50 |
| | 19 |
| | 80 |

### 2.2.2.5 Zahlenfolgen fortsetzen

**Anweisung:**
Legen sie dem Kind das Material zu 2.2.2.5 (siehe unten) vor, kommentieren und demonstrieren Sie: *„Hier sind Zahlenreihen angefangen. Kannst du aufschreiben, wie sie weitergehen?"*

**Auswertung:**

| | ✍ | x✍ | | | |
|---|---|---|---|---|---|
| **Anfang der Zahlenreihe** | **vom Kind fortgesetzte Zahlen** | **richtig** | **falsch** | **nicht bearbeitet** | **Bemerkungen** |
| 16, 18, 20 | | | | | |
| 65, 70, 75 | | | | | |
| 23, 33, 43 | | | | | |
| 49, 47, 45 | | | | | |
| 100, 80, 60 | | | | | |
| | | | | | **Summen** |

**Material zu 2.2.2.5 – Zahlenfolgen fortsetzen**

| | | | | | |
|---|---|---|---|---|---|
| 16 | 18 | 20 | | | |

| | | | | | |
|---|---|---|---|---|---|
| 65 | 70 | 75 | | | |

| | | | | | |
|---|---|---|---|---|---|
| 23 | 33 | 43 | | | |

| | | | | | |
|---|---|---|---|---|---|
| 49 | 47 | 45 | | | |

| | | | | | |
|---|---|---|---|---|---|
| 100 | 80 | 60 | | | |

# 3 Grundrechenarten: Addition und Subtraktion II (im Zahlenraum 10 bis 100)

# 3 Grundrechenarten: Addition und Subtraktion II (im Zahlenraum 10 bis 100)

## 3.1 Zusammensetzen von Mengen – Addition im Zahlenraum bis 20

### 3.1.1 Zusammensetzen von Mengen mit konkretem Material

**Anweisung:**
Als Material für folgende Aufgaben benötigt man Steckperlen in zwei Farben.
*„Hier habe ich eine rote Kette von **10 Perlen** und da habe ich eine blaue Kette von **3 Perlen**. Ich stecke sie zusammen zu einer Kette.* (Demonstrieren Sie es.) *Wie viele Perlen hat jetzt die ganze Kette?“*
Lassen Sie nun das Kind nach Ihren Angaben die Ketten zusammenstecken. Für 10 Perlen lassen Sie immer dieselbe Kette mit 10 roten Perlen verwenden. Die Angaben entnehmen Sie der nachfolgenden Auswertungstabelle. Protokollieren Sie jeweils die Angaben des Kindes auf die Frage: *„Wie viele Perlen hat jetzt die ganze Kette?“*

**Auswertung:**

| | ✍ | x✍ | | | |
|---|---|---|---|---|---|
| **Perlen** | **vom Kind benannte Summe** | **richtig** | **falsch** | **nicht bearbeitet** | **Bemerkungen** |
| 10 rote / 3 blaue | | | | | |
| 10 rote / 7 blaue | | | | | |
| 10 rote / 2 blaue | | | | | |
| 6 blaue / 10 rote | | | | | |
| 1 blaue / 10 rote | | | | | |
| 15 rote / 2 blaue | | | | | |
| 14 rote / 4 blaue | | | | | |
| 3 rote / 15 blaue | | | | | |
| 8 rote / 11 blaue | | | | | |
| | | | | | **Summen** |

**Aufgabenbezogenes Lösungsverhalten:**

| | x✍ | | | |
|---|---|---|---|---|
| **Das Kind ...** | **a)** bei (fast) **allen** Aufgaben | **b)** bei **einem Teil** der Aufgaben | **c)** bei (fast) **keiner** Aufgabe | **Bemerkungen** |
| benennt die Anzahl der Gesamtmenge spontan richtig ohne vorheriges Abzählen. | | | | |
| benennt die Anzahl der Gesamtmenge nach vorherigem Abzählen richtig. | | | * | |
| erhält die Anzahl der Gesamtmenge, indem es die (kleinere) Teilmenge zur (größeren) Teilmenge dazuzählt. | | | | |
| kann die Anzahl der Gesamtmenge nur durch Abzählen aller Elemente bestimmen. | | | | |
| geht die Aufgabenstellung nicht an. | | | | |

* Überprüfen Sie, ob das Kind richtig (ab-)zählen kann.

### 3.1.2 Zusammensetzen von zeichnerisch dargestellten geordneten Mengen

#### 3.1.2.1 Lösung auf darstellendem und sprachlichem Weg

Mit dieser Aufgabenstellung soll ermittelt werden, ob ein Kind die Anzahlen zweier Mengenbilder erfassen und zu einer Anzahlmenge zusammenfassen kann, wenn es Formalien und Symbole (z. B. Rechenzeichen) nicht berücksichtigen muss.

**Anweisung:**
Schneiden Sie das Material zu 3.1.2.1 (Seite 54) entlang der Doppellinien in 9 Kärtchen zurecht. Sortieren Sie die Kärtchen auf einen Stapel nach dem Alphabet, wobei das Kärtchen a) zuunterst und das Kärtchen i) zuoberst liegen muss. Danach wird der Stapel umgedreht, sodass die Abbildungen verdeckt sind und die erste Karte das Kärtchen a) sein wird.
Decken Sie dem Kind nun Karte für Karte auf, zeigen Sie dem Kind jede Karte jedoch nicht länger als 10 Sekunden, da das Kind die Teilmengen möglichst simultan erfassen und zur Gesamtmenge zusammensetzen soll.

*„Ich zeige dir jetzt Karten mit Bauklotztürmen. Du sollst immer so schnell wie möglich sagen, wie viele Klötze es alle zusammmen sind. Der weiße, lange Turm hat immer 10 Klötze.“*

**Auswertung:**

| | ✍ | x✍ | | | |
|---|---|---|---|---|---|
| **Teilmengen** | **vom Kind benannte Summe** | **richtig** | **falsch** | **weiß nicht** | **Bemerkungen** |
| a) 10/ 2 | | | | | |
| b) 10/ 6 | | | | | |
| c) 10/10 | | | | | |
| d) 1/10 | | | | | |
| e) 4/10 | | | | | |
| f) 16/ 2 | | | | | |
| g) 12/ 3 | | | | | |
| h) 4/15 | | | | | |
| i) 9/11 | | | | | |
| | | | | | **Summen** |

**Aufgabenbezogenes Lösungsverhalten:**

| | x✍ | | |
|---|---|---|---|
| **Das Kind ...** | **a)** bei (fast) **allen** Aufgaben | **b)** bei **einem Teil** der Aufgaben | **c)** bei (fast) **keiner** Aufgabe |
| benennt die Anzahl der Gesamtmenge spontan richtig ohne vorheriges Abzählen. | | | |
| benennt die Anzahl der Gesamtmenge nach vorherigem Abzählen richtig. | | | * |
| erhält die Anzahl der Gesamtmenge, indem es die (kleinere) Teilmenge zur (größeren) Teilmenge dazuzählt. | | | |
| kann die Anzahl der Gesamtmenge nur durch Abzählen aller Elemente bestimmen. | | | |
| geht die Aufgabenstellung nicht an. | | | |

* Überprüfen Sie, ob das Kind richtig (ab-)zählen kann.

**Material zu 3.1.2.1 – Mengen zusammensetzen und benennen**

(Entlang der Doppellinien in 9 Kärtchen zerschneiden.)

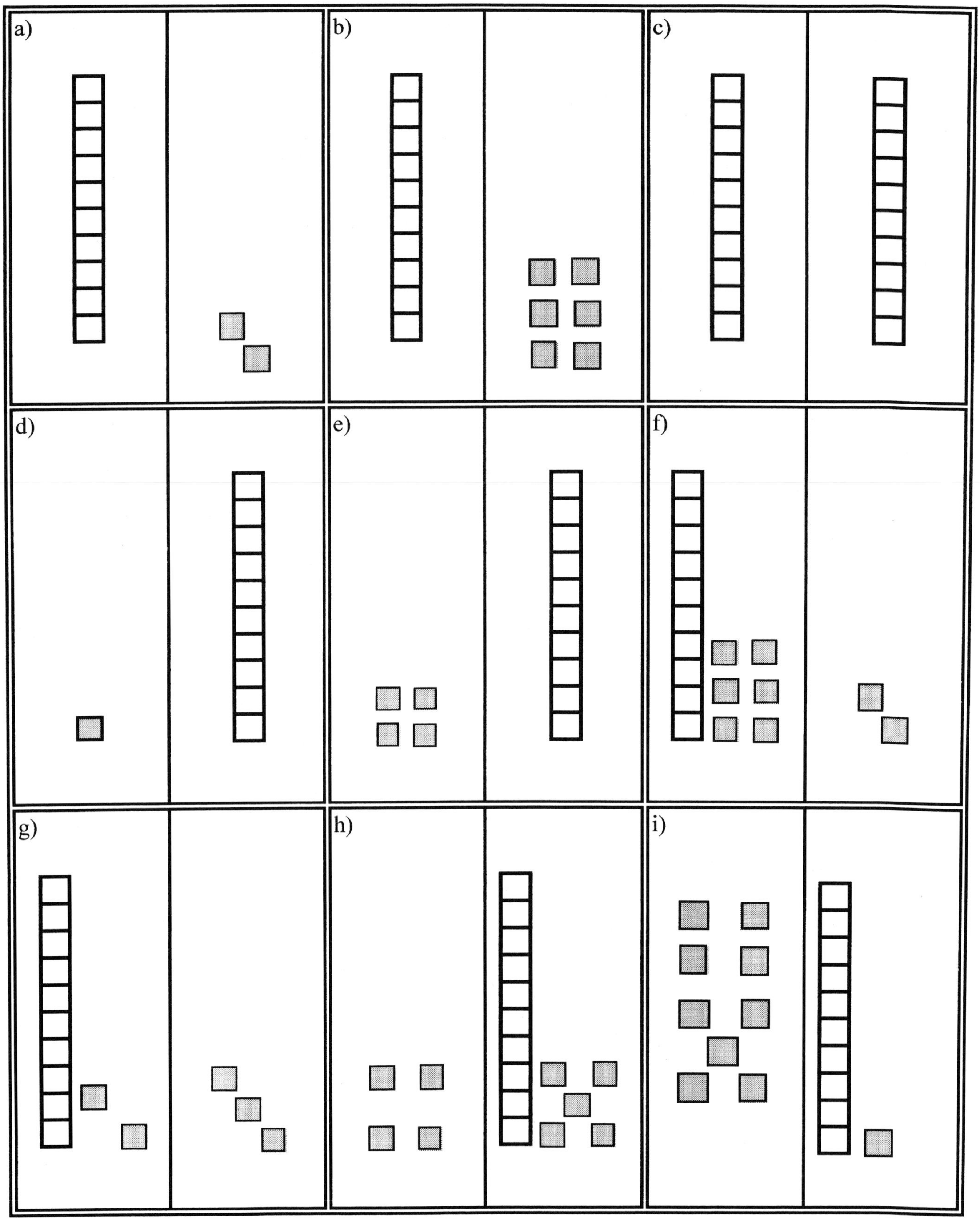

### 3.1.2.2 Lösung als Rechenaufgabe

Mit dieser Aufgabenstellung soll ermittelt werden ob ein Kind zu zwei zeichnerisch dargestellten Teilmengen eine Plusaufgabe ableiten, aufschreiben und lösen kann.

**Anweisung:**
Legen Sie dem Kind das Material zu 3.1.2.2 (Seite 56) vor. Erklären Sie:

*„Zu diesen Bildern kann ich Rechenaufgaben aufschreiben. Zu dem ersten Bild kann ich aufschreiben:* ***10 plus 2.***
(Schreiben Sie dabei auf.)

*Zusammen sind es 12 Kästchen (Klötze), also schreibe ich auf:* ***gleich 12***. (Schreiben Sie dabei auf.)"

*„Kannst du jetzt zu den anderen Bildern solche Rechenaufgaben aufschreiben?"*

Beispiel:

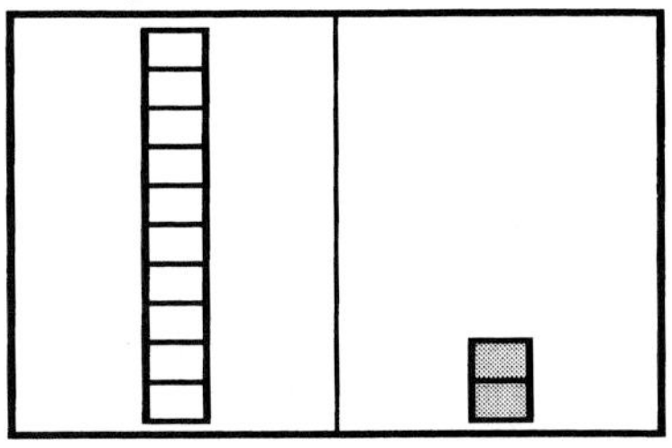

10 + 2 = 12

**Auswertung:**

| | | x✍ | | | | x✍ | | | |
|---|---|---|---|---|---|---|---|---|---|
| **Türme** | | **richtig** | **falsch** | **nicht bear-beitet** | **vom Kind geschrie-benes Ergebnis** | **richtig** | **falsch** | **nicht bear-beitet** | **Bemerkungen** |
| a) | 10/ 2 | | | | | | | | |
| b) | 10/ 6 | | | | | | | | |
| c) | 4/ 10 | | | | | | | | |
| d) | 12/ 3 | | | | | | | | |
| e) | 4/ 15 | | | | | | | | |
| f) | 9/ 11 | | | | | | | | |
| | | | | | | | | | **Summen** |

**Aufgabenbezogenes Lösungsverhalten:**

| | x✍ | | | |
|---|---|---|---|---|
| **Das Kind ...** | **a)** bei (fast) **allen** Bildern | **b)** bei **einem Teil** der Bilder | **c)** bei (fast) **keinem** Bild | **Bemerkungen** |
| schreibt die Plusaufgabe richtig auf. | | | | |
| schreibt nur den Zahlensatz (ohne Summenberechnung) richtig auf. | | | | |
| schreibt/berechnet statt einer Plusaufgabe eine Minusaufgabe. | | | | |
| geht die Aufgabenstellung nicht an. | | | | |

**Anmerkung:** Da das Ergebnis der Aufgaben durch Ab-/Weiterzählen ermittelt werden kann, muss eine Gleichheitsbeziehung in diesen Aufgaben nicht erkannt werden.

## Material zu 3.1.2.2 – Aus Mengen Plusaufgaben ableiten

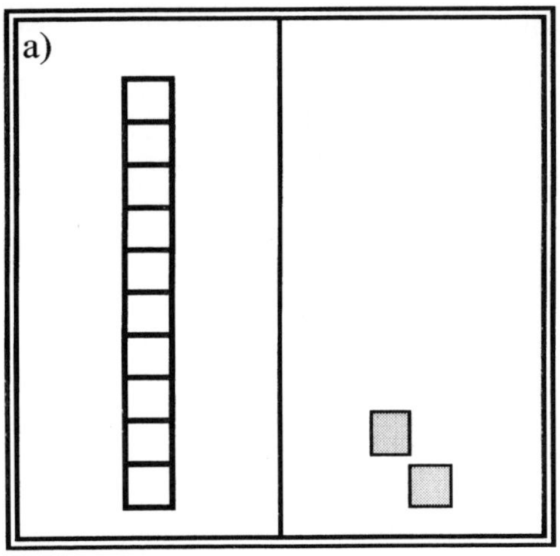


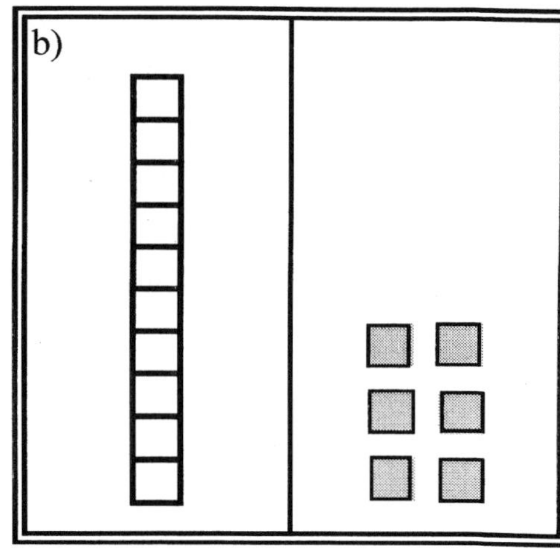


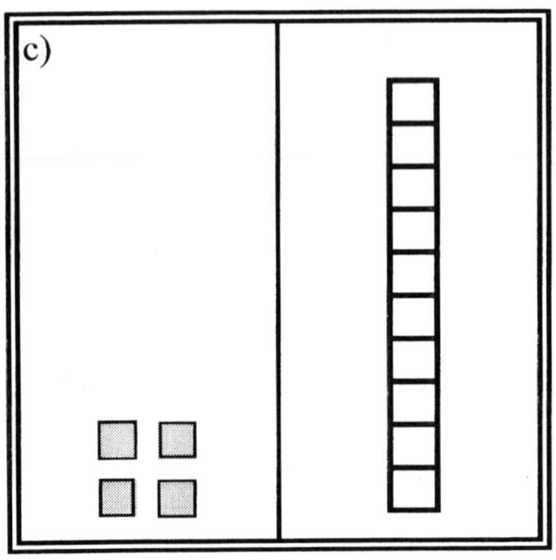


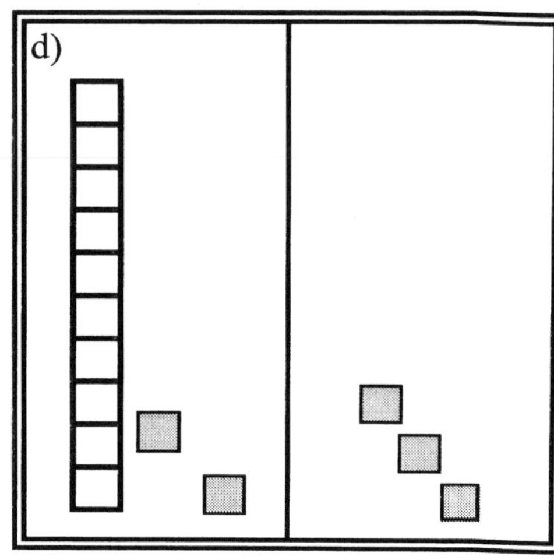


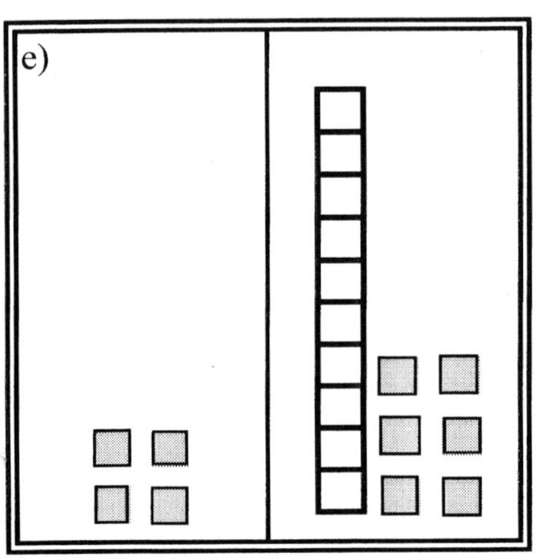


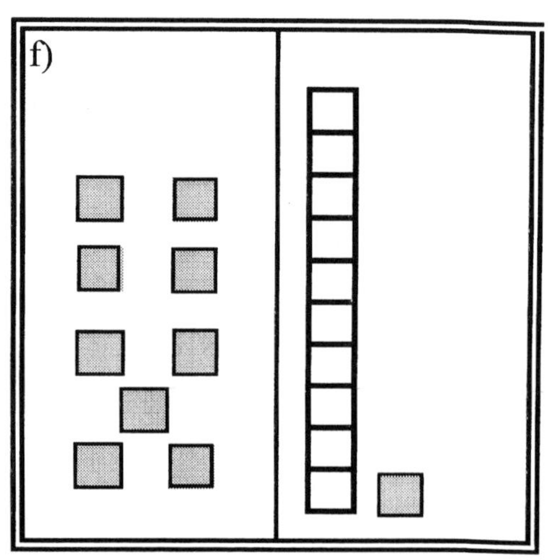

### 3.1.3 Zusammensetzen von Mengen in der Vorstellung (nach sprachlicher Anweisung)

**Anweisung:**
*„Stell dir vor, ich habe **10** rote und **3** blaue **Perlen**. Ich stecke sie zu einer Kette zusammen. Wie viele Perlen hat dann die Kette?"*

Stellen Sie dem Kind nach den Angaben in der Auswertungstabelle weitere solche Aufgaben. Notieren Sie die Antworten des Kindes in der Auswertungstabelle.

**Auswertung:**

| | ✍ | x✍ | | | |
|---|---|---|---|---|---|
| **Teilmengen** | **vom Kind benannte Gesamtmenge** | **richtig** | **falsch** | **nicht bear-beitet** | **Bemerkungen** |
| 10/ 3 Perlen | | | | | |
| 10/ 6 Perlen | | | | | |
| 10 / 9 Perlen | | | | | |
| 2/10 Perlen | | | | | |
| 8/10 Perlen | | | | | |
| 15/ 3 Perlen | | | | | |
| 14/ 4 Perlen | | | | | |
| 6/13 Perlen | | | | | |
| 2/18 Perlen | | | | | |
| | | | | | **Summen** |

**Aufgabenbezogenes Lösungsverhalten:**

| | x✍ | | | |
|---|---|---|---|---|
| **Das Kind** benennt die Anzahl der Gesamtmenge ... | **a)** bei (fast) **allen** Auf-gaben | **b)** bei **einem Teil** der Aufgaben | **c)** bei (fast) **keiner** Aufgabe | **Bemerkungen** |
| ohne vorheriges Abzählen spontan richtig. | | | | |
| nach längerem Nachdenken, aber ohne vorheriges Abzählen (z. B. mit den Fingern), richtig. | | | | |
| nach vorherigem Abzählen (z. B. mit den Fingern) richtig. | | | | |
| geht die Aufgabenstellung nicht an. | | | | |

### 3.1.4 Schriftlich vorgegebene Additionsaufgaben im Zahlenraum bis 20 lösen

Mit der ersten Aufgabenstellung soll ermittelt werden, ob ein Kind Zusammensetzen auf der Symbolebene lösen kann.
Darüber hinaus kann mit der zweiten Aufgabenstellung ansatzweise ermittelt werden, ob ein Kind Rechengesetze bzw. -beziehungen (er-)kennt und sie als Lösungshilfen anwenden kann.
Falls das Kind beim Lösen dieser Aufgaben sich diesbezüglich äußert, sollten Sie dies unter „Bemerkungen" notieren.

**Anweisung:**
Legen Sie dem Kind das Material zu 3.1.4 (Seite 60) vor und fragen Sie: *„Kannst du diese Rechenaufgaben (aus-)rechnen?"*

**Auswertung:**
Beobachten Sie das Kind während seiner Arbeit auch daraufhin, welche Aufgaben es **besonders zügig*** lösen kann bzw. bei welchen es **besonders lange°** braucht, gegebenenfalls weil es mit den Fingern abzählt. Vermerken Sie dies in der Auswertungstabelle.

| | | ✍ | x✍ | | | x✍ | | |
|---|---|---|---|---|---|---|---|---|
| **Zahlensatz** | **Aufgabentyp**[12] | **vom Kind notiertes Ergebnis** | **richtig** | **falsch** | **nicht bearbeitet** | **besonders zügig*** | **besonders lange°** | **Bemerkungen** |
| a) 10 + 7 | Z + E | | | | | | | |
| b) 10 + 9 | | | | | | | | |
| c) 4 + 10 | E + Z | | | | | | | |
| d) 8 + 10 | | | | | | | | |
| e) 15 + 3 | ZE + E | | | | | | | |
| f) 12 + 6 | | | | | | | | |
| g) 4 + 15 | E + ZE | | | | | | | |
| h) 7 + 11 | | | | | | | | |
| i) 4 + 3 | Analogie | | | | | | | |
| j) 14 + 3 | | | | | | | | |
| k) 16 + 4 | Tauschaufgaben | | | | | | | |
| l) 4 + 16 | | | | | | | | |
| m) 12 + 5 | | | | | | | | |
| n) 15 + 2 | | | | | | | | |
| | | | | | | | | **Summen** |

**Aufgabenbezogenes Lösungsverhalten:**

| | x✍ | | |
|---|---|---|---|
| **Das Kind beherrscht die Addition von** | **ja** | **nein** | **Bemerkungen** |
| Z + E (Aufgabe a, b) | | | |
| E + Z (Aufgabe c, d) | | | |
| ZE + E (Aufgabe e, f) | | | |
| E + ZE (Aufgabe g, h) | | | |

Bei diesen Aufgaben empfiehlt es sich, auch den generalisierten Arbeitsstil mit zu berücksichtigen. (Siehe Seite 17.)

[12] E bedeutet Einer, Z bedeutet Zehn, ZE bedeutet gemischte Zahl aus Zehnern und Einern.

**Anweisung und Auswertung:**
Versuchen Sie mit dem Kind in ein Gespräch zu gelangen, in dem Sie von ihm etwas über die Beziehungen zwischen (folgenden) Rechensätzen zu erfahren suchen.

**1.) Tauschaufgaben:**

a) „*Kannst du zu diesen Aufgaben etwas sagen?*“ (Zeigen Sie auf die Aufgaben **m** und **n**)
Gegebenenfalls: „*Warum gehören sie zusammen?*“
b) „*Weißt du wie diese Aufgaben heißen?*“ (Falls eine richtige Antwort erfolgt ist, dann ...)
c) „*Warum heißen sie so?*“
d) „*Das sind (also) Tauschaufgaben. Was bedeutet das für das Rechnen der Aufgaben?*“

**Antwort des Kindes:**

**zu a)**

**zu b)**

**zu c)**

**zu d)**

**2.) Analoge Zahlensätze:**

a) „*Kannst du zu diesen Aufgaben etwas sagen?*“ (Zeigen Sie auf die Aufgaben **i** und **j**)
Gegebenenfalls: „*Warum gehören sie zusammen?*“
b) „*Was bedeutet das für das Rechnen der Aufgaben?*“
Gegebenenfalls: „*Warum ist es günstig für das Rechnen von 14 + 3, wenn du schon 4 + 3 (aus-)gerechnet hast?*“
c) „*Welche leichte Rechenaufgabe (verwandter Zahlensatz, Hilfsaufgabe) passt zu 15 + 2?*“
(Zeigen Sie auf **l**) oder „*Sage eine solche passende Aufgabe zu 15 + 2!*“ (Zeigen Sie auf Zahlensatz **n**)

**Antwort des Kindes:**

**3.) Anwendung – Tauschaufgabe:**

a) „*Sage die Tauschaufgabe zu 4 + 10.*“ (Zeigen Sie auf **c**)
b) „*Sage die Tauschaufgabe zu 12 + 6.*“ (Zeigen Sie auf **f**)

Lassen Sie sich auch jeweils das Ergebnis nennen. Zeigen Sie dabei auf die bereits gelöste zugehörige Rechenaufgabe.

**Antwort des Kindes:**

**a)**

**b)**

**Material zu 3.1.4 – Additionsaufgaben**

a) 10 + 7 =

b) 10 + 9 =

c) 4 + 10 =

d) 8 + 10 =

e) 15 + 3 =

f) 12 + 6 =

g) 4 + 15 =

h) 7 + 11 =

i) 4 + 3 =

j) 14 + 3 =

k) 16 + 4 =

l) 4 + 16 =

m) 12 + 5 =

n) 15 + 2 =

### 3.1.5 Additionsaufgaben – Kopfrechnen

**Anweisung:**
*„Ich sage dir jetzt Rechenaufgaben und du sollst dazu nur das Ergebnis sagen. Also wenn* ***ich ‚10 plus 3'*** *sage, sagst* ***du ‚13'****."*

Stellen Sie dem Kind nach den Angaben in der Auswertungstabelle weitere solche Aufgaben. Notieren Sie die Antworten des Kindes in der Auswertungstabelle.

**Auswertung:**

| | ✍ | x✍ | | | |
|---|---|---|---|---|---|
| **Zahlen satz** | **vom Kind benannte Summe** | **richtig** | **falsch** | **nicht bear-beitet** | **Bemerkungen** |
| 10 + 2 | | | | | |
| 10 + 8 | | | | | |
| 10 + 6 | | | | | |
| 1 + 10 | | | | | |
| 3 + 10 | | | | | |
| 7 + 10 | | | | | |
| 14 + 3 | | | | | |
| 11 + 7 | | | | | |
| 3 + 16 | | | | | |
| 5 + 13 | | | | | |
| 8 + 12 | | | | | |
| | | | | | **Summen** |

**Aufgabenbezogenes Lösungverhalten:**

| | x✍ | | | |
|---|---|---|---|---|
| **Das Kind**<br>benennt die Summe ... | **a)** bei (fast) **allen** Auf-gaben | **b)** bei **einem Teil** der Auf-gaben | **c)** bei (fast) **keiner** Aufgabe | **Bemerkungen** |
| ohne vorheriges Abzählen spontan richtig. | | | | |
| nach längerem Nachdenken, aber ohne vorheriges Abzählen (z. B. mit den Fingern), richtig. | | | | |
| nach vorherigem Abzählen (z. B. mit den Fingern) richtig. | | | | |
| geht die Aufgabenstellung nicht an. | | | | |

## 3.2 Zusammensetzen von Mengen – Addition im Zahlenraum bis 100

### 3.2.1 Zusammensetzen von Mengen mit konkretem Material

**Anweisung:**
Für die Durchführung dieser Aufgabe benötigen Sie folgendes Rechenmaterial:
Zehnerstreifen und einzelne Quadrate;
oder: Zehnerstangen aus Steckwürfeln und einige einzelne Steckwürfel;
oder: Zehnerketten aus Steckperlen und einige einzelne Steckperlen;
oder: Zehnerstäbe des Cuisenairematerials oder der Mehrsystemblöcke und einzelne Klötzchen;
Wählen Sie nach Möglichkeit das im Mathematikunterricht des Kindes verwendete Rechenmaterial aus.

*„Ich möchte zeigen, wie 20 dazu 4 mit Zehnerketten und Perlen aussieht. Ich nehme für die 20 zwei Zehnerketten und für die 4 vier einzelne Perlen dazu.* (Zeigen Sie es.)
*Ich sehe, dass es zusammen 24 Perlen sind.*
*Jetzt sollst du das machen. Ich sage dir Zahlensätze und du legst Zehnerketten und Perlen dazu. Nach dem Legen sagst du mir immer, wie viele Perlen es zusammen sind.“*
(Materialbezeichnung entsprechend des verwendeten Materials verwenden!)

Lassen Sie nun das Kind nach Ihren Angaben das Material legen. Die Angaben entnehmen Sie der nachfolgenden Auswertungstabelle.
Protokollieren Sie jeweils die Angaben des Kindes auf die Frage *„Wie viele Perlen sind es zusammen?“* bei Gesamtmenge.

**Auswertung:**

| | x✍ | | | | x✍ | | | |
|---|---|---|---|---|---|---|---|---|
| **Zahlenangaben** | **Mengen wurden vom Kind ... gelegt** | | | **vom Kind benannte Gesamtmenge** | **richtig** | **falsch** | **nicht bearbeitet** | **Bemerkungen** |
| | **richtig** | **falsch** | **nicht** | | | | | |
| 20 dazu 4 | | | | z. B. 24 | | | | zur Demonstration |
| 50 dazu 7 | | | | | | | | |
| 2 dazu 90 | | | | | | | | |
| 62 dazu 5 | | | | | | | | |
| 74 dazu 6 | | | | | | | | |
| 3 dazu 57 | | | | | | | | |
| 8 dazu 21 | | | | | | | | |
| 48 dazu 6 | | | | | | | | |
| 67 dazu 9 | | | | | | | | |
| 30 dazu 40 | | | | | | | | |
| 72 dazu 10 | | | | | | | | |
| 50 dazu 17 | | | | | | | | |
| 43 dazu 26 | | | | | | | | |
| 25 dazu 75 | | | | | | | | |
| 64 dazu 18 | | | | | | | | |
| | | | | | | | | **Summen** |

**Aufgabenbezogenes Lösungsverhalten:**

| | x✍ | | | |
|---|---|---|---|---|
| **Das Kind ...** | **a)** bei (fast) **allen** Aufgaben | **b)** bei **einem Teil** der Aufgaben | **c)** bei (fast) **keiner** Aufgabe | **Bemerkungen** |
| kann die Gesamtmenge mit dem Rechenmaterial sicher und richtig darstellen. | | | * | |
| benennt die Anzahl der Gesamtmenge spontan richtig ohne vorheriges Abzählen. | | | | |
| benennt die Anzahl der Gesamtmenge nach vorherigem Abzählen richtig. | | | ° | |
| erhält die Anzahl der Gesamtmenge, indem es die (kleinere) Teilmenge zur (größeren) Teilmenge dazuzählt. | | | | |
| kann die Anzahl der Gesamtmenge nur durch Abzählen aller Elemente bestimmen*. | | | | |
| geht die Aufgabenstellung nicht an. | | | | |

° Überprüfen Sie, ob das Kind richtig (ab)zählen kann!
* Überprüfen Sie, ob das Kind über die nötigen Kenntnisse vom Zehnersystem verfügt (siehe Seite 16).

## 3.2.2 Zusammensetzen von zeichnerisch dargestellten geordneten Mengen

### 3.2.2.1 Lösung auf darstellendem und sprachlichem Weg

Mit dieser Aufgabenstellung soll ermittelt werden, ob ein Kind die Anzahlen zweier Mengenbilder erfassen und zu einer Anzahlmenge zusammenfassen kann, wenn es Formalien und Symbole (z. B. Rechenzeichen) nicht berücksichtigen muss.

**Anweisung:**
Schneiden Sie das Material (Seite 65) entlang der Doppellinien in 9 Kärtchen zurecht.
Sortieren Sie die Kärtchen auf einen Stapel nach dem Alphabet, wobei das Kärtchen a) zuunterst und das Kärtchen i) zuoberst liegen muss. Danach wird der Stapel umgedreht, sodass die Abbildungen verdeckt sind und die erste Karte das Kärtchen a) sein wird.

Decken Sie dem Kind nun Karte für Karte auf, zeigen Sie dem Kind jede Karte jedoch nicht länger als 10 Sekunden, da das Kind die Teilmengen möglichst simultan erfassen und zur Gesamtmenge zusammensetzen soll.

*„Ich zeige dir jetzt Karten mit Zehnerstreifen aus 10 weißen Vierecken und mit grauen Vierecken. Du sollst immer so schnell wie möglich sagen, wie viele weiße und graue Vierecke es zusammmen sind."*

**Auswertung:**

| | | x✍ | | | |
|---|---|---|---|---|---|
| **Teilmengen** | **vom Kind benannte Summe** | **richtig** | **falsch** | **weiß nicht** | **Bemerkungen** |
| a) 30/ 5 | | | | | |
| b) 4/50 | | | | | |
| c) 40/30 | | | | | |
| d) 32/ 4 | | | | | |
| e) 10/19 | | | | | |
| f) 24/30 | | | | | |
| g) 43/22 | | | | | |
| h) 28/ 3 | | | | | |
| i) 45/15 | | | | | |
| | | | | | **Summen** |

**Aufgabenbezogenes Lösungsverhalten:**

| | x✍ | | | |
|---|---|---|---|---|
| **Das Kind ...** | **a)** bei (fast) **allen** Aufgaben | **b)** bei **einem Teil** der Aufgaben | **c)** bei (fast) **keiner** Aufgabe | **Bemerkungen** |
| benennt die Anzahl der Gesamtmenge spontan richtig ohne vorheriges Abzählen. | | | | |
| benennt die Anzahl der Gesamtmenge nach vorherigem Abzählen richtig. | | | ° | |
| erhält die Anzahl der Gesamtmenge, indem es die (kleinere) Teilmenge zur (größeren) Teilmenge dazuzählt. | | | | |
| kann die Anzahl der Gesamtmenge nur durch Abzählen aller Elemente richtig bestimmen[13]. | | | | |
| geht die Aufgabenstellung nicht an. | | | | |

° Überprüfen Sie, ob das Kind richtig (ab)zählen kann.

[13] Überprüfen Sie, ob das Kind über die nötigen Kenntnisse vom Zehnersystem verfügt (siehe Kap. 2).

**Material zu 3.2.2.1 und 3.2.2.2 – Zusammensetzen von Mengen/Plusaufgaben ableiten**

(Entlang der Doppellinien in 9 Kärtchen zerschneiden.)

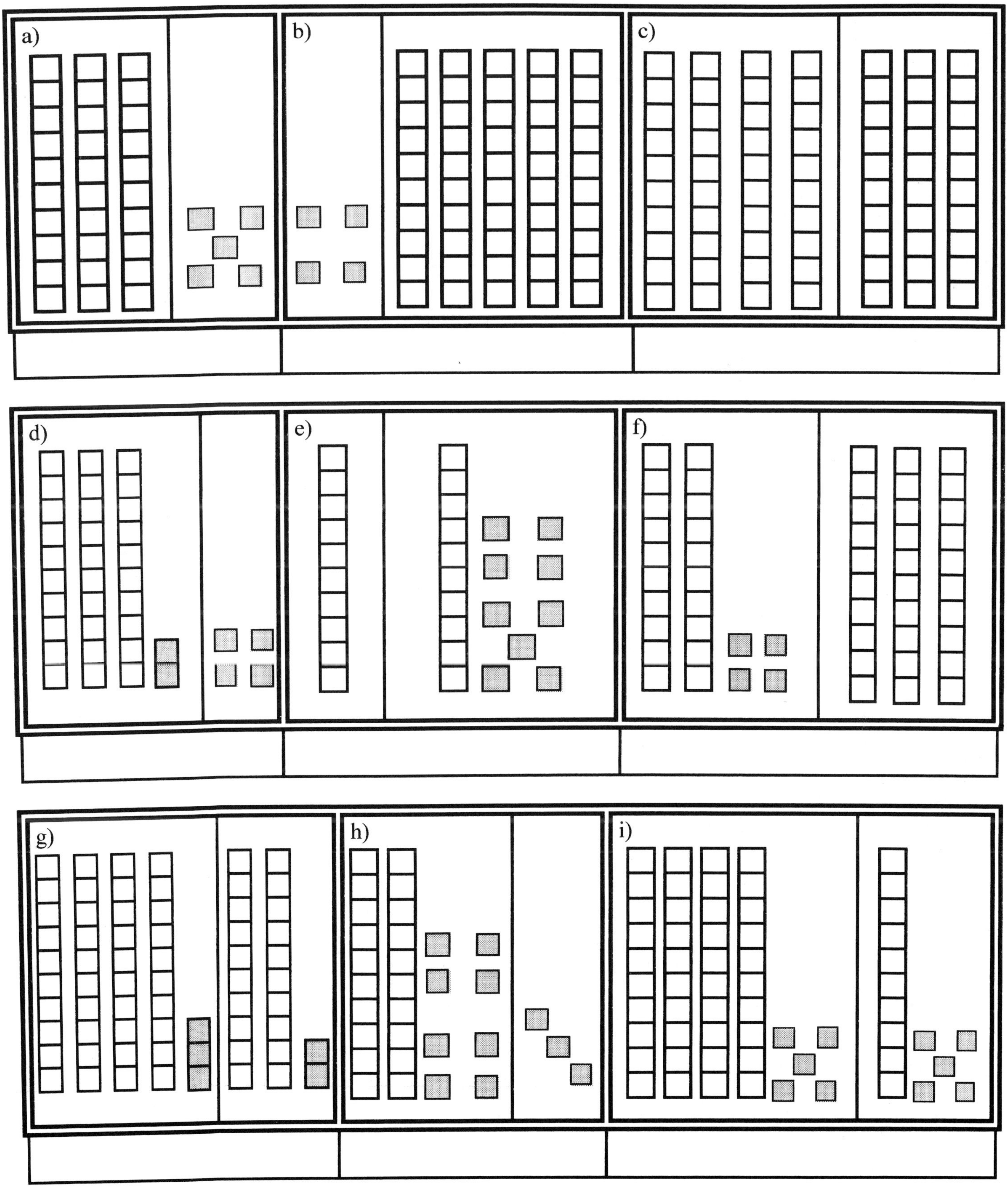

### 3.2.2.2 Lösung als Rechenaufgabe

Mit dieser Aufgabenstellung soll ermittelt werden, ob das Kind zu zwei zeichnerisch dargestellten Teilmengen eine Plusaufgabe ableiten, aufschreiben und lösen kann.

**Anweisung:**
Legen Sie dem Kind das Material zu 3.2.2.2 (Seite 65) vor. Für diese Aufgabenstellung werden nur die Aufgaben a) bis f) benötigt.
Erklären Sie:

*„Zu diesen Bildern kann ich Rechenaufgaben aufschreiben.*

*Zu dem ersten Bild kann ich aufschreiben:*
***30 plus 5**.* (Schreiben Sie dabei auf.)
*Zusammen sind es 35 Vierecke (Kästchen), also schreibe ich auf:*
***gleich 35**.“* (Schreiben Sie dabei auf.)

*„Kannst du jetzt zu den anderen Bildern solche Rechenaufgaben aufschreiben?“*

Beispiel:

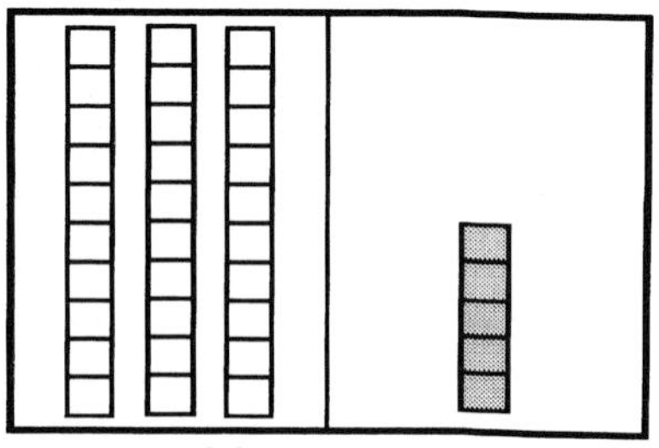

30 + 5 = 35

**Auswertung:**

| | ✍ | x✍ | | | | x✍ | | |
|---|---|---|---|---|---|---|---|---|
| **Vierecke** | **vom Kind geschriebener Zahlensatz** | **richtig** | **falsch** | **nicht bear-beitet** | **vom Kind geschriebenes Ergebnis** | **richtig** | **falsch** | **nicht bear-beitet** |
| a) 30/ 5 | | | | | | | | |
| b) 4/50 | | | | | | | | |
| c) 40/30 | | | | | | | | |
| d) 32/ 4 | | | | | | | | |
| e) 10/19 | | | | | | | | |
| f) 24/30 | | | | | | | | |
| | | | | | **Summe** | | | |

**Aufgabenbezogenes Lösungsverhalten:**

| | x✍ | | | |
|---|---|---|---|---|
| **Das Kind ...** | **a)** bei (fast) **allen** Bildern | b) bei **einem Teil** der Bilder | c) bei (fast) **keinem** Bild | **Bemerkungen** |
| schreibt die Plusaufgabe richtig auf. | | | | |
| schreibt nur den Zahlensatz (ohne Summenberechnung) richtig auf. | | | | |
| geht die Aufgabenstellung nicht an. | | | | |

### 3.2.3 Schriftlich vorgegebene Additionsaufgaben lösen (2 Schwierigkeitsstufen)

**Anweisung und Auswertung (Schwierigkeitsstufe 1 und 2):**
Legen Sie dem Kind das entsprechend der Schwierigkeitsstufe ausgewählte Material zu 3.2.3 (siehe Seite 69) vor und fragen Sie: *„Kannst du diese Rechenaufgaben (aus-)rechnen?“*

Beobachten Sie das Kind während seiner Arbeit auch daraufhin, welche Aufgaben es **besonders zügig*** lösen kann bzw. bei welchen es **besonders lange°** braucht, gegebenenfalls weil es mit den Fingern abzählt. Vermerken Sie dies in der Auswertungstabelle.

**Auswertung (Schwierigkeitsstufe 1):**

| | | | ✍ | x✍ | | | x✍ | |
|---|---|---|---|---|---|---|---|---|
| **Aufgabentyp[14]** | | **Zahlensatz** | **Vom Kind notiertes Ergebnis** | **richtig** | **falsch** | **nicht bearbeitet** | **besonders zügig*** | **besonders lange°** |
| a) | Z0 + Z0 | 50 + 30 | | | | | | |
| b) | | 40 + 60 | | | | | | |
| c) | Z0 + E | 40 + 6 | | | | | | |
| d) | | 70 + 3 | | | | | | |
| e) | E + Z0 | 8 + 20 | | | | | | |
| f) | | 2 + 90 | | | | | | |
| g) | ZE + E | 35 + 3 | | | | | | |
| h) | | 62 + 7 | | | | | | |
| i) | E + ZE | 4 + 24 | | | | | | |
| j) | | 8 + 51 | | | | | | |
| k) | ZE + E = Z0 | 26 + 4 | | | | | | |
| l) | | 72 + 8 | | | | | | |
| | | | **Summe** | | | | | |

**Aufgabenbezogenes Lösungsverhalten:**

| | x✍ | | | |
|---|---|---|---|---|
| **Das Kind** beherrscht die Addition von ... | **ja** | **nein** | **nicht bearbeitet** | **Bemerkungen** |
| Z0 + Z0 (Aufg. a, b) | | | | |
| Z0 + E (Aufg. c, d) | | | | |
| E + Z0 (Aufg. e, f) | | | | |
| ZE + E (Aufg. g, h) | | | | |
| E + ZE (Aufg. i, j) | | | | |
| ZE + E = Z0 (Aufg. k, l) | | | | |

[14] E bedeutet Einer, Z0: Zehnerzahl, ZE: gemischte Zahl aus Zehnern und Einern, ZÜ: Zehnerübergang.

**Auswertung (Schwierigkeitsstufe 2):**

| | | | x✍ | x✍ | | | x✍ | |
|---|---|---|---|---|---|---|---|---|
| **Nr.** | **Aufgabentyp**[15] | **Zahlensatz** | **vom Kind notiertes Ergebnis** | **richtig** | **falsch** | **nicht bearbeitet** | **besonders zügig*** | **besonders lange°** |
| a) | ZE + E mit ZÜ | 37 + 5 | | | | | | |
| b) | E + ZE mit ZÜ | 8 + 56 | | | | | | |
| c) | ZE + Z0 | 82 + 10 | | | | | | |
| d) | | 36 + 50 | | | | | | |
| e) | Z0 + ZE | 40 + 12 | | | | | | |
| f) | | 20 + 67 | | | | | | |
| g) | ZE + ZE ohne ZÜ | 24 + 13 | | | | | | |
| h) | | 32 + 57 | | | | | | |
| i) | ZE + ZE = Z0 | 56 + 24 | | | | | | |
| j) | | 18 + 62 | | | | | | |
| k) | ZE + ZE = 100 | 45 + 55 | | | | | | |
| l) | | 31 + 69 | | | | | | |
| m) | ZE + ZE mit ZÜ[16] | 47 + 28 | | | | | | |
| n) | | 35 + 59 | | | | | | |
| | | | **Summen** | | | | | |

**Aufgabenbezogenes Lösungsverhalten:**

| | | x✍ | | | |
|---|---|---|---|---|---|
| **Das Kind** beherrscht die Addition von ... | | **ja** | **nein** | **nicht bearbeitet** | **Bemerkungen** |
| ZE + E mit ZÜ | (Aufgabe a) | | | | |
| E + ZE mit ZÜ | (Aufgabe b) | | | | |
| ZE + Z0 | (Aufgabe c, d) | | | | |
| Z0 + ZE | (Aufgabe e, f) | | | | |
| ZE + ZE ohne ZÜ | (Aufgabe g, h) | | | | |
| ZE + ZE = Z0 | (Aufgabe i, j) | | | | |
| ZE + ZE = 100 | (Aufgabe k, l) | | | | |
| ZE + ZE mit ZÜ | (Aufgabe m, n)[17] | | | | |

Bei diesen Aufgaben empfiehlt es sich, auch den generalisierten Arbeitsstil mit zu berücksichtigen! (Siehe Seite 17)

[15] E: Einer, Z0: Zehnerzahl, ZE: gemischte Zahl aus Zehnern und Einern, ZÜ: Zehnerübergang.
[16] Höchster Schwierigkeitsgrad, muss daher nicht unbedingt gelöst werden.
[17] Höchster Schwierigkeitsgrad, muss daher nicht unbedingt gelöst werden.

**Material zu 3.2.3 – Addition im Zahlenraum bis 100**

**Schwierigkeitsstufe 1**

a) 50 + 30 =

b) 40 + 60 =

c) 40 + 6 =

d) 70 + 3 =

e) 8 + 20 =

f) 2 + 90 =

g) 35 + 3 =

h) 62 + 7 =

i) 4 + 24 =

j) 8 + 51 =

k) 26 + 4 =

l) 72 + 8 =

**Schwierigkeitsstufe 2**

a) 67 + 5 =

b) 8 + 56 =

c) 82 + 10 =

d) 36 + 30 =

e) 40 + 12 =

f) 20 + 67 =

g) 24 + 13 =

h) 32 + 57 =

i) 56 + 24 =

j) 18 + 62 =

k) 45 + 55 =

l) 31 + 69 =

m) 47 + 28 =

n) 35 + 59 =

### 3.2.4 Additionsaufgaben – Kopfrechnen (2 Schwierigkeitsstufen)

**Anweisung (Schwierigkeitsstufe 1 und 2):**
*„Ich sage dir jetzt Rechenaufgaben und du sollst dazu nur das Ergebnis sagen.*
*Also wenn* ***ich ‚30 plus 7'*** *sage, sagst* ***du ‚37'****."*

Stellen Sie dem Kind nach den Angaben in der Auswertungstabelle (der entsprechenden Schwierigkeitsstufe) weitere solche Aufgaben. Notieren Sie die Antworten des Kindes in der Auswertungstabelle. Lassen Sie dem Kind nicht mehr als 1 bis 3 Sekunden (je nach Schwierigkeitsgrad) Zeit für die Lösung, damit es nicht zählend die Aufgabe lösen kann. Gehen Sie also nach 1 bis 3 Sekunden zur nächsten Aufgabe über.

**Auswertung (Schwierigkeitsstufe 1):**

| | | | | | x✍ | | |
|---|---|---|---|---|---|---|---|
| **Nr.** | **Aufgaben-typ**[18] | **Zahlen-satz** | **vom Kind benannte Summe** | **richtig** | **falsch** | **nicht bear-beitet** | **Bemerkungen** |
| a) | Z0 + E | 50 + 6 | | | | | |
| b) | | 70 + 4 | | | | | |
| c) | E + Z0 | 9 + 30 | | | | | |
| d) | | 2 + 80 | | | | | |
| e) | Z0 + Z0 | 70 + 30 | | | | | |
| f) | | 40 + 40 | | | | | |
| g) | ZE + E | 55 + 3 | | | | | |
| h) | | 82 + 7 | | | | | |
| i) | E + ZE | 3 + 26 | | | | | |
| | | | | | | | **Summen** |

| | x✍ | | |
|---|---|---|---|
| **Das Kind** hat die Addition automatisiert von ... | **ja** | **nein** | **Bemerkungen** |
| Z0 + E (Aufgabe a, b) | | | |
| E + Z0 (Aufgabe c, d) | | | |
| Z0 + Z0 (Aufgabe e, f) | | | |
| ZE + E (Aufgabe g, h) | | | |
| E + ZE (Aufgabe i) | | | |

[18] E: Einer, Z0: Zehnerzahl, ZE: gemischte Zahl aus Zehnern und Einern, ZÜ: Zehnerübergang.

**Auswertung (Schwierigkeitsstufe 2):**

| | | | ✍ | x✍ | | | |
|---|---|---|---|---|---|---|---|
| **Nr.** | **Aufgabentyp**[19] | **Zahlen-satz** | **vom Kind benannte Summe** | **richtig** | **falsch** | **nicht bear-beitet** | **Bemerkungen** |
| a) | ZE + E = Z0 | 26 + 4 | | | | | |
| b) | | 72 + 8 | | | | | |
| c) | ZE + Z0 | 64 + 10 | | | | | |
| d) | Z0 + ZE | 40 + 38 | | | | | |
| e) | ZE + E mit ZÜ | 37 + 5 | | | | | |
| f) | E + ZE mit ZÜ | 8 + 54 | | | | | |
| g) | ZE + ZE = Z0 | 76 + 14 | | | | | |
| h) | | 18 + 62 | | | | | |
| i) | ZE + ZE = 100 | 25 + 75 | | | | | |
| j) | | 31 + 69 | | | | | |
| k) | ZE + ZE ohne ZÜ° | 24 + 32 | | | | | |
| l) | | 32 + 47 | | | | | |
| | | | | | | | **Summen** |

°Hoher Schwierigkeitsgrad, muss deshalb nicht unbedingt gelöst werden.

| | x✍ | | |
|---|---|---|---|
| **Das Kind** hat die Addition automatisiert von ... | **ja** | **nein** | **Bemerkungen** |
| ZE + E = Z0 (Aufgabe a, b) | | | |
| ZE + Z0 (Aufgabe c,d) | | | |
| ZE + E mit ZÜ (Aufgabe e, f) | | | |
| ZE + ZE = Z0 (Aufgabe g, h) | | | |
| ZE + ZE = 100 (Aufgabe i, ,j) | | | |
| ZE + ZE ohne ZÜ (Aufgabe k, l) | | | |

[19] E: Einer, Z0: Zehnerzahl, ZE: gemischte Zahl aus Zehnern und Einern, ZÜ: Zehnerübergang.

# 3.3 Vermindern von Mengen – Subtraktion im Zahlenraum 10 bis 100

## 3.3.1 Vermindern von Mengen – Subtraktion im Zahlenraum bis 20

### 3.3.1.1 Vermindern von Mengen mit konkretem Material

**Anweisung:**
Es werden Steckperlen in zwei Farben sowie die Auswertungstabelle benötigt.
*„Hier ist eine Kette mit **14 Perlen**. Du nimmst **4 weg**! Wie viele sind übrig?"*
Stecken Sie für das Kind jeweils die Anzahl der Perlen als Ausgangsmenge zu einer Kette zusammen und zwar so, dass immer 10 Perlen in der einen Farbe und die zugehörigen Einer in der anderen Farbe gesteckt sind.
Lassen Sie nun das Kind nach Ihren Angaben die Perlenkette vermindern. Die Angaben entnehmen Sie der nachfolgenden Auswertungstabelle.
Protokollieren Sie jeweils die Angaben des Kindes auf die Frage *„Wie viele Perlen sind übrig?"* bei Restmenge.

**Auswertung:**

| | | x✍ | x✍ | | | |
|---|---|---|---|---|---|---|
| **Gesamtmenge** | **Vermindern um** | **Restmenge** | **richtig** | **falsch** | **nicht bearbeitet** | **Bemerkungen** |
| 14 | 4 | z. B. 10 | | | | zur Demonstration |
| 16 | 6 | | | | | |
| 12 | 2 | | | | | |
| 15 | 10 | | | | | |
| 11 | 10 | | | | | |
| 18 | 3 | | | | | |
| 17 | 5 | | | | | |
| 20 | 7 | | | | | |
| | | | | | | **Summen** |

**Aufgabenbezogenes Lösungsverhalten:**

| | x✍ | | | |
|---|---|---|---|---|
| **Das Kind ...** | **a)** bei (fast) **allen** Aufgaben | **b)** bei **einem Teil** der Aufgaben | **c)** bei (fast) **keiner** Aufgabe | **Bemerkungen** |
| benennt die Anzahl der Restmenge spontan richtig ohne vorheriges Abzählen. | | | | |
| benennt die Anzahl der Restmenge nach vorherigem Abzählen richtig. | | | * | |
| erhält die Anzahl der Restmenge, indem es den Zehnerstrang ohne Abzählen als 10 Elemente erfasst und ggf. die Einer dann dazuzählt. | | | | |
| kann die Anzahl der Restmenge nur durch Abzählen aller Elemente bestimmen. | | | | |
| geht die Aufgabenstellung nicht an. | | | | |

* Überprüfen Sie, ob das Kind richtig (ab-)zählen kann.

### 3.3.1.2 Vermindern von zeichnerisch dargestellten geordneten Mengen

Mit dieser Aufgabenstellung soll ermittelt werden, ob ein Kind beim Vermindern im Zahlenraum bis 20 sich der Strukturierung durch das dekadische System bedienen kann und die damit verbundene Vorteile zu nutzen gelernt hat, indem es die nach der Zehnerbündelung dargestellten Mengen schnell erfasst und auch entsprechend ökonomisch entweder um die Zehner- oder Einermenge vermindert (wegstreicht).

**Anweisung:**
Sie benötigen das Material zu 3.3.1.2 sowie einen farbigen Stift.

Zeigen Sie auf das erste Beispiel des Materials von 3.3.2.1 und kommentieren Sie dazu:
*„Hier sind **15 Perlen** gezeichnet. **Streiche 5 Perlen** weg und sage mir dann, wie viele Perlen übrig sind?“*

Beispiel:

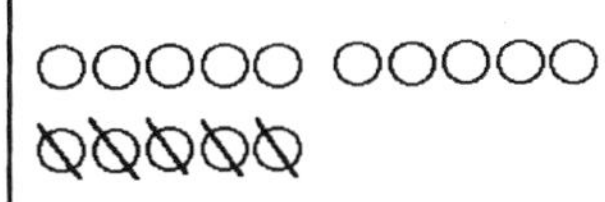

Stellen Sie dem Kind nach den Angaben in der Auswertungstabelle weitere solche Aufgaben. Notieren Sie die Ergebnisse des Kindes auf die Frage *„Wie viele Perlen sind übrig?“* in der Auswertungstabelle bei Restmenge.

**Auswertung:**

| | | ✍ | x✍ | | | |
|---|---|---|---|---|---|---|
| **Gesamtmenge** | **Vermindert um** | **vom Kind benannte Restmenge** | **richtig** | **falsch** | **nicht bearbeitet** | **Bemerkungen** |
| a) 15 | 5 | | | | | |
| b) 12 | 2 | | | | | |
| c) 16 | 6 | | | | | |
| d) 15 | 10 | | | | | |
| e) 12 | 10 | | | | | |
| f) 19 | 4 | | | | | |
| g) 17 | 3 | | | | | |
| h) 20 | 7 | | | | | |
| | | | | | | **Summen** |

**Aufgabenbezogenes Lösungsverhalten:**

| **Das Kind ...** | **a)** bei (fast) **allen** Aufgaben | **b)** bei **einem Teil** der Aufgaben | **c)** bei (fast) **keiner** Aufgabe | **Bemerkungen** |
|---|---|---|---|---|
| vermindert zeichnerisch die Menge, indem es die dekadische Darstellung nutzt und entsprechend entweder die Zehner- oder Einermenge wegstreicht. | | | | |
| vermindert zeichnerisch die Menge, indem es einzeln die Elemente der Reihe nach wegstreicht ohne die dekadische Darstellung zu nutzen. | | | | |
| benennt die Anzahl der Restmenge spontan richtig ohne vorheriges Abzählen. | | | | |
| benennt die Anzahl der Restmenge nach vorherigem Abzählen richtig. | | | ° | |
| geht die Aufgabenstellung nicht an. | | | | |

° Überprüfen Sie, ob das Kind richtig (ab-)zählen kann.

**Material zu 3.3.1.2 – Zeichnerisch Vermindern im Zahlenraum bis 20**

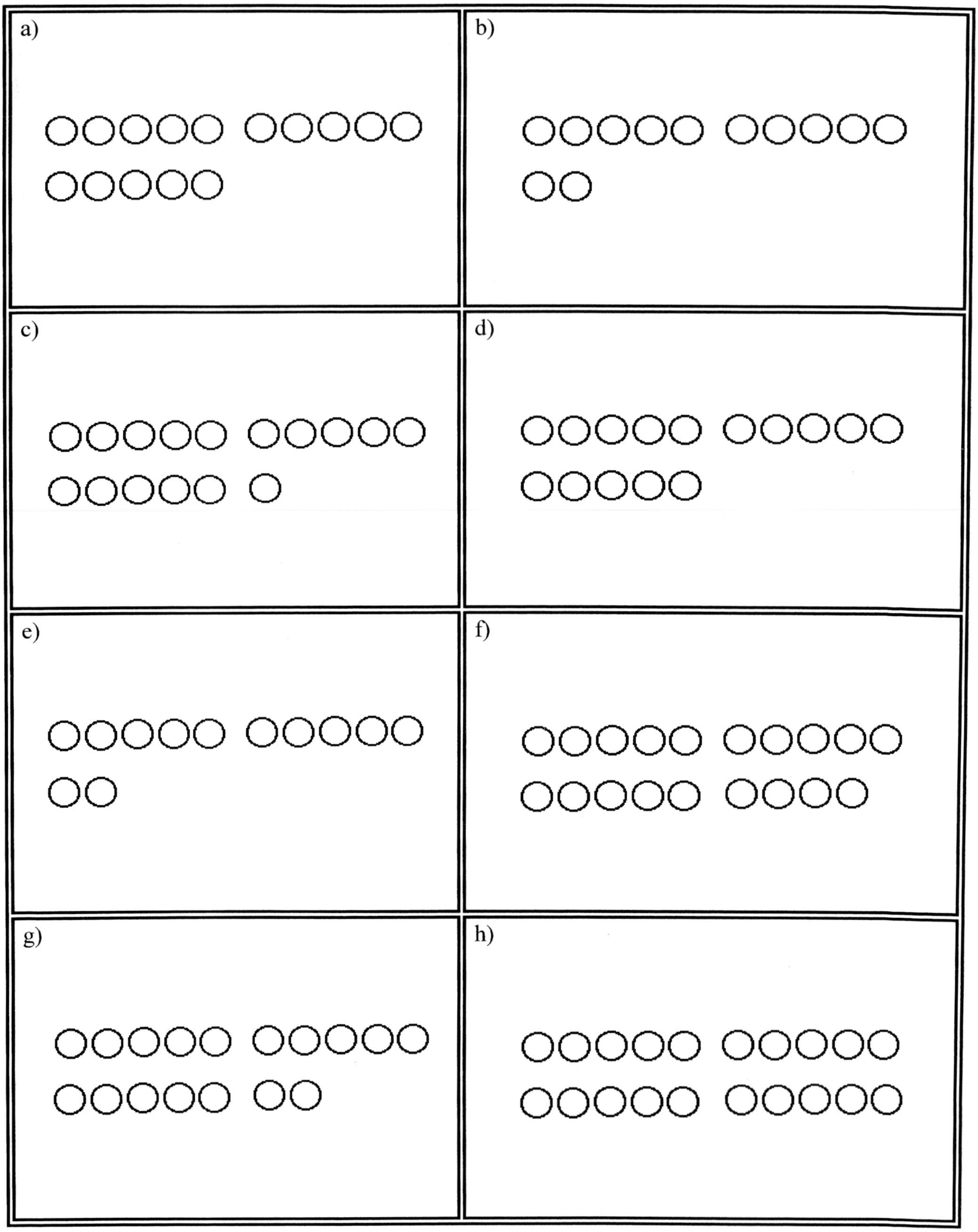

### 3.3.1.3 Subtraktion in der Vorstellung bei zeichnerisch dargestellten geordneten Mengen

Mit dieser Aufgabenstellung soll ermittelt werden, ob ein Kind verbal vorgegebene Minusaufgaben zügig lösen kann, wenn sie durch dekadische Darstellungen (nach dem Zehnersystem gebündelte Punktmengen) gestützt werden.

**Anweisung:**
Schneiden Sie das Material zu 3.3.1.3 (Seite 76) in Kärtchen.
Sortieren Sie die Kärtchen auf einen Stapel nach dem Alphabet, wobei das Kärtchen a) zuunterst und das Kärtchen i) zuoberst liegen muss. Danach wird der Stapel umgedreht, sodass die Abbildungen verdeckt sind und die erste Karte das Kärtchen a) sein wird.
Decken Sie dem Kind nun Karte für Karte auf und sagen Sie ihm dazu die jeweilige Minusaufgabe. Wenn das Kind die Lösung nicht innerhalb der nächsten 10 Sekunden benennt, gehen Sie zur nächsten Aufgabenstellung über.
*„Ich zeige dir jetzt immer eine Karte mit Perlenmengen.* (Zeigen Sie die erste Karte.) *In der weißen Perlenreihe sind immer 10.* (Zeigen Sie darauf.) *Hier auf der ersten Karte sind es 10 weiße und 5 dunkle Perlen, also zusammen 15 Perlen.*
*Zu jeder Karte sage ich eine passende Minusaufgabe. Du schaust dir die Perlen auf der Karte an, denkst dir Perlen weg und sagst dann die Lösung der Minusaufgabe.*
*Zu dieser Karte sage ich: ‚15 – 5'. Du sagst dann: ‚10', weil du von den 15 Perlen 5 weggedacht hast und dann 10 übrig bleiben."*

Die Minusaufgaben zu den Karten entnehmen Sie der Auswertungstabelle.

**Auswertung:**

| | | ✍ | x✍ | | | |
|---|---|---|---|---|---|---|
| **Karte** | **Zahlensatz mit Minus** | **vom Kind benannte Restmenge** | **richtig** | **falsch** | **nicht bearbeitet** | **Bemerkungen** |
| a) | 15 – 5 | | | | | |
| b) | 18 – 8 | | | | | |
| c) | 16 – 6 | | | | | |
| d) | 15 – 10 | | | | | |
| e) | 12 – 10 | | | | | |
| f) | 19 – 3 | | | | | |
| g) | 17 – 4 | | | | | |
| h) | 20 – 9 | | | | | |
| | | | | | | **Summen** |

**Aufgabenbezogenes Lösungsverhalten:**

| | x✍ | | | |
|---|---|---|---|---|
| **Das Kind ...** | **a)** bei (fast) **allen** Aufgaben | **b)** bei **einem Teil** der Aufgaben | **c)** bei (fast) **keiner** Aufgabe | **Bemerkungen** |
| benennt die Anzahl der Restmenge spontan richtig ohne vorheriges Abzählen. | | | | |
| benennt die Anzahl der Restmenge nach vorherigem Abzählen richtig. | | | | |
| geht die Aufgabenstellung nicht an. | | | | |

**Material zu 3.3.1.3 – Vermindern in der Vorstellung bei zeichnerisch dargestellten geordneten Mengen im Zahlenraum bis 20**

(Entlang der Doppellinien in Kärtchen zerschneiden.)

a)

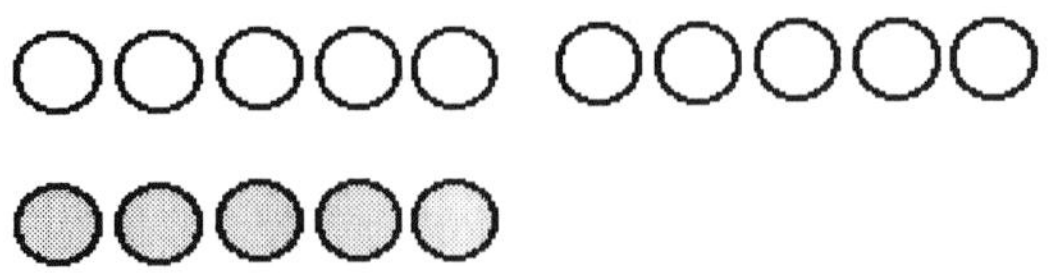

b)

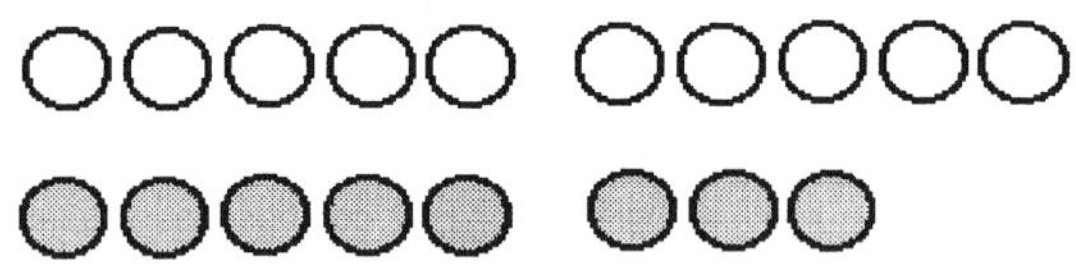

c)

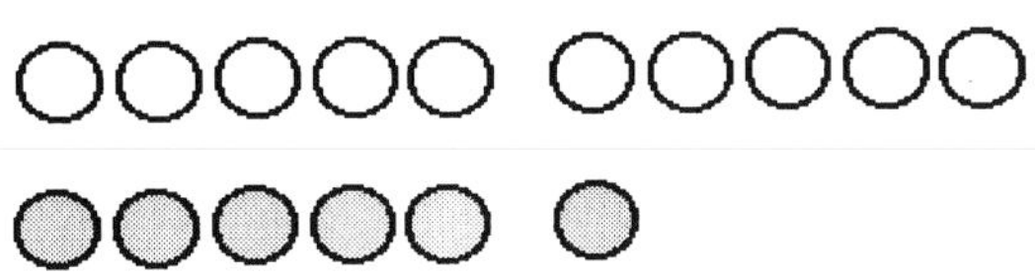

d)

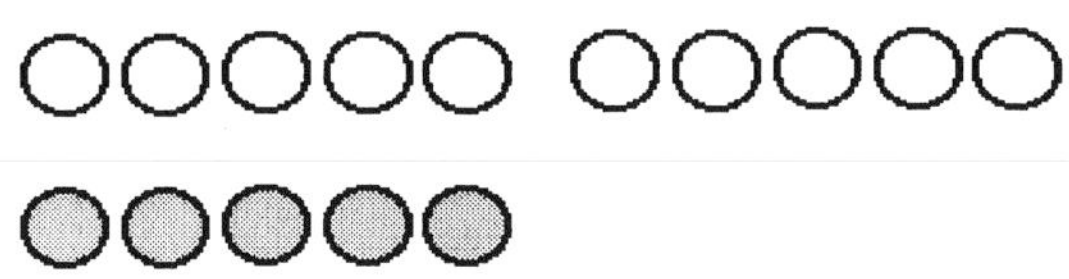

e)

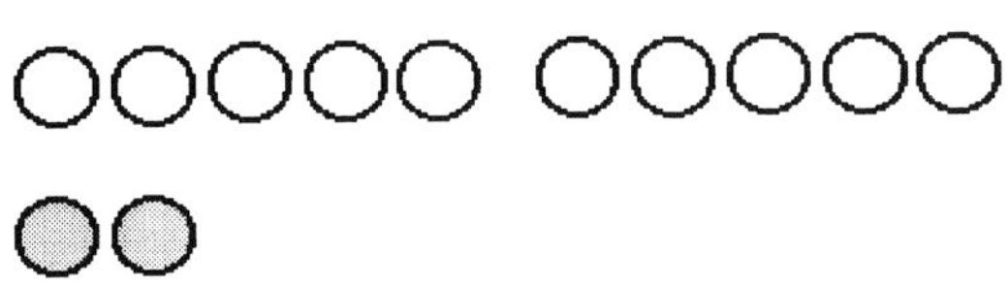

f)

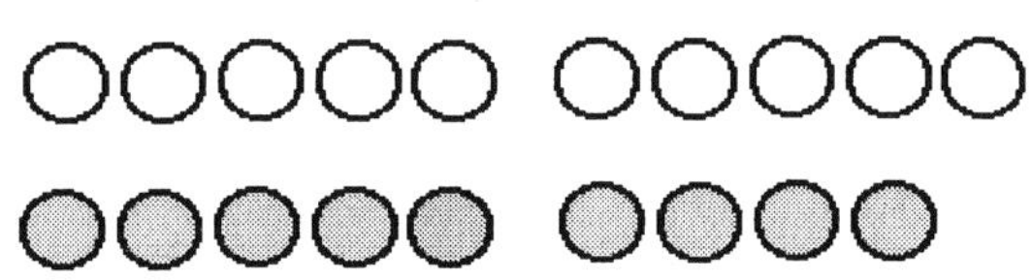

g)

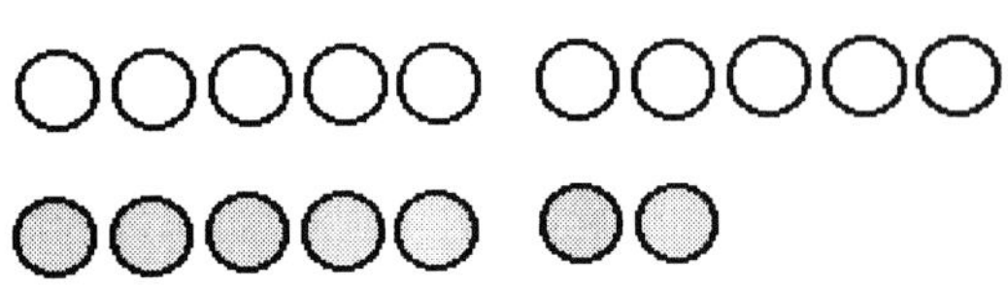

h)

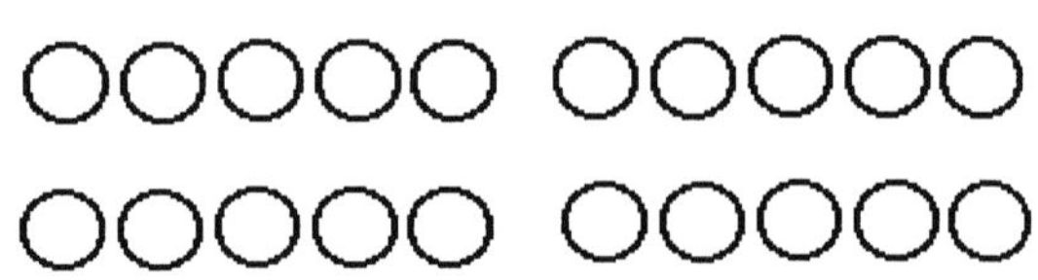

### 3.3.1.4 Schriftlich vorgegebene Subtraktionstionsaufgaben lösen

Mit dieser Aufgabenstellung soll ermittelt werden, ob ein Kind Aufgaben zum Vermindern auf der Symbolebene lösen kann.

**Anweisung:**
Sie benötigen das Material zu 3.3.1.4 (Seite 78) sowie einen Stift.
Legen Sie dem Kind das Material zu 3.3.1.4 vor und fragen Sie: *„Kannst du diese Rechenaufgaben (aus)rechnen?“*

**Auswertung:**
Beobachten Sie das Kind während seiner Arbeit auch daraufhin, welche Aufgaben es **besonders zügig*** lösen kann bzw. bei welchen es **besonders lange°** braucht, gegebenenfalls weil es mit den Fingern abzählt. Vermerken Sie dies in der Auswertungstabelle.

| | | ✍ | x✍ | | | x✍ | | |
|---|---|---|---|---|---|---|---|---|
| **Aufgaben-Typ**[20] | **Zahlensatz** | **vom Kind notiertes Ergebnis** | **richtig** | **falsch** | **nicht bearbeitet** | **besonders zügig*** | **besonders lange°** | **Bemerkungen** |
| ZE – E = 10 | a) 17 – 7 | | | | | | | |
| | b) 19 – 9 | | | | | | | |
| ZE – 10 = E | c) 14 – 10 | | | | | | | |
| | d) 18 – 10 | | | | | | | |
| ZE – E = ZE | e) 16 – 3 | | | | | | | |
| | f) 18 – 5 | | | | | | | |
| 20 – E = ZE | g) 20 – 4 | | | | | | | |
| | h) 20 – 9 | | | | | | | |
| | | | | | | | | **Summen** |

**Aufgabenbezogenes Lösungsverhalten:**

| | x✍ | | |
|---|---|---|---|
| **Das Kind** beherrscht die Subtraktion von ... | **ja** | **nein** | **Bemerkungen** |
| ZE – E = 10 (Aufgabe a, b) | | | |
| ZE – 10 = E (Aufgabe c, d) | | | |
| ZE – E = ZE (Aufgabe e, f) | | | |
| 20 – E = ZE (Aufgabe g, h) | | | |

Bei diesen Aufgaben empfiehlt es sich, auch den generalisierten Arbeitsstil mit zu berücksichtigen.

[20] E bedeutet: Einer, ZE bedeutet: gemischte Zahl aus Zehnern und Einern.

**Material zu 3.3.1.4 – Subtraktionsaufgaben im Zahlenraum bis 20 lösen**

a) 17 – 7 =

b) 19 – 9 =

c) 14 – 10 =

d) 18 – 10 =

e) 16 – 3 =

f) 18 – 5 =

g) 20 – 4 =

h) 20 – 9 =

---

### 3.3.1.5 Subtraktionsaufgaben – Kopfrechnen

**Anweisung:**

*„Ich sage dir jetzt Rechenaufgaben und du sollst dazu nur das Ergebnis sagen. Also wenn* ***ich ‚13 minus 3'*** *sage, sagst* ***du ‚10'****."*

Stellen Sie dem Kind nach den Angaben in der Auswertungstabelle weitere solche Aufgaben. Notieren Sie die Antworten des Kindes in der Auswertungstabelle.

**Auswertung:**

| | ✍ | x✍ | | | |
|---|---|---|---|---|---|
| **Zahlensatz** | **vom Kind benannte Differenz** | **richtig** | **falsch** | **nicht bear-beitet** | **Bemerkungen** |
| 12 – 2 | | | | | |
| 18 – 8 | | | | | |
| 16 – 6 | | | | | |
| 11 – 10 | | | | | |
| 13 – 10 | | | | | |
| 17 – 10 | | | | | |
| 14 – 3 | | | | | |
| 19 – 7 | | | | | |
| 20 – 5 | | | | | |
| 20 – 8 | | | | | |
| | | | | | **Summen** |

**Aufgabenbezogenes Lösungsverhalten:**

| **Das Kind** benennt die Differenz ... | **a)** bei (fast) **allen** Aufgaben | **b)** bei **einem Teil** der Aufgaben | **c)** bei (fast) **keiner** Aufgabe | **Bemerkungen** |
|---|---|---|---|---|
| ohne vorheriges Abzählen spontan richtig. | | | | |
| nach längerem Nachdenken, aber ohne vorheriges Abzählen (z. B. mit den Fingern), richtig. | | | | |
| nach vorherigem Abzählen (z. B. mit den Fingern) richtig. | | | | |
| geht die Aufgabenstellung nicht an. | | | | |

### 3.3.2 Vermindern von Mengen – Subtraktion im Zahlenraum bis 100

#### 3.3.2.1 Vermindern von Mengen mit konkretem Material

**Anweisung:**
Sie benötigen 8 Zehnerstangen aus Steckwürfeln und 9 einzelne Steckwürfel oder: 8 Zehnerketten aus Steckperlen und 9 einzelne Steckperlen. Stecken Sie Zehnerstangen bzw. Zehnerketten vor jeder Aufgabe als solche zusammen.
*„Ich sage dir jetzt Zahlensätze und du legst dazu mit Zehnerketten und Steckperlen.* (Materialbezeichnung entsprechend des verwendeten Materials verwenden!) *Nach dem Legen sagst du mir immer, wie viele Perlen übrig geblieben sind (wie groß der Rest ist).“*
Demonstrieren Sie die Aufgabenstellung mit Materialhandhabung an der ersten Aufgabe:
*„Der erste **Zahlensatz** heißt **23 minus** 3. Dazu lege ich zuerst die 23 mit 2 Zehnerketten und 3 einzelnen Perlen. Dann nehme ich davon 3 Perlen weg. Ich sehe und sage, dass 20 Perlen übrig bleiben.“* Lassen Sie das Kind nach Ihren Angaben das Material legen.
Die Angaben entnehmen Sie der nachfolgenden Auswertungstabelle. Protokollieren Sie jeweils die Angaben des Kindes auf die Frage *„Wie viele Perlen sind übrig?“* bei Restmenge.

**Auswertung:**

| | x✍ | | | | x✍ | | | |
|---|---|---|---|---|---|---|---|---|
| **Zahlensatzangaben** | **Kind legt Menge ...** **richtig** | **falsch** | **nicht** | **vom Kind benannte Restmenge** | **richtig** | **falsch** | **nicht bearbeitet** | **Bemerkungen** |
| a) 23 – 3 | | | | z. B. 20 | | | | zur Demonstration |
| b) 46 – 4 | | | | | | | | |
| c) 29 – 20 | | | | | | | | |
| d) 45 – 40 | | | | | | | | |
| e) 38 – 5 | | | | | | | | |
| f) 57 – 4 | | | | | | | | |
| g) 42 – 6 | | | | | | | | |
| h) 54 – 5 | | | | | | | | |
| i) 80 – 60 | | | | | | | | |
| j) 39 – 20 | | | | | | | | |
| k) 74 – 50 | | | | | | | | |
| l) 60 – 25 | | | | | | | | |
| | | | | | | | | **Summen** |

**Aufgabenbezogenes Lösungsververhalten:**

| | x✍ | | | |
|---|---|---|---|---|
| **Das Kind ...** | **a)** bei (fast) **allen** Aufgaben | **b)** bei **einem Teil** der Aufgaben | **c)** bei (fast) **keiner** Aufgabe | **Bemerkungen** |
| kann die Ausgangsmenge und die Mengenverminderung mit dem Rechenmaterial sicher und richtig darstellen. | | | * | |
| benennt die Anzahl der Restmenge spontan richtig ohne vorheriges Abzählen. | | | | |
| benennt die Anzahl der Restmenge nach vorherigem Abzählen richtig. | | | ° | |
| kann die Anzahl der Restmenge nur durch Abzählen aller Elemente bestimmen.* | | | | |
| geht die Aufgabenstellung nicht an. | | | | |

* Überprüfen Sie, ob das Kind über die nötigen Kenntnisse vom Zehnersystem verfügt (siehe Kap. 2).
° Überprüfen Sie, ob das Kind richtig (ab-)zählen kann.

### 3.3.2.2 Vermindern von zeichnerisch dargestellten geordneten Mengen

Mit dieser Aufgabenstellung soll ermittelt werden, ob ein Kind beim Vermindern im Zahlenraum bis 100 sich der Strukturierung durch das dekadische System bedienen kann und die damit verbundene Vorteile zu nutzen gelernt hat, indem es die nach der Zehnerbündelung dargestellten Mengen schnell erfasst und auch entsprechend ökonomisch entweder um die Zehner- oder Einermenge vermindert (wegstreicht).

**Anweisung:**

Zeigen Sie auf das erste Beispiel (siehe Material zu 3.3.2.2) und kommentieren Sie dazu:
*„Hier sind **46 Perlen** gezeichnet. **Streiche 6** Perlen weg und sage mir dann, wie viele Perlen übrig sind?"*

**Beispiel:**

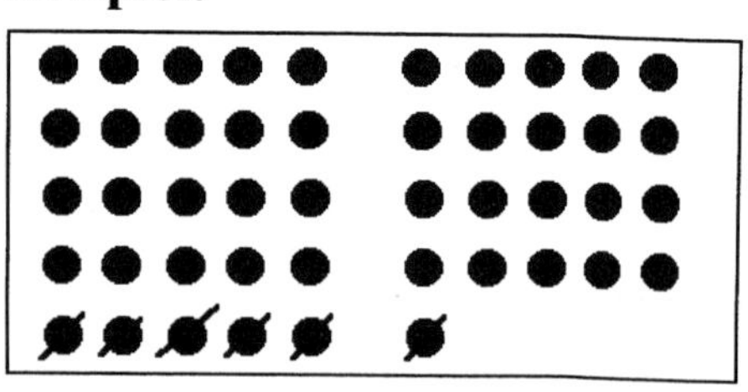

Stellen Sie dem Kind nach den Angaben in der Auswertungstabelle weitere solche Aufgaben. Notieren Sie die Ergebnisse des Kindes auf die Frage *„Wie viele Perlen sind übrig?"* in der Auswertungstabelle bei Restmenge.

**Auswertung:**

| | | ✍ | x✍ | | | |
|---|---|---|---|---|---|---|
| **Gesamtmenge** | **Vermindert um** | **vom Kind benannte Restmenge** | **richtig** | **falsch** | **nicht bearbeitet** | **Bemerkungen** |
| a) 46 | 6 | | | | | |
| b) 37 | 7 | | | | | |
| c) 28 | 5 | | | | | |
| d) 32 | 4 | | | | | |
| e) 40 | 7 | | | | | |
| f) 50 | 30 | | | | | |
| g) 27 | 10 | | | | | |
| h) 34 | 30 | | | | | |
| i) 48 | 20 | | | | | |
| j) 57 | 17 | | | | | |
| k) 40 | 28 | | | | | |
| l) 29 | 12 | | | | | |
| | | | | | | **Summen** |

**Aufgabenbezogenes Lösungsverhalten:**

| | x✍ | | | |
|---|---|---|---|---|
| **Das Kind ...** | **a)** bei (fast) **allen** Aufgaben | **b)** bei **einem Teil** der Aufgaben | **c)** bei (fast) **keiner** Aufgabe | **Bemerkungen** |
| vermindert zeichnerisch die Menge, indem es die dekadische Darstellung nutzt und entsprechend entweder die Zehner- oder Einermenge wegstreicht. | | | | |
| vermindert zeichnerisch die Menge, indem es einzeln die Elemente der Reihe nach wegstreicht ohne die dekadische Darstellung zu nutzen. | | | | |
| benennt die Anzahl der Restmenge spontan richtig ohne vorheriges Abzählen. | | | | |
| benennt die Anzahl der Restmenge nach vorherigem Abzählen richtig. | | | ° | |
| geht die Aufgabenstellung nicht an. | | | | |

° Überprüfen Sie, ob das Kind richtig (ab-)zählen kann.

**Material zu 3.3.2.2 – Zeichnerisch vermindern im Zahlenraum bis 100**

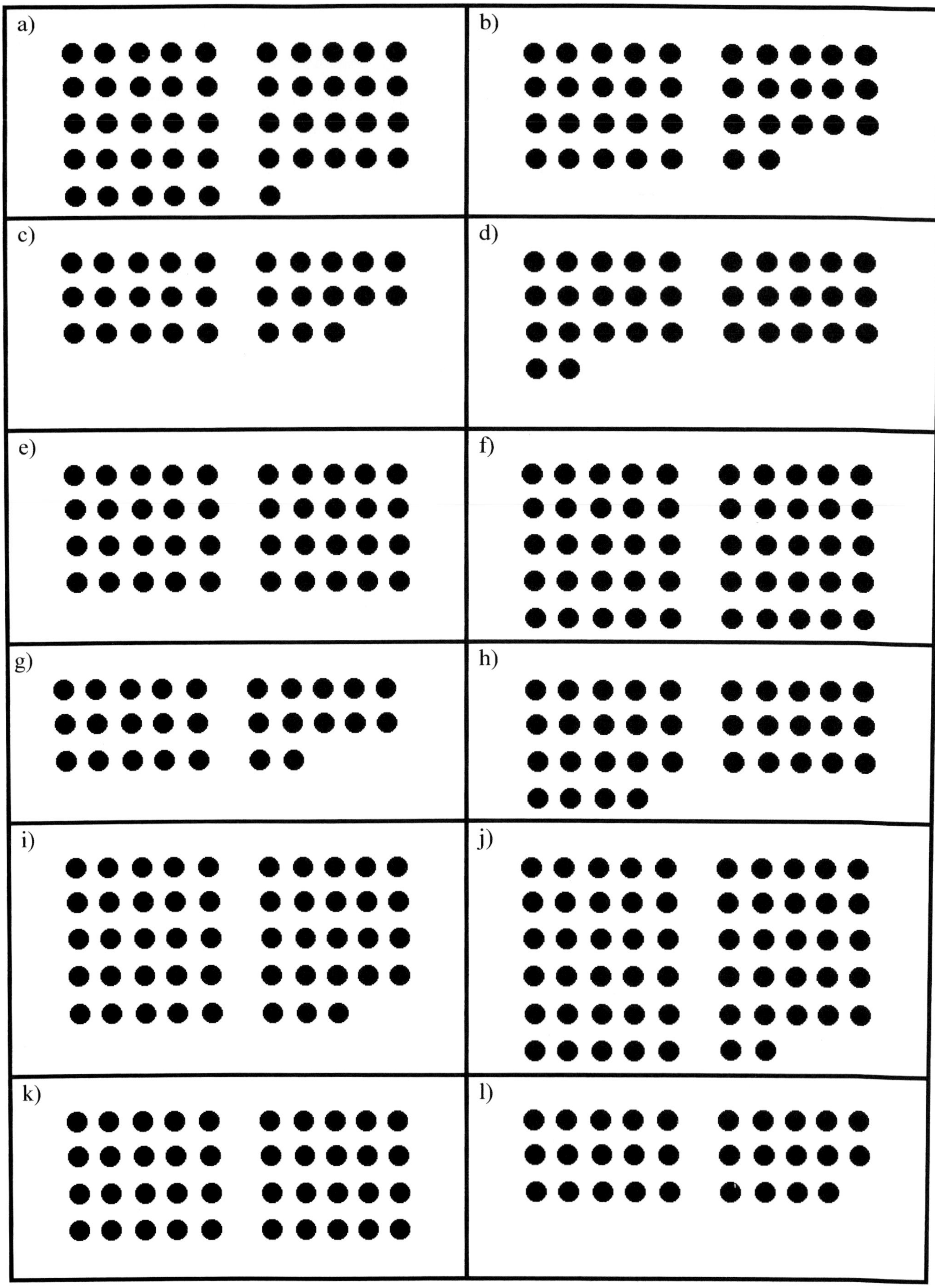

### 3.3.2.3 Subtraktion in der Vorstellung bei zeichnerisch dargestellten geordneten Mengen

Mit dieser Aufgabenstellung soll ermittelt werden, ob ein Kind verbal vorgegebene Minusaufgaben zügig lösen kann, wenn diese durch dekadische Darstellungen (nach dem Zehnersystem gebündelte Punktmengen) gestützt werden.

**Anweisung:**
Schneiden Sie das Material zu 3.3.2.3 in Kärtchen.
Sortieren Sie die Kärtchen auf einen Stapel nach dem Alphabet, wobei das Kärtchen a) zuunterst und das Kärtchen i) zuoberst liegen muss. Danach wird der Stapel umgedreht, sodass die Abbildungen verdeckt sind und die erste Karte das Kärtchen a) sein wird.
Decken Sie dem Kind nun Karte für Karte auf und sagen Sie ihm die jeweilig zugehörige Minusaufgabe. Wenn das Kind die Lösung nicht innerhalb der nächsten 10 Sekunden benennt, gehen Sie zur nächsten Aufgabenstellung über.

*„Ich zeige dir jetzt immer eine Karte mit Perlenmengen.* (Zeigen Sie die erste Karte.)
*In der weißen Perlenreihe sind immer 10.* (Zeigen Sie darauf.) *Hier auf der ersten Karte sind es 3 weiße Perlenreihen macht 30 Perlen, dazu kommen 7 dunkle Perlen. Zusammen sind es also 37 Perlen."*
*„Zu jeder Karte sage ich eine passende Minusaufgabe. Du schaust dir die Perlen auf der Karte an, denkst dir Perlen weg und sagst dann die Lösung der Minusaufgabe."*
*„Zu dieser Karte sage ich 37 – 7. Du sagst dann 30, weil du von den 37 Perlen 7 weggedacht hast und dann 30 übrig bleiben."*
Die Minusaufgaben zu den Karten entnehmen Sie der Auswertungstabelle.

**Auswertung:**

| Karte | Zahlensatz mit „minus" | vom Kind benannte Restmenge | richtig | falsch | nicht bearbeitet | Bemerkungen |
|---|---|---|---|---|---|---|
| a) | 37 – 7 | | | | | |
| b) | 28 – 8 | | | | | |
| c) | 49 – 6 | | | | | |
| d) | 28 – 5 | | | | | |
| e) | 30 – 8 | | | | | |
| f) | 37 – 30 | | | | | |
| g) | 48 – 20 | | | | | |
| h) | 37 – 17 | | | | | |
| i) | 50 – 23 | | | | | |
| j) | 37 – 15 | | | | | |
| | | | | | | Summen |

**Aufgabenbezogenes Lösungsverhalten:**

| Das Kind ... | a) bei (fast) **allen** Aufgaben | b) bei **einem Teil** der Aufgaben | c) bei (fast) **keiner** Aufgabe | Bemerkungen |
|---|---|---|---|---|
| benennt die Anzahl der Restmenge spontan richtig ohne vorheriges Abzählen. | | | | |
| benennt die Anzahl der Restmenge nach vorherigem Abzählen richtig. | | | | |
| geht die Aufgabenstellung nicht an. | | | | |

**Material zu 3.3.2.3 – Verminderung bei zeichnerisch dargestellten geordneten Mengen im Zahlenraum bis 100**

(Entlang der Doppellinien in Kärtchen zerschneiden.)

a)

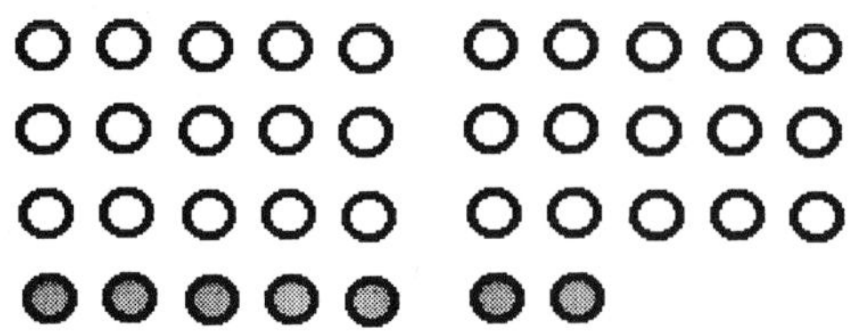

b)

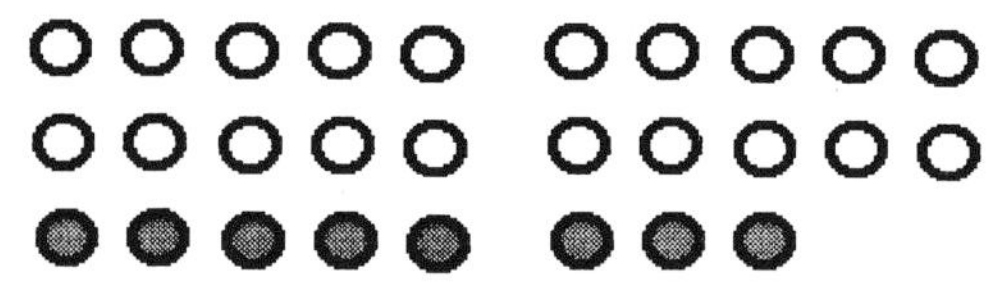

c)

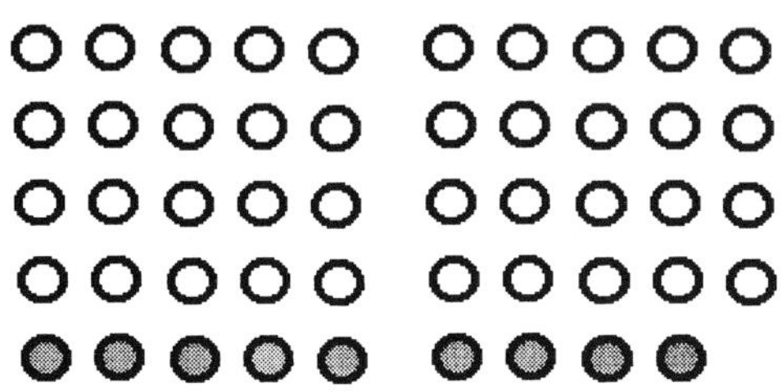

d)

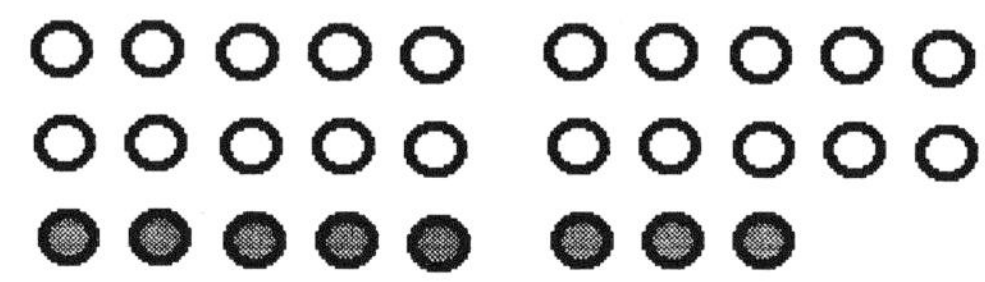

e)

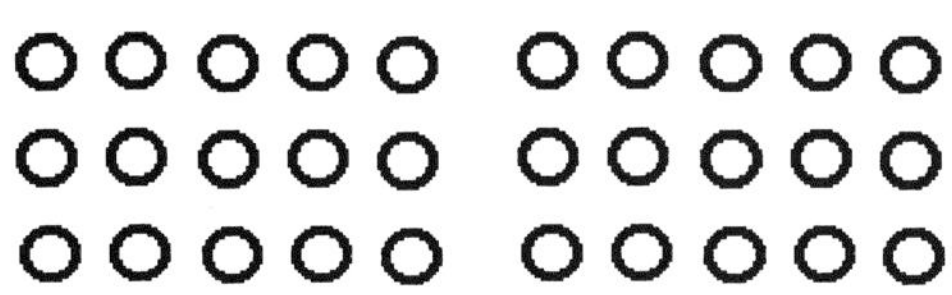

f)

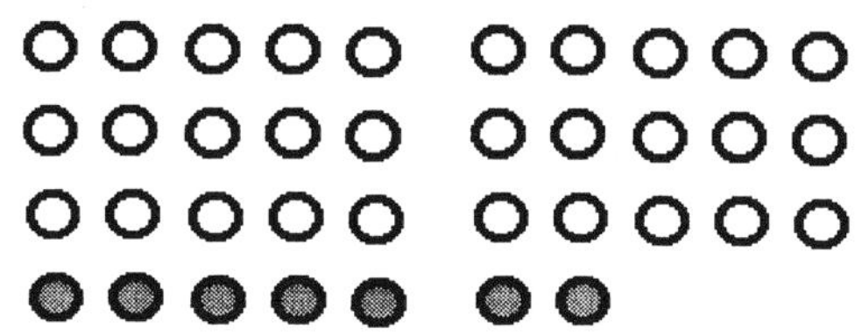

g)

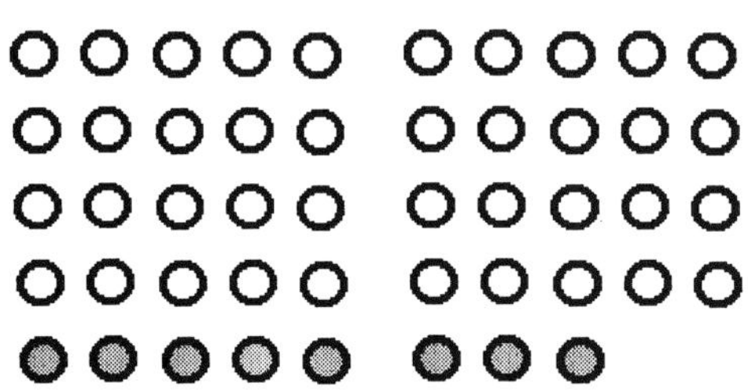

h)

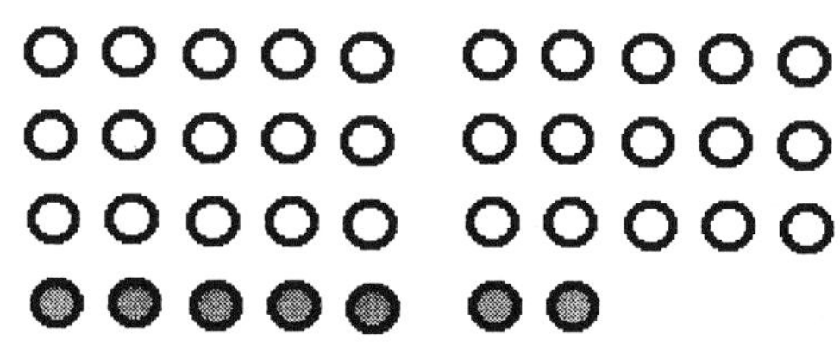

i)

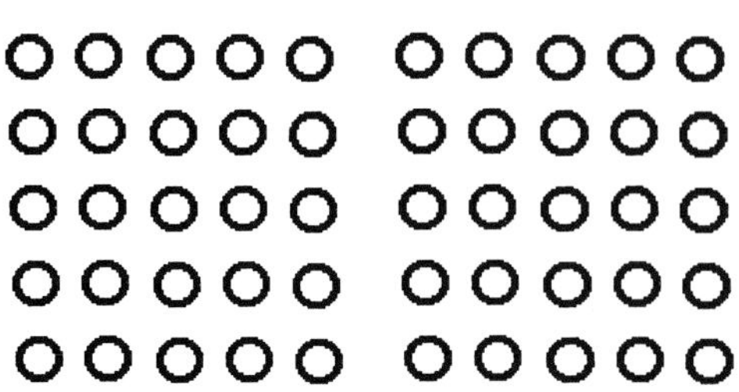

j)

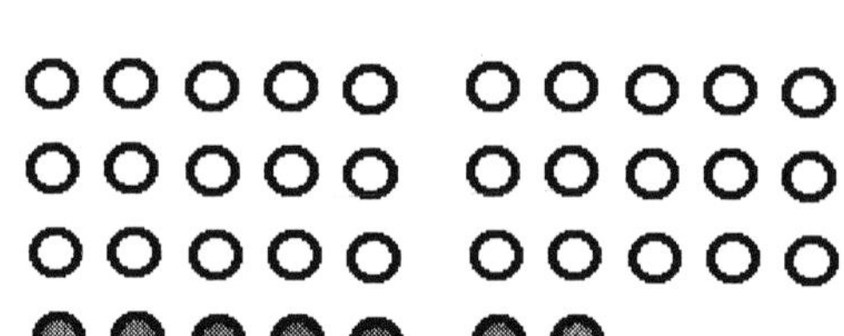

### 3.3.2.4 Schriftlich vorgegebene Subtraktionsaufgaben lösen (2 Schwierigkeitsstufen)

**Anweisung (Schwierigkeitsstufe 1 und 2):**
Legen Sie dem Kind das entsprechend der Schwierigkeitsstufe ausgewählte Material zu 3.3.2.4 vor (siehe Seite 87) und fragen Sie: *„Kannst du diese Rechenaufgaben (aus-)rechnen?"*

**Auswertung (Schwierigkeitsstufe 1 und 2):**
Beobachten Sie das Kind während seiner Arbeit auch daraufhin, welche Aufgaben es **besonders zügig*** lösen kann bzw. bei welchen es **besonders lange°** braucht, gegebenenfalls weil es mit den Fingern abzählt. Vermerken Sie dies in der Auswertungstabelle.

**Auswertung (Schwierigkeitsstufe 1):**

| | | ✍ | x✍ | | | x✍ | | |
|---|---|---|---|---|---|---|---|---|
| **Aufgabentyp[21]** | **Zahlen Satz** | **vom Kind notiertes Ergebnis** | **richtig** | **falsch** | **nicht bearbeitet** | **besonders zügig*** | **besonders lange°** | **Bemerkungen** |
| Z0 – Z0 | a) 50 – 30 | | | | | | | |
| | b) 90 – 70 | | | | | | | |
| Z0 – E | c) 27 – 7 | | | | | | | |
| | d) 99 – 9 | | | | | | | |
| ZE – Z0 | e) 56 – 50 | | | | | | | |
| | f) 82 – 80 | | | | | | | |
| ZE – E | g) 39 – 5 | | | | | | | |
| | h) 68 – 7 | | | | | | | |
| Z0 – E | i) 40 – 8 | | | | | | | |
| | j) 90 – 6 | | | | | | | |
| ZE – Z0 | k) 56 – 10 | | | | | | | |
| | l) 82 – 40 | | | | | | | |
| | | | | | | | | **Summen** |

**Aufgabenbezogenes Lösungsverhalten:**

| | x✍ | | | |
|---|---|---|---|---|
| **Das Kind** beherrscht die Subtraktion von ... | **ja** | **nein** | **nicht bearbeitet** | **Bemerkungen** |
| Z0 – Z0 (Aufgabe a, b) | | | | |
| Z0 – E (Aufgabe c, d) | | | | |
| ZE – Z0 (Aufgabe e, f) | | | | |
| ZE – E (Aufgabe g, h) | | | | |
| Z0 – E (Aufgabe i, j) | | | | |
| ZE – Z0 (Aufgabe k, l) | | | | |

[21] E: Einer; ZO: Zehnerzahl wie z. B. 30, ZE: gemischte Zahl aus Zehnern und Einern.

**Auswertung (Schwierigkeitsstufe 2):**

| | | ✍ | x✍ | | | x✍ | | |
|---|---|---|---|---|---|---|---|---|
| **Aufgaben-typ[22]** | **Zahlen satz** | **vom Kind notiertes Ergebnis** | **richtig** | **falsch** | **nicht bear-beitet** | **beson-ders zügig*** | **beson-ders lange°** | **Bemerkungen** |
| ZE – E mit ZÜ | a) 72 – 7 | | | | | | | |
| | b) 93 – 6 | | | | | | | |
| ZE – ZE = Z0 | c) 95 – 15 | | | | | | | |
| | d) 68 – 38 | | | | | | | |
| ZE – ZE Ohne ZÜ | e) 47 – 16 | | | | | | | |
| | f) 98 – 24 | | | | | | | |
| Z0 – ZE | g) 40 – 14 | | | | | | | |
| | h) 80 – 32 | | | | | | | |
| 100 – ZE | i) 100 – 17 | | | | | | | |
| | j) 100 – 65 | | | | | | | |
| ZE – ZE mit ZÜ° | k) 45 – 18 | | | | | | | |
| | l) 83 – 66 | | | | | | | |
| | | | | | | | | **Summen** |

°Höchster Schwierigkeitsgrad, muss daher nicht unbedingt gelöst werden können.

**Aufgabenbezogenes Lösungsverhalten:**

| | x✍ | | | |
|---|---|---|---|---|
| **Das Kind** beherrscht die Subtraktion von ... | **ja** | **nein** | **nicht bear-beitet** | **Bemerkungen** |
| ZE – E mit ZÜ (Aufgabe a, b) | | | | |
| ZE – ZE (Aufgabe c, d) | | | | |
| ZE – ZE ohne ZÜ (Aufgabe e, f) | | | | |
| Z0 – ZE (Aufgabe g, h) | | | | |
| 100 – ZE (Aufgabe i, j) | | | | |
| ZE – ZE mit ZÜ (Aufgabe k, l)° | | | | |

[22] E: Einer, Z0: Zehnerzahl, ZE: gemischte Zahl aus Zehnern und Einern, ZÜ: Zehnerübergang.

**Material zu 3.3.2.4 – Subtraktion im Zahlenraum bis 100**

**Schwierigkeitsstufe 1**

a) 50 – 30 =

b) 90 – 70 =

c) 27 – 7 =

d) 99 – 9 =

e) 56 – 50 =

f) 82 – 80 =

g) 39 – 5 =

h) 68 – 7 =

i) 40 – 8 =

j) 90 – 6 =

k) 56 – 10 =

l) 82 – 40 =

**Schwierigkeitsstufe 2**

a) 72 – 7 =

b) 93 – 6 =

c) 95 – 15 =

d) 68 – 38 =

e) 47 – 16 =

f) 98 – 24 =

g) 40 – 14 =

h) 80 – 32 =

i) 100 – 17 =

j) 100 – 65 =

k) 45 – 18 =

l) 83 – 66 =

### 3.3.2.5 Subtraktionsaufgaben als Kopfrechnen (2 Schwierigkeitsstufen)

**Anweisung (Schwierigkeitsstufe 1 und 2):**
*„Ich sage dir jetzt Rechenaufgaben und du sollst dazu nur das Ergebnis sagen.*
*Also wenn **ich ‚47 minus 7'** sage, sagst **du ‚40'**."*

Stellen Sie dem Kind nach den Angaben der Auswertungstabellen weitere solche Aufgaben der entsprechenden Schwierigkeitsstufe. Notieren Sie die Antworten des Kindes in der Auswertungstabelle.
Lassen Sie dem Kind nicht mehr als 1 bis 3 Sekunden (je nach Schwierigkeitsstufe) Zeit für die Lösung, damit es nicht zählend die Aufgabe lösen kann. Gehen Sie also nach 1 bis 3 Sekunden zur nächsten Aufgabe über.

**Auswertung (Schwierigkeitsstufe 1):**

| | | ✍ | x✍ | | | |
|---|---|---|---|---|---|---|
| **Aufgabentyp**[23] | **Zahlensatz** | **vom Kind benannte Differenz** | **richtig** | **falsch** | **nicht bearbeitet** | **Bemerkungen** |
| ZE – E | a) 85 – 5 | | | | | |
| | b) 29 – 9 | | | | | |
| ZE – Z0 | c) 34 – 30 | | | | | |
| | d) 76 – 70 | | | | | |
| Z0 – Z0 | e) 80 – 60 | | | | | |
| | f) 70 – 40 | | | | | |
| ZE – E | g) 46 – 5 | | | | | |
| | h) 68 – 7 | | | | | |
| Z0 – E | i) 30 – 6 | | | | | |
| | j) 90 – 3 | | | | | |
| | | | | | | **Summen** |

| | x✍ | | |
|---|---|---|---|
| **Das Kind** hat dic Subtraktion automatisiert von ... | **ja** | **nein** | **Bemerkungen** |
| ZE – E (Aufgabe a, b) | | | |
| ZE – Z0 (Aufgabe c, d) | | | |
| Z0 – Z0 (Aufgabe e, f) | | | |
| ZE – E (Aufgabe g, h) | | | |
| Z0 – E (Aufgabe i, j) | | | |

[23] E: Einer, Z0: Zehnerzahl, ZE: gemischte Zahl aus Zehnern und Einern, ZÜ: Zehnerübergang.

**Auswertung (Schwierigkeitsstufe 2):**

| | | ✍ | x✍ | | | |
|---|---|---|---|---|---|---|
| **Aufgabentyp**[24] | **Zahlensatz** | **vom Kind benannte Differenz** | **richtig** | **falsch** | **nicht bearbeitet** | **Bemerkungen** |
| ZE – E mit ZÜ | a) 61 – 6 | | | | | |
| | b) 35 – 7 | | | | | |
| 100 – ZE | c) 100 – 15 | | | | | |
| | d) 100 – 89 | | | | | |
| Z0 – ZE | e) 60 – 22 | | | | | |
| ZE – ZE ohne ZÜ° | f) 45 – 13 | | | | | |
| | g) 68 – 24 | | | | | |
| ZE + ZE = Z0 | h) 57 – 17 | | | | | |
| | i) 92 – 52 | | | | | |
| | | | | | | **Summen** |

°Hoher Schwierigkeitsgrad, muss deshalb nicht unbedingt gelöst werden.

| | x✍ | | |
|---|---|---|---|
| **Das Kind** hat die Subtraktion automatisiert von ... | **ja** | **nein** | **Bemerkungen** |
| ZE + E mit ZÜ (Aufgabe a, b) | | | |
| 100 – ZE (Aufgabe c, d) | | | |
| Z0 – ZE (Aufgabe e) | | | |
| ZE – ZE ohne ZÜ (Aufgabe f, g) | | | |
| ZE – ZE = Z0 (Aufgabe h, i) | | | |

24 E: Einer, ZO: Zehnerzahl, ZE: gemischte Zahl aus Zehnern und Einern, ZÜ: Zehnerübergang.

## 3.4 Additives Ergänzen

### 3.4.1 Additives Ergänzen im Zahlenraum bis 20

#### 3.4.1.1 Additives Ergänzen in der Vorstellung bei zeichnerisch dargestellten geordneten Mengen

**Anweisung:**
Schneiden Sie das Material zu 3.4.1.1 in Kärtchen.
Legen Sie dem Kind die Kärtchen einzeln der Reihe nach vor und kommentieren Sie dazu: *„Hier sind **10 schwarze** Punkte. Es **sollen 14 schwarze** Punkte werden. Kannst du sagen, **wie viele** Punkte du **noch schwarz** anmalen musst, damit dann 14 Punkte schwarz sind?“*
Stellen Sie dem Kind nach den Angaben in der Auswertungstabelle weitere solche Aufgaben. Notieren Sie die Antworten des Kindes in der Auswertungstabelle.

**Auswertung:**

| | | | x✍ | | |
|---|---|---|---|---|---|
| **Zahlenangaben zu den Kärtchen** | **vom Kind benannte Ergänzung** | **richtig** | **falsch** | **weiß nicht** | **Bemerkungen** |
| a) 10 → 14 | | | | | |
| b) 10 → 16 | | | | | |
| c) 10 → 18 | | | | | |
| d) 2 → 12 | | | | | |
| e) 7 → 17 | | | | | |
| f) 11 → 15 | | | | | |
| g) 13 → 19 | | | | | |
| h) 16 → 20 | | | | | |
| | | | | | **Summen** |

**Aufgabenbezogenes Lösungsverhalten:**

| | | x✍ | | |
|---|---|---|---|---|
| **Das Kind** benennt die additive Ergänzung ... | **a)** bei (fast) **allen** Aufgaben | **b)** bei **einem Teil** der Aufgaben | **c)** bei (fast) **keiner** Aufgabe | **Bemerkungen** |
| ohne vorheriges Draufzählen anhand der Punktedarstellung spontan richtig. | | | | |
| nach längerem Nachdenken, aber ohne vorheriges Draufzählen anhand der Punktedarstellung, richtig. | | | | |
| nach vorherigem Draufzählen anhand der Punktedarstellung richtig. | | | | |
| geht die Aufgabenstellung nicht an. | | | | |

**Anmerkung:**
Sollte ein Kind bei dieser Aufgabenstellung (3.4.1.1) zu positiven Ergebnissen gelangen, jedoch die schriftlich vorgegebenen Ergänzungsaufgaben (3.4.1.2) (fast) nicht bewältigen, so könnte ein mangelndes Verständnis für Ergänzungsaufgaben auf der Symbolebene überhaupt vorliegen. Es empfiehlt sich dann zu dem Kapitel 6.3 von Band II zurückzugehen, um herauszufinden, auf welcher Abstraktionsstufe/Niveaustufe das Kind sich (noch) befindet.

**Material zu 3.4.1.1 – Additives Ergänzen**

(Entlang der Doppellinien in Kärtchen zerschneiden.)

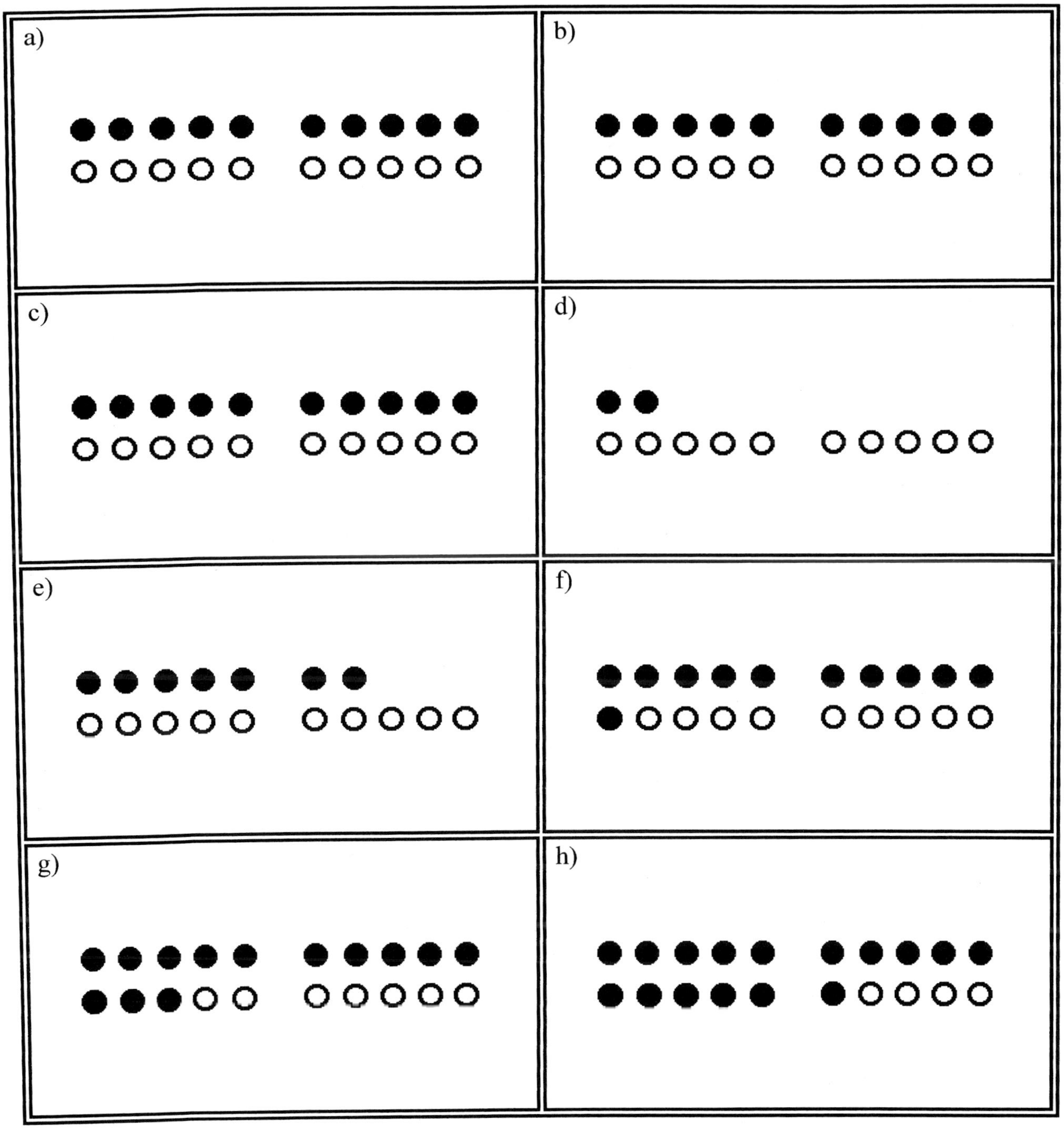

### 3.4.1.2 Schriftliches additives Ergänzen (2 Schwierigkeitsstufen)

**Anweisung:**
Legen Sie dem Kind das Material zu 3.4.1.2 vor und fragen Sie: *„Kannst du diese Rechenaufgaben lösen?“* (gegebenenfalls erste Aufgabe demonstrieren).

**Auswertung**:
Beobachten Sie das Kind während seiner Arbeit auch daraufhin, welche Aufgaben es **besonders zügig*** lösen kann bzw. bei welchen es **besonders lange°** braucht, gegebenenfalls weil es mit den Fingern abzählt. Vermerken Sie dies in der Auswertungstabelle.

| | | ✍ | x✍ | | | x✍ | |
|---|---|---|---|---|---|---|---|
| **Aufgaben-typ[25]** | **Ergänzungs-aufgabe** | **vom Kind notierte Ergänzung** | **richtig** | **falsch** | **nicht bear-beitet** | **besonders zügig*** | **besonders lange°** |
| 10 + **E** = ZE | a) 10 + □ = 16 | | | | | | |
| | b) 10 + □ = 18 | | | | | | |
| E + **10** = ZE | c) 2 + □ = 12 | | | | | | |
| | d) 9 + □ = 19 | | | | | | |
| ZE + **E** = E | e) 13 + □ = 17 | | | | | | |
| | f) 11 + □ = 19 | | | | | | |
| ZE + **E** = 20 | g) 14 + □ = 20 | | | | | | |
| | h) 17 + □ = 20 | | | | | | |
| | i) 12 + □ = 20 | | | | | | |
| | | **Summen** | | | | | |

**Aufgabenbezogenes Lösungsverhalten:**

| | x✍ | | |
|---|---|---|---|
| **Das Kind** beherrscht die additive Ergänzung von ... | **ja** | **nein** | **Bemerkungen** |
| 10 + **E** = ZE (Aufgabe a, b) | | | |
| E + **10** = ZE (Aufgabe c, d) | | | |
| ZE + **E** = ZE (Aufgabe e, f) | | | |
| ZE + **E** = 20 (Aufgabe g, h, i) | | | |

Bei diesen Aufgaben empfiehlt es sich, auch den generalisierten Arbeitsstil mit zu berücksichtigen (siehe Kap. 2.1.1, Seite 17).

[25] E: bedeutet Einer, ZE: bedeutet gemischte Zahl aus 10 und Einern.

**Material zu 3.4.1.2 – Schriftliches additives Ergänzen im Zahlenraum bis 20**

a) 10 + ☐ = 16

b) 10 + ☐ = 18

c) 2 + ☐ = 12

d) 9 + ☐ = 19

e) 13 + ☐ = 17

f) 11 + ☐ = 19

g) 14 + ☐ = 20

h) 17 + ☐ = 20

i) 12 + ☐ = 20

### 3.4.1.3 Additives Ergänzen – Kopfrechnen (2 Schwierigkeitsstufen)

**Anweisung:**
*„Ich sage dir jetzt Ergänzungsaufgaben und du sollst dazu nur die Ergänzungen sagen. Also wenn **ich** frage: ‚Was musst du von der **10 bis zur 14** ergänzen?', antwortest **du ‚plus 4'**."*
(Nach einigen Aufgaben können Sie zu der Kurzform ***„von der 10 bis zur 14"*** übergehen.)

Stellen Sie dem Kind nach den Angaben in der Auswertungstabelle weitere solche Aufgaben. Notieren Sie die Antworten des Kindes in der Auswertungstabelle.

**Auswertung:**

| | | ✍ | x✍ | | | |
|---|---|---|---|---|---|---|
| **Aufgabentyp** | **Zahlen-angaben** | **vom Kind benannte Ergänzung** | **richtig** | **falsch** | **weiß nicht** | **Bemerkungen** |
| 10 + **E** = ZE | 10 → 14 | | | | | |
| | 10 → 19 | | | | | |
| | 10 → 17 | | | | | |
| E + **10** = ZE | 3 → 13 | | | | | |
| | 1 → 11 | | | | | |
| | 8 → 18 | | | | | |
| ZE + **E** = ZE | 15 → 19 | | | | | |
| | 12 → 17 | | | | | |
| ZE + **E** = 20 | 16 → 20 | | | | | |
| | 12 → 20 | | | | | |
| | 10 → 20 | | | | | |
| | | | | | | **Summen** |

**Aufgabenbezogenes Lösungsverhalten:**

| | x✍ | | | |
|---|---|---|---|---|
| **Das Kind** benennt die additive Ergänzung ... | **a)** bei (fast) **allen** Aufgaben | **b)** bei **einem Teil** der Aufgaben | **c)** bei (fast) **keiner** Aufgabe | **Bemerkungen** |
| spontan richtig ohne vorheriges Draufzählen (z. B. mit den Fingern). | | | | |
| nach längerem Nachdenken, aber ohne vorheriges Draufzählen (z. B. mit den Fingern), richtig. | | | | |
| nach vorherigem Draufzählen (z. B. mit den Fingern) richtig. | | | | |
| benennt die Summe anstatt die additive Ergänzung (s. Tabelle oben)[26]. | | | | |
| geht die Aufgabenstellung nicht an. | | | | |

---

[26] Versuchen Sie herauszufinden, ob es sich um einen generellen/systematischen Fehler handelt.

### 3.4.2 Additives Ergänzen im Zahlenraum bis 100

#### 3.4.2.1 Additves Ergänzen in der Vorstellung bei zeichnerisch dargestellten geordneten Mengen

**Anweisung:**
Schneiden Sie das Material zu 3.4.2.1 in Kärtchen. Legen Sie dem Kind die Kärtchen einzeln der Reihe nach vor und kommentieren Sie dazu: *„Hier sind **30 schwarze** Punkte. Es **sollen 37 schwarze** Punkte werden. Kannst du sagen, **wie viele** Punkte du **noch schwarz** anmalen musst, damit dann 37 Punkte schwarz sind?"*
Stellen Sie dem Kind nach den Angaben in der Auswertungstabelle weitere solche Aufgaben.

**Auswertung:**

| | | ✍ | x✍ | | | |
|---|---|---|---|---|---|---|
| **Aufgabentyp**[27] | **Zahlenangaben zu den Kärtchen** | **vom Kind benannte Ergänzung** | **richtig** | **falsch** | **nicht bear-beitet** | **Bemerkungen** |
| Z0 + **(E)** = ZE | a) 30 → 37 | | | | | |
| | b) 40 → 48 | | | | | |
| E + **(Z0)** = ZE | c) 4 → 34 | | | | | |
| ZE + **(E)** = ZE ohne ZÜ | d) 26 → 29 | | | | | |
| ZE + **(E)** = Z0 | e) 23 → 30 | | | | | |
| ZE + **(Z0)** = ZE | f) 32 → 52 | | | | | |
| Z0 + **(ZE)** = ZE | g) 20 → 34 | | | | | |
| ZE + **(E)** = ZE mit ZÜ | h) 38 → 43 | | | | | |
| ZE + **(ZE)** = Z0 | i) 24 → 50 | | | | | |
| ZE + **(ZE)** = 100 | j) 65 → 100 | | | | | |
| | | | | | | **Summen** |

**Aufgabenbezogenes Lösungsverhalten:**

| | x✍ | | | |
|---|---|---|---|---|
| **Das Kind** benennt die additive Ergänzung ... | **a)** bei (fast) **allen** Aufgaben | **b)** bei **einem Teil** der Aufgaben | **c)** bei (fast) **keiner** Aufgabe | **Bemerkungen** |
| ohne vorheriges Draufzählen anhand der Punktedarstellung spontan richtig. | | | | |
| nach längerem Nachdenken, aber ohne vorheriges Draufzählen anhand der Punktedarstellung, richtig. | | | | |
| nach vorherigem Draufzählen anhand der Punktedarstellung richtig. | | | | |
| geht die Aufgabenstellung nicht an. | | | | |

**Anmerkung:**
Sollte ein Kind bei dieser Aufgabenstellung (3.4.2.1) zu positiven Ergebnissen gelangen, jedoch die schriftlich vorgegebenen Ergänzungsaufgaben (3.4.2.2) nicht bewältigen, so könnte ein mangelndes Verständnis für Ergänzungsaufgaben auf der Symbolebene überhaupt vorliegen. Es empfiehlt sich dann zu dem Kapitel 6.3 von Band II zurückzugehen, um herauszufinden, auf welcher Abstraktionsstufe/Niveaustufe das Kind sich (noch) befindet.

---

[27] E: Einer, Z0: Zehnerzahl, ZE: gemischte Zahl aus Zehnern und Einern, ZÜ: Zehnerübergang.

**Material zu 3.4.2.1 – Additives Ergänzen in der Vorstellung im Zahlenraum bis 100**

(Entlang der Doppellinien in Kärtchen zerschneiden.)

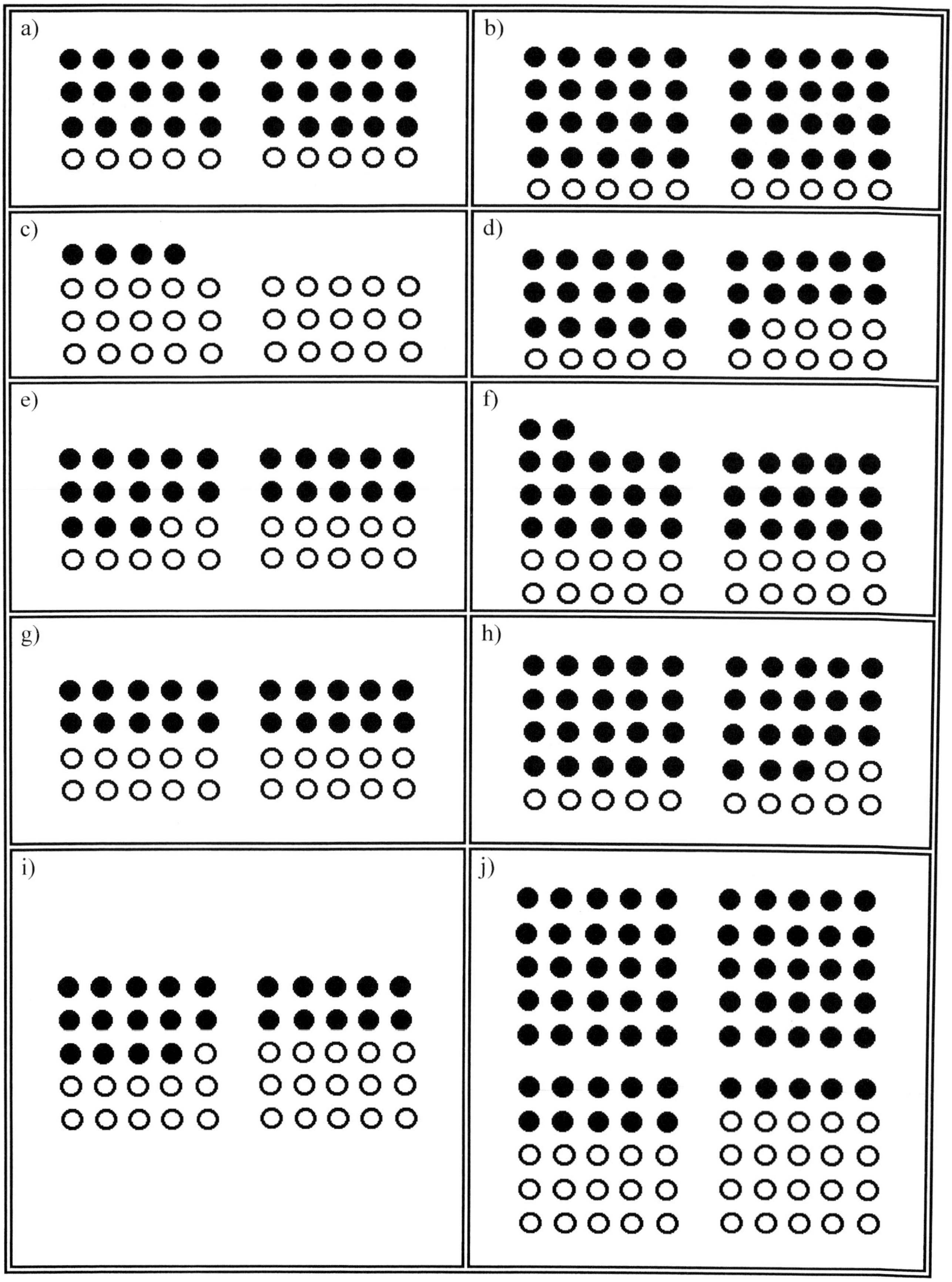

### 3.4.2.2 Schriftlich vorgegebene additive Ergänzungsaufgaben lösen (2 Schwierigkeitsstufen)

**Anweisung (Schwierigkeitsstufe 1 und 2):**
Legen Sie dem Kind das Material zu 3.4.2.2 zu den entsprechenden Schwierigkeitsstufen vor und fragen Sie: *„Kannst du diese Rechenaufgaben lösen?“* (Gegebenenfalls erste Aufgabe demonstrieren.)

**Auswertung (Schwierigkeitsstufe 1 und 2):**
Beobachten Sie das Kind während seiner Arbeit auch daraufhin, welche Aufgaben es **besonders zügig*** lösen kann bzw. bei welchen es **besonders lange°** braucht, gegebenenfalls weil es mit den Fingern abzählt. Vermerken Sie dies in der Auswertungstabelle.

**Auswertung (Schwierigkeitsstufe 1):**

| | | ✍ | x✍ | | | x✍ | |
|---|---|---|---|---|---|---|---|
| **Aufgaben-typ[28]** | **Ergänzungs-aufgabe** | **vom Kind notierte Ergänzung** | **richtig** | **falsch** | **nicht bear-beitet** | **besonders zügig*** | **besonders lange°** |
| Z0 + **Z0** = Z0 | a) 50 + = 80 | | | | | | |
| | b) 20 + = 70 | | | | | | |
| Z0 + **E** = ZE | c) 30 + = 36 | | | | | | |
| | d) 80 + = 88 | | | | | | |
| E + **Z0** = ZE | e) 4 + = 24 | | | | | | |
| | f) 7 + = 67 | | | | | | |
| ZE + **E** = ZE ohne Zü | g) 43 + = 49 | | | | | | |
| | h) 81 + = 87 | | | | | | |
| | | **Summe** | | | | | |

| | x✍ | | |
|---|---|---|---|
| **Das Kind** beherrscht Ergänzungsaufgaben vom Typ ... | **ja** | **nein** | **Bemerkungen** |
| Z0 + **Z0** = Z0 (Aufgabe a, b) | | | |
| Z0 + **E** = ZE (Aufgabe c, d) | | | |
| E + **Z0** = ZE (Aufgabe e, f) | | | |
| ZE + **E** = ZE ohne ZÜ (Aufgabe g, h) | | | |

28 E: Einer, ZO: Zehnerzahl, ZE: gemischte Zahl aus Zehnern und Einern, ZÜ: Zehnerübergang.

**Auswertung (Schwierigkeitsstufe 2):**

| | | ✍ | x✍ | | | x✍ | |
|---|---|---|---|---|---|---|---|
| **Aufgaben-typ**[29] | **Ergänzungs-aufgabe** | **vom Kind notierte Ergänzung** | **richtig** | **falsch** | **nicht bear-beitet** | **beson-ders zügig*** | **beson-ders lange°** |
| ZE + **Z0** = ZE | a) 83 + □ = 93 | | | | | | |
| | b) 25 + □ = 75 | | | | | | |
| Z0 + **ZE** = ZE | c) 40 + □ = 58 | | | | | | |
| | d) 50 + □ = 92 | | | | | | |
| ZE + **E** = ZE mit ZÜ | e) 28 + □ = 35 | | | | | | |
| | f) 73 + □ = 81 | | | | | | |
| ZE + **ZE** = Z0 | g) 56 + □ = 70 | | | | | | |
| | h) 72 + □ = 80 | | | | | | |
| ZE + **ZE** = 100 | i) 25 + □ = 100 | | | | | | |
| | j) 49 + □ = 100 | | | | | | |
| | | **Summen** | | | | | |

| | x✍ | | |
|---|---|---|---|
| **Das Kind** beherscht Ergänzungsaufgaben vom Typ ... | **ja** | **nein** | **Bemerkungen** |
| ZE + **Z0** = ZE (Aufgabe a, b) | | | |
| Z0 + **ZE** = ZE (Aufgabe c, d) | | | |
| ZE + **E** = ZE mit ZÜ (Aufgabe e, f) | | | |
| ZE + **ZE** = Z0 (Aufgabe g, h) | | | |
| ZE + **ZE** = 100 (Aufgabe i, j) | | | |

[29] E: Einer, Z: Zehnerzahl, ZE: gemischte Zahl aus Zehnern und Einern, ZÜ: Zehnerübergang.

**Material zu 3.4.2.2 – Schriftliches additives Ergänzen im Zahlenraum bis 100**

**Schwierigkeitsstufe 1**

a) 50 + = 80

b) 20 + = 70

c) 30 + = 36

d) 80 + = 88

e) 4 + = 24

f) 7 + = 67

g) 43 + = 49

h) 81 + = 87

**Schwierigkeitsstufe 2**

a) 83 + = 93

b) 25 + = 75

c) 40 + = 58

d) 50 + = 92

e) 28 + = 35

f) 73 + = 81

g) 56 + = 60

h) 72 + = 80

i) 25 + = 100

j) 49 + = 100

### 3.4.2.3 Additives Ergänzen als Kopfrechnen (2 Schwierigkeitsstufen)

**Anweisung (Schwierigkeitsstufe 1 und 2):**
*„Ich sage dir jetzt Ergänzungsaufgaben und du sollst dazu nur die Ergänzungen sagen. Also wenn **ich** frage: ‚Was musst du von der **50 bis zur 53** ergänzen?‘, antwortest **du ‚plus 3‘**.“*
(Nach einigen Aufgaben können Sie zu der Kurzform *„**von der 50 bis zur 53**“* übergehen.)

Stellen Sie dem Kind nach den Angaben in der Auswertungstabelle weitere solche Aufgaben. Notieren Sie die Antworten des Kindes in der Auswertungstabelle.
Lassen Sie dem Kind nicht mehr als 1 bis 3 Sekunden (je nach Schwierigkeitsstufe) Zeit für die Lösung, damit es nicht zählend die Aufgabe lösen kann. Gehen Sie also nach 1 bis 3 Sekunden zur nächsten Aufgabe über.

**Auswertung (Schwierigkeitsstufe 1):**

| | | ✍ | x✍ | | | |
|---|---|---|---|---|---|---|
| **Aufgabentyp**[30] | **Zahlen-angaben** | **vom Kind benannte Ergänzung** | **richtig** | **falsch** | **nicht bear-beitet** | **Bemerkungen** |
| Z0 + **(E)** = ZE | a) 40 → 45 | | | | | |
| | b) 90 → 97 | | | | | |
| E + **(Z0)** = ZE | c) 8 → 38 | | | | | |
| | d) 4 → 94 | | | | | |
| ZE + **(E)** = ZE ohne ZÜ | e) 56 → 59 | | | | | |
| | f) 62 → 68 | | | | | |
| ZE + **(E)** = Z0 | g) 27 → 30 | | | | | |
| | h) 86 → 90 | | | | | |
| | i) 71 → 80 | | | | | |
| | j) 52 → 60 | | | | | |
| | k) 44 → 50 | | | | | |
| | | | | | | **Summen** |

| | x✍ | | |
|---|---|---|---|
| **Das Kind** beherrscht die additive Ergänzung von ... | **ja** | **nein** | **Bemerkungen** |
| Z0 + **(E)** = ZE (Aufgabe a, b) | | | |
| E + **(Z0)** = ZE (Aufgabe c, d) | | | |
| ZE + **(E)** = ZE ohne ZÜ (Aufgabe e, f) | | | |
| ZE + **(E)** = Z0 (Aufgabe g, h, i, j) | | | |

[30] E: Einer, ZO: Zehnerzahl, ZE: gemischte Zahl aus Zehner und Einer, ZÜ: Zehnerübergang.

**Auswertung (Schwierigkeitsstufe 2):**

| | | ✍ | x ✍ | | | |
|---|---|---|---|---|---|---|
| **Aufgabentyp**[31] | **Zahlenangaben** | **vom Kind benannte Ergänzung** | **richtig** | **falsch** | **nicht bearbeitet** | **Bemerkungen** |
| ZE + **(Z0)** = ZE | a) 32 → 42 | | | | | |
| | b) 75 → 95 | | | | | |
| Z0 + **(ZE)** = ZE | c) 20 → 37 | | | | | |
| | d) 60 → 94 | | | | | |
| ZE + **(E)** = ZE mit ZÜ | e) 38 → 43 | | | | | |
| | f) 59 → 66 | | | | | |
| ZE + **(ZE)** = Z0 | g) 24 → 40 | | | | | |
| | h) 41 → 70 | | | | | |
| ZE + **(ZE)** = 100 | i) 65 → 100 | | | | | |
| | j) 78 → 100 | | | | | |
| | | | | | | **Summen** |

| | x ✍ | | |
|---|---|---|---|
| **Das Kind**<br>Beherrscht die additive Ergänzung von ... | **ja** | **nein** | **Bemerkungen** |
| ZE + **(Z0)** = ZE (Aufgabe a, b) | | | |
| Z0 + **(ZE)** = ZE (Aufgabe c, d) | | | |
| ZE + **(E)** = ZE mit ZÜ (Aufgabe e, f) | | | |
| ZE + **(ZE)** = Z0 (Aufgabe g, h) | | | |
| ZE + **(ZE)** = 100 (Aufgabe i, j) | | | |

[31] E: Einer, Z0: Zehnerzahl, ZE: gemischte Zahl aus Zehnern und Einern, ZÜ: Zehnerübergang.

# 3.5 Subtraktives Ergänzen

## 3.5.1 Subtraktives Ergänzen im Zahlenraum bis 20

### 3.5.1.1 Subtraktives Ergänzen in der Vorstellung bei zeichnerisch dargestellten geordneten Mengen

**Anweisung:**
Schneiden Sie das Material zu 3.5.1.1 (Seite 103) in Kärtchen.
Legen Sie dem Kind die Kärtchen einzeln der Reihe nach vor und kommentieren Sie dazu: *„Hier sind **17** Punkte. Kannst du sagen, wie viele Punkte weggestrichen werden müssen, damit es **nur noch 10** Punkte sind?“*
Stellen Sie dem Kind nach den Angaben in der Auswertungstabelle weitere solche Aufgaben. Notieren Sie die Antworten des Kindes in der Auswertungstabelle.

**Auswertung:**

| | ✍ | x✍ | | | |
|---|---|---|---|---|---|
| **Zahlenangaben zu den Kärtchen** | **vom Kind benannte Verminderung** | **richtig** | **falsch** | **weiß nicht** | **Bemerkungen** |
| a) 17 → 10 | | | | | |
| b) 14 → 10 | | | | | |
| c) 15 → 15 | | | | | |
| d) 19 → 19 | | | | | |
| e) 17 → 13 | | | | | |
| f) 18 → 12 | | | | | |
| g) 20 → 17 | | | | | |
| h) 20 → 11 | | | | | |
| | | | | | **Summen** |

**Aufgabenbezogenes Lösungsverhalten:**

| | x✍ | | | |
|---|---|---|---|---|
| **Das Kind** benennt die subtraktive Ergänzung ... | **a)** bei (fast) **allen** Aufgaben | **b)** bei **einem Teil** der Aufgaben | **c)** bei (fast) **keiner** Aufgabe | **Bemerkungen** |
| ohne vorheriges Zählen anhand der Punktedarstellung spontan richtig. | | | | |
| nach längerem Nachdenken, aber ohne vorheriges Zählen anhand der Punktedarstellung, richtig. | | | | |
| nach vorherigem Zählen anhand der Punktedarstellung richtig. | | | | |
| geht die Aufgabenstellung nicht an. | | | | |

**Anmerkung:**
Sollte ein Kind bei dieser Aufgabenstellung (3.5.1.1) zu positiven Ergebnissen gelangen, jedoch die schriftlich vorgegebenen Ergänzungsaufgaben (3.5.1.2) (fast) nicht bewältigen, so könnte ein mangelndes Verständnis für Ergänzungsaufgaben auf der Symbolebene überhaupt vorliegen. Es empfiehlt sich dann zu dem Kapitel 6.4 von Band II zurückzugehen, um herauszufinden, auf welcher Abstraktionsstufe/Niveaustufe das Kind sich (noch) befindet.

**Material zu 3.5.1.1 – Subtraktives Ergänzen in der Vorstellung im Zahlenraum bis 20**

(Entlang der Doppellinien in Kärtchen zerschneiden.)

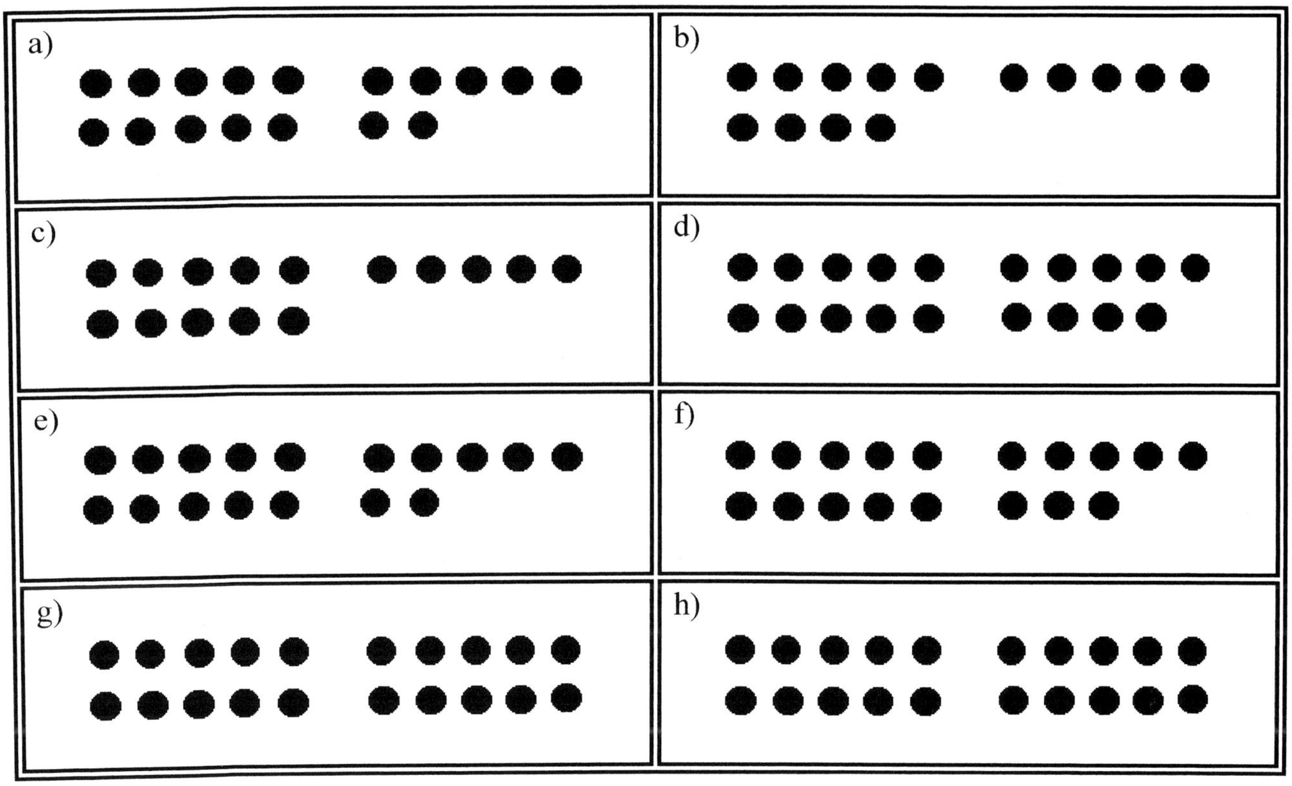


**Material zu 3.5.1.2 – Schriftliches subtraktives Ergänzen im Zahlenraum bis 20**

| | | | |
|---|---|---|---|
| a) | 13 – | = | 10 |
| b) | 16 – | = | 10 |
| c) | 15 – | = | 5 |
| d) | 18 – | = | 8 |
| e) | 17 – | = | 14 |
| f) | 19 – | = | 11 |
| g) | 20 – | = | 16 |
| h) | 20 – | = | 12 |

### 3.5.1.2 Schriftliches subtraktives Ergänzen

**Anweisung:**
Legen Sie dem Kind das Material zu 3.5.1.2 (siehe Seite 103) und einen Stift vor und fragen Sie: *„Kannst du diese Rechenaufgaben lösen?“* (gegebenenfalls erste Aufgabe demonstrieren.)

**Auswertung:**
Beobachten Sie das Kind während seiner Arbeit auch daraufhin, welche Aufgaben es **besonders zügig*** lösen kann bzw. bei welchen es **besonders lange°** braucht, gegebenenfalls weil es mit den Fingern abzählt. Vermerken Sie dies in der Auswertungstabelle.

| | | ✍ | x✍ | | | x✍ | |
|---|---|---|---|---|---|---|---|
| **Aufgaben-typ[32]** | **Ergänzungs-aufgabe** | **vom Kind notierte Verminderung** | **richtig** | **falsch** | **nicht bear-beitet** | **beson-ders zügig*** | **beson-ders lange°** |
| ZE – **E** = 10 | a) 13 – □ = 10 | | | | | | |
| | b) 16 – □ = 10 | | | | | | |
| ZE – **10** = E | c) 15 – □ = 5 | | | | | | |
| | d) 18 – □ = 8 | | | | | | |
| ZE – **E** = ZE | e) 17 – □ = 14 | | | | | | |
| | f) 19 – □ = 11 | | | | | | |
| 20 – **E** = ZE | g) 20 – □ = 16 | | | | | | |
| | h) 20 – □ = 12 | | | | | | |
| | | **Summe** | | | | | |

**Aufgabenbezogenes Lösungsverhalten:**

| | x✍ | | |
|---|---|---|---|
| **Das Kind** beherrscht die subtraktive Ergänzung von ... | **ja** | **nein** | **Bemerkungen** |
| ZE – **E** = 10 (Aufgabe a, b) | | | |
| ZE – **10** = E (Aufgabe c, d) | | | |
| ZE – **E** = ZE (Aufgabe e, f) | | | |
| 20 – **E** = ZE (Aufgabe g, h) | | | |

Bei diesen Aufgaben empfiehlt es sich, auch den generalisierten Arbeitsstil mit zu berücksichtigen (siehe Seite 17).

---

[32] E: bedeutet Einer, ZE: bedeutet gemischte Zahl aus 10 und Einern.

### 3.5.1.3 Subtraktives Ergänzen – Kopfrechnen

**Anweisung:**
*„Ich sage dir jetzt Ergänzungsaufgaben und du sollst dazu nur die Ergänzungen sagen. Also wenn **ich** frage: ‚Was musst du von der **16 bis zur 10** ergänzen?‘, antwortest **du ‚minus 6‘**.“*
(Nach einigen Aufgaben können Sie zu der Kurzform **„*von der 16 bis zur 10*“** übergehen.)

Stellen Sie dem Kind nach den Angaben in der Auswertungstabelle weitere solche Aufgaben. Notieren Sie die Antworten des Kindes in der Auswertungstabelle.

**Auswertung:**

| | | ✍ | x✍ | | | |
|---|---|---|---|---|---|---|
| **Aufgaben-typ** | **Zahlen-angaben** | **vom Kind benannte Ergänzung** | **richtig** | **falsch** | **weiß nicht** | **Bemerkungen** |
| ZE – **E** = 10 | a) 16 → 10 | | | | | |
| | b) 19 → 10 | | | | | |
| | c) 17 → 10 | | | | | |
| ZE – **10** = E | d) 11 → 1 | | | | | |
| | e) 18 → 8 | | | | | |
| ZE – **E** = ZE | f) 19 → 15 | | | | | |
| | g) 17 → 12 | | | | | |
| 20 – **E** = ZE | h) 20 → 16 | | | | | |
| | i) 20 → 13 | | | | | |
| | | | | | | **Summen** |

**Aufgabenbezogenes Lösungsverhalten:**

| | x✍ | | | |
|---|---|---|---|---|
| **Das Kind** benennt die subtraktive Ergänzung … | **a)** bei (fast) **allen** Aufgaben | **b)** bei **einem Teil** der Aufgaben | **c)** bei (fast) **keiner** Aufgabe | **Bemerkungen** |
| spontan richtig ohne vorheriges Abzählen (z. B. mit den Fingern). | | | | |
| nach längerem Nachdenken, aber ohne vorheriges Abzählen, richtig. | | | | |
| nach vorherigem Abzählen (z. B. mit den Fingern) richtig. | | | | |
| benennt die Summe anstatt die subtraktive Ergänzung[33] (s. Tabelle oben). | | | | |
| geht die Aufgabenstellung nicht an. | | | | |

[33] Versuchen Sie herauszufinden, ob es sich um einen generellen/systematischen Fehler handelt.

## 3.5.2 Subtraktives Ergänzen im Zahlenraum bis 100

### 3.5.2.1 Subtraktives Ergänzen in der Vorstellung bei zeichnerisch dargestellten geordneten Mengen

**Anweisung:**
Schneiden Sie das Material zu 3.5.2.1 in Kärtchen.
*„Hier sind **36 Punkte**. Es **sollen 30** Punkte **werden**. Kannst du sagen, wie viele Punkte weggestrichen werden müssen, damit es dann nur noch 30 sind?“*
Stellen Sie dem Kind nach den Angaben in der Auswertungstabelle weitere solche Aufgaben. Notieren Sie die Antworten des Kindes in der Auswertungstabelle.

**Auswertung:**

| | | ✍ | x✍ | | | |
|---|---|---|---|---|---|---|
| **Aufgabentyp**[34] | **Zahlen-angaben** | **vom Kind benannte Ergänzung** | **richtig** | **falsch** | **nicht bear-beitet** | **Bemerkungen** |
| ZE – **(E)** = Z0 | a) 36 → 30 | | | | | |
| | b) 44 → 40 | | | | | |
| ZE – **(Z0)** = E | c) 27 → 7 | | | | | |
| ZE – **(E)** = ZE ohne ZÜ | d) 48 → 42 | | | | | |
| Z0 – **(E)** = ZE | e) 30 → 26 | | | | | |
| ZE – **(Z0)** = ZE | f) 12 → 32 | | | | | |
| ZE – **(ZE)** = Z0 | g) 49 → 20 | | | | | |
| ZE – **(E)** = ZE mit ZÜ | h) 42 → 35 | | | | | |
| Z0 – **(ZE)** = ZE | i) 50 → 33 | | | | | |
| 100 – **(ZE)** = ZE | j) 100 → 75 | | | | | |
| | | | | | | **Summen** |

**Aufgabenbezogenes Lösungsverhalten:**

| | x✍ | | | |
|---|---|---|---|---|
| **Das Kind** benennt die subtraktive Ergänzung ... | **a)** bei (fast) **allen** Aufgaben | **b)** bei **einem Teil** der Aufgaben | **c)** bei (fast) **keiner** Aufgabe | **Bemerkungen** |
| ohne vorheriges Zählen anhand der Punktedarstellung spontan richtig. | | | | |
| nach längerem Nachdenken, aber ohne vorheriges Zählen anhand der Punktedarstellung, richtig. | | | | |
| nach vorherigem Zählen anhand der Punktedarstellung richtig. | | | | |
| geht die Aufgabenstellung nicht an. | | | | |

**Anmerkung:**
Sollte ein Kind bei dieser Aufgabenstellung (3.5.2.1) zu positiven Ergebnissen gelangen, jedoch die schriftlich vorgegebenen Ergänzungsaufgaben (3.5.2.2) (fast) nicht bewältigen, so könnte ein mangelndes Verständnis für Ergänzungsaufgaben auf der Symbolebene überhaupt vorliegen. Es empfiehlt sich dann zu dem Kapitel 6.4. von Band II zurückzugehen, um herauszufinden, auf welcher Abstraktionsstufe/Niveaustufe das Kind sich (noch) befindet.

[34] E: Einer, Z0: Zehnerzahl, ZE: gemischte Zahl aus Zehnern und Einern, ZÜ: Zehnerübergang.

**Material zu 3.5.2.1 – Subtraktives Ergänzen im Zahlenraum bis 100**

(Entlang der Doppellinien in Kärtchen zerschneiden.)

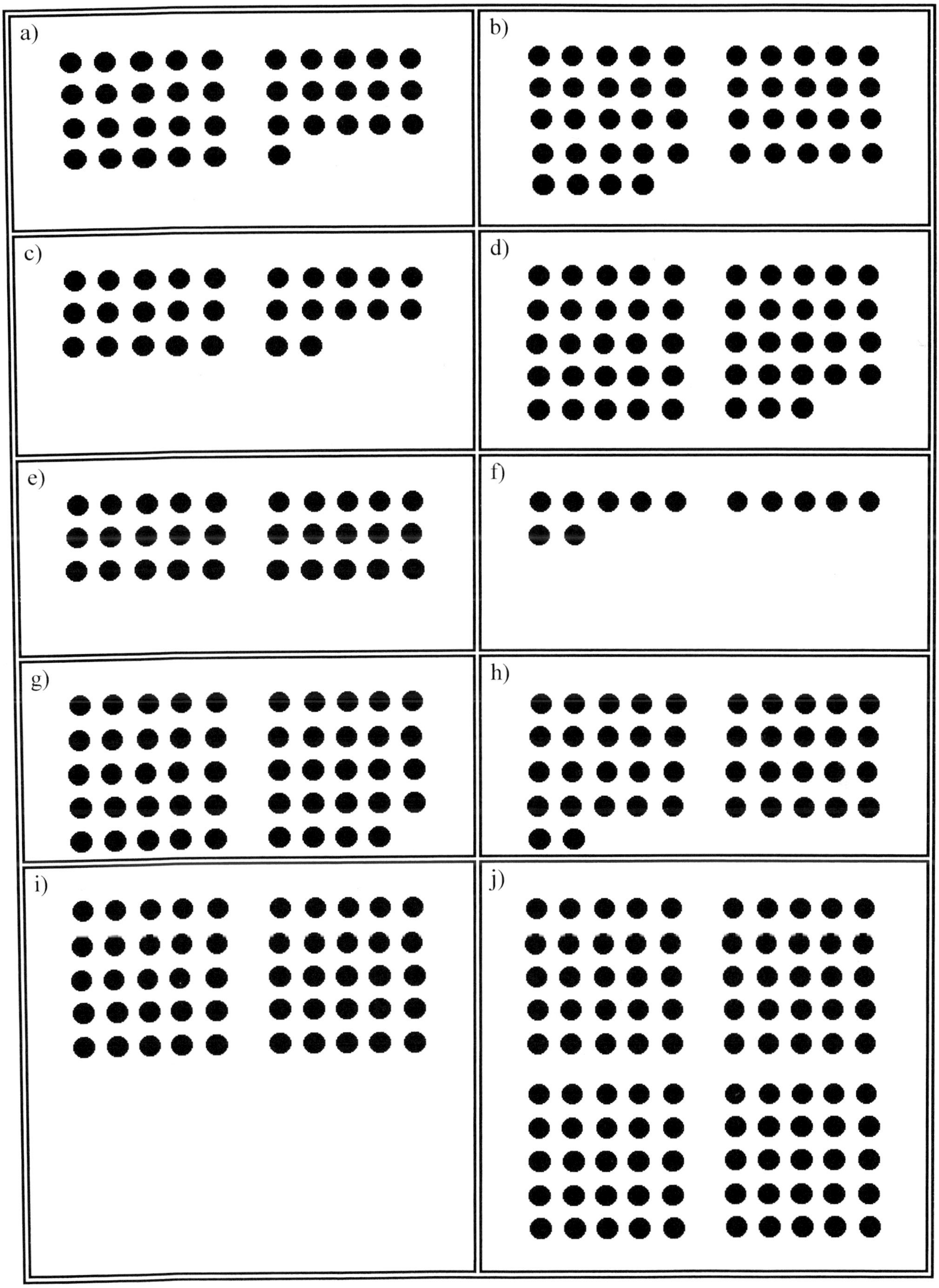

### 3.5.2.2 Schriftliches subtraktives Ergänzen (2 Schwierigkeitsstufen)

**Anweisung (Schwierigkeitsstufe 1 und 2):**
Legen Sie dem Kind das Material zu 3.5.2.2 (siehe Seite 109) in der entsprechenden Schwierigkeitsstufe vor und fragen Sie: „*Kannst du diese Rechenaufgaben lösen?*" (gegebenenfalls erste Aufgabe demonstrieren).

**Auswertung (Schwierigkeitsstufe 1 und 2):**
Beobachten Sie das Kind während seiner Arbeit auch daraufhin, welche Aufgaben es **besonders zügig*** lösen kann bzw. bei welchen es **besonders lange°** braucht, z. B. weil es mit den Fingern abzählt. Vermerken Sie dies in der Auswertungstabelle.

**Auswertung (Schwierigkeitsstufe 1):**

| | | ✍ | x✍ | | | x✍ | |
|---|---|---|---|---|---|---|---|
| **Aufgabentyp[35]** | **Ergänzungs-aufgabe** | **Vom Kind notierte Ergänzung** | **richtig** | **falsch** | **nicht bear-beitet** | **besonders zügig*** | **besonders lange°** |
| Z0 – **(Z0)** = Z0 | a) 70 – □ = 40 | | | | | | |
| | b) 60 – □ = 10 | | | | | | |
| ZE – **(E)** = Z0 | c) 73 – □ = 70 | | | | | | |
| | d) 98 – □ = 90 | | | | | | |
| ZE – **(Z0)** = E | e) 24 – □ = 4 | | | | | | |
| | f) 59 – □ = 9 | | | | | | |
| ZE – **(E)** = ZE **ohne ZÜ** | g) 36 – □ = 32 | | | | | | |
| | h) 87 – □ = 83 | | | | | | |
| | | **Summen** | | | | | |

| | x✍ | | |
|---|---|---|---|
| **Das Kind** beherrscht subtraktive Ergänzungsaufgaben vom Typ ... | **ja** | **nein** | **Bemerkungen** |
| Z0 – **(Z0)** = Z0 (Aufgabe a, b) | | | |
| ZE – **(E)** = Z0 (Aufgabe c, d) | | | |
| ZE – **(Z0)** = E (Aufgabe e, f) | | | |
| ZE – **(E)** = ZE ohne ZÜ (Aufgabe g, h) | | | |

[35] E: Einer, ZO: Zehnerzahl, ZE: gemischte Zahl aus Zehnern und Einern, ZÜ: Zehnerübergang.

**Auswertung (Schwierigkeitsstufe 2):**

| | | ✍ | x ✍ | | | x ✍ | |
|---|---|---|---|---|---|---|---|
| **Aufgabentyp[36]** | **Ergänzungs-aufgabe** | **vom Kind notierte Ergänzung** | **richtig** | **falsch** | **nicht bear-beitet** | **besonders zügig*** | **besonders lange°** |
| ZE – **(Z0)** = ZE | a) 64 – ☐ = 34 | | | | | | |
| | b) 95 – ☐ = 75 | | | | | | |
| ZE – **(ZE)** = Z0 | c) 47 – ☐ = 30 | | | | | | |
| | d) 83 – ☐ = 40 | | | | | | |
| ZE – **(E)** = ZE mit ZÜ | e) 24 – ☐ = 17 | | | | | | |
| | f) 71 – ☐ = 63 | | | | | | |
| Z0 – **(ZE)** = ZE | g) 50 – ☐ = 48 | | | | | | |
| | h) 90 – ☐ = 66 | | | | | | |
| 100 – **(ZE)** = ZE | i) 100 – ☐ = 85 | | | | | | |
| | j) 100 – ☐ = 49 | | | | | | |
| | | **Summen** | | | | | |

Um festzuhalten, welche Typen von Ergänzungsaufgaben das Kind bereits beherrscht, verwenden Sie bitte die Auswertungstabelle aus Kap. 3.5.2.3 (siehe Seite 111 unten).

---

**Material zu 3.5.2.2 – Schriftliches subtraktives Ergänzen im Zahlenraum bis 100**

| **Schwierigkeitsstufe 1** | **Schwierigkeitsstufe 2** |
|---|---|
| a) 70 – ☐ = 40 | a) 64 – ☐ = 34 |
| b) 60 – ☐ = 10 | b) 95 – ☐ = 75 |
| c) 73 – ☐ = 70 | c) 47 – ☐ = 30 |
| d) 98 – ☐ = 90 | d) 83 – ☐ = 40 |
| e) 24 – ☐ = 4 | e) 24 – ☐ = 17 |
| f) 59 – ☐ = 9 | f) 71 – ☐ = 63 |
| g) 36 – ☐ = 32 | g) 50 – ☐ = 48 |
| h) 87 – ☐ = 83 | h) 90 – ☐ = 66 |
| | i) 100 – ☐ = 85 |
| | j) 100 – ☐ = 49 |

[36] E: Einer, Z0: Zehnerzahl, ZE: gemischte Zahl aus Zehnern und Einern, ZÜ: Zehnerübergang.

### 3.5.2.3 Subtraktives Ergänzen – Kopfrechnen (2 Schwierigkeitsstufen)

**Anweisung (Schwierigkeitsstufe 1 und 2):**
*„Ich sage dir jetzt Ergänzungsaufgaben und du sollst dazu nur die Ergänzungen sagen. Also wenn **ich** frage: ‚Was musst du von der **28 bis zur 20** ergänzen?' (gegebenenfalls: ‚Um wie viel musst du von der **28 bis zur 20** vermindern?'), antwortest **du ‚minus 8'**."*
(Nach einigen Aufgaben können Sie zu der Kurzform ***„von der 28 bis zur 20"*** übergehen.)

Stellen Sie dem Kind nach den Angaben in der Auswertungstabelle weitere solche Aufgaben. Notieren Sie die Antworten des Kindes in der Auswertungstabelle.
Lassen Sie dem Kind nicht mehr als 1 bis 3 Sekunden (je nach Schwierigkeitsstufe) Zeit für die Lösung, damit es nicht zählend die Aufgabe lösen kann. Gehen Sie also nach 1 bis 3 Sekunden zur nächsten Aufgabe über.

**Auswertung (Schwierigkeitsstufe 1):**

| | | ✍ | x✍ | | | |
|---|---|---|---|---|---|---|
| **Aufgabentyp**[37] | **Zahlen-angaben** | **vom Kind benannte Ergänzung** | **richtig** | **falsch** | **nicht bear-beitet** | **Bemerkungen** |
| ZE – **(E)** = Z0 | a) 43 → 40 | | | | | |
| | b) 96 → 90 | | | | | |
| ZE – **(Z0)** = E | c) 58 → 8 | | | | | |
| | d) 74 → 4 | | | | | |
| ZE – **(E)** = ZE ohne ZÜ | e) 39 → 35 | | | | | |
| | f) 67 → 61 | | | | | |
| Z0 – **(E)** = ZE | g) 30 → 26 | | | | | |
| | h) 80 → 72 | | | | | |
| | i) 90 → 83 | | | | | |
| | j) 60 → 57 | | | | | |
| | | | | | | **Summen** |

| | x✍ | | |
|---|---|---|---|
| **Das Kind** beherrscht die subtraktive Ergänzung vom Typ ... | **ja** | **nein** | **Bemerkungen** |
| ZE – **(E)** = Z0 (Aufgabe a, b) | | | |
| ZE – **(Z0)** = E (Aufgabe c, d) | | | |
| ZE – **(E)** = ZE ohne ZÜ (Aufgabe e, f) | | | |
| Z0 – **(E)** = ZE (Aufgabe g, h, i, j) | | | |

[37] E: Einer, Z0: Zehnerzahl, ZE: gemischte Zahl aus Zehnern und Einern, ZÜ: Zehnerübergang.

**Auswertung (Schwierigkeitsstufe 2):**

| | | ✍ | x✍ | | | |
|---|---|---|---|---|---|---|
| **Aufgabentyp**[38] | **Zahlenangaben** | **vom Kind benannte Ergänzung** | **richtig** | **falsch** | **nicht bear-beitet** | **Bemerkungen** |
| ZE – **(Z0)** = ZE | a) 52 → 42 | | | | | |
| | b) 75 → 25 | | | | | |
| ZE – **(ZE)** = Z0 | c) 47 → 30 | | | | | |
| | d) 84 → 50 | | | | | |
| ZE – **(E)** = ZE mit ZÜ | e) 23 → 17 | | | | | |
| | f) 66 → 57 | | | | | |
| Z0 – **(ZE)** = ZE | g) 50 → 39 | | | | | |
| | h) 80 → 16 | | | | | |
| 100 – **(ZE)** = ZE | i) 100 → 75 | | | | | |
| | j) 100 → 59 | | | | | |
| | | | | | | **Summen** |

| | x✍ | | |
|---|---|---|---|
| **Das Kind** beherrscht die subtraktive Ergänzung vom Typ ... | **ja** | **nein** | **Bemerkungen** |
| ZE – **(Z0)** = ZE (Aufgabe a, b) | | | |
| ZE – **(ZE)** = Z0 (Aufgabe c, d) | | | |
| ZE – **(E)** = ZE mit ZÜ (Aufgabe e, f) | | | |
| Z0 – **(ZE)** = ZE (Aufgabe g, h) | | | |
| 100 – **(ZE)** = ZE (Aufgabe i, j) | | | |

[38] E: Einer, Z0: Zehnerzahl, ZE: gemischte Zahl aus Zehnern und Einern, ZÜ: Zehnerübergang.

## 3.6 Zerlegen von zweistelligen Zahlen in Zehnerzahl und Einer – Kopfrechnen im Zahlenraum bis 20 bzw. bis 100

**Anweisung:**

*„Ich sage dir jetzt eine Zahl und du sollst sie in Zehnerzahl und Einer zerlegen. Also wenn* ***ich ‚14'*** *sage, sagst* ***du ‚(gleich) 10 + 4'****."*

Falls der Zahlenraum bis 100 schon erarbeitet wurde, fügen Sie noch das weitere Beispiel hinzu:

*„Oder wenn* ***ich ‚53'*** *sage, sagst* ***du ‚(gleich) 50 + 3'****."*

Stellen Sie dem Kind nach den Angaben in der Auswertungstabelle weitere solche Aufgaben. Notieren Sie die Antworten des Kindes in der Auswertungstabelle.

**Auswertung:**

| | ✍ | x✍ | | | |
|---|---|---|---|---|---|
| **vorgegebene Zahl** | **vom Kind benannte Zerlegung in Zehnerzahl und Einer** | **richtig** | **falsch** | **nicht bearbeitet** | **Bemerkungen** |
| a) 17 | | | | | |
| b) 12 | | | | | |
| c) 19 | | | | | |
| d) 16 | | | | | |
| e) 11 | | | | | |
| f) 18 | | | | | |
| g) 15 | | | | | |
| h) 45* | | | | | |
| i) 98* | | | | | |
| j) 32* | | | | | |
| k) 57* | | | | | |
| l) 66* | | | | | |
| m) 79* | | | | | |
| n) 82* | | | | | |
| | | | | | **Summen** |

*Nur, falls der Zahlenraum bis 100 schon erarbeitet wurde.

| | x✍ | | | |
|---|---|---|---|---|
| **Das Kind ...** | **a)** bei (fast) **allen** Zahlen | **b)** bei **einem Teil** der Zahlen | **c)** bei (fast) **keiner** Zahl | **Bemerkungen** |
| benennt im ZR bis 20 die Zerlegung in Zehn und Einer richtig. | | | | |
| benennt im ZR bis 100 die Zerlegung in Zehnerzahl und Einer richtig. | | | | |
| geht die Aufgabenstellung nicht an. | | | | |

**Anmerkung:**

Das sichere Zerlegen zweistelliger Zahlen ist notwendige Voraussetzung, um Rechenaufgaben vom Typ: ZE +/– ZE = ZE (z. B. 27 + 36 oder 53 – 34) lösen zu können.

# 4 Zehnerübergang – Zahlenraum bis 100

# 4 Zehnerübergang – Zahlenraum bis 100

## 4.1 Vorbemerkungen zu Additions- und Subtraktionsaufgaben mit Zehnerübergang

Zum Lösen von Additionsaufgaben und Subtraktionsaufgaben im Zahlenraum bis 100 mit Zehnerüberschreitung sind viele Verfahren möglich.

Der in den Schulbüchern am häufigsten empfohlene Lösungsweg ist:

$$\begin{array}{l} 36 + 7 = \\ \hline 36 + 4 = 40 \\ 40 + 3 = 43 \end{array} \qquad \text{bzw.} \qquad \begin{array}{l} 45 - 8 = \\ \hline 45 - 5 = 40 \\ 40 - 3 = 37 \end{array}$$

Dieses und alle anderen Verfahren setzen für ein erfolgreiches Lösen solcher Aufgaben mit Zehnerübergang beim Kind voraus:

- Kenntnis der Grundaufgaben im Zahlenraum bis 10 (siehe Band II, Kapitel 6), insbesondere Zahlzerlegungen im Zahlenraum bis 9 (siehe Band II, Kapitel 6.5)
- Kenntnis und Verständnis des Zehnersystems und des Stellenwertes (siehe Band III, Kapitel 2.1)
- Einsichten in die Zahlbeziehungen sowie in die Eigenschaften der Rechenoperationen, insbesondere Verständnis der dekadischen Analogien (siehe Band III, Kapitel 6.1.5)
- Merkfähigkeit bezüglich Zahlen und Abfolge von Lösungsschritten.

Doch bei einigen Kindern sind diese Voraussetzungen im letzten Drittel des zweiten Schuljahres noch nicht gegeben. Genau hier setzt die „Prozessdiagnose mathematischer Kompetenzen" an, um gezielte Hilfestellungen bei der Diagnose zu geben und Fördermöglichkeiten anzubieten, die dem Gegenstand und vor allem dem Kind gerecht werden.

## 4.2 Voraussetzungen für den additiven Zehnerübergang

### 4.2.1 Additives Ergänzen bis zur 10 und bis zur Zehnerzahl (Kopfrechnen)

#### 4.2.1.1 Additives Ergänzen bis zur 10

**Anweisung:**

*„Ich sage dir jetzt eine* ***Zahl*** *und du sollst dazu die* ***Ergänzung bis zur 10*** *sagen. Also wenn* ***ich ‚7'*** *sage, antwortest* ***du ‚plus 3 (gleich 10)'*** *."*

(Nach einigen Aufgaben kann auf gleich 10 verzichtet werden.)

Stellen Sie dem Kind nach den Angaben in der Auswertungstabelle weitere solche Aufgaben. Notieren Sie die Antworten des Kindes in der Auswertungstabelle.

Lassen Sie dem Kind nicht mehr als 2 Sekunden Zeit für die Lösung, damit es nicht zählend die Aufgabe lösen kann. Gehen Sie also nach 2 Sekunden zur nächsten Aufgabe über.

**Auswertung:**

| | ✍ | x✍ | | | |
|---|---|---|---|---|---|
| **Zahlen-angaben** | **vom Kind benannte Ergänzung** | **richtig** | **falsch** | **weiß nicht** | **Bemerkungen** |
| 4 → 10 | | | | | |
| 1 → 10 | | | | | |
| 3 → 10 | | | | | |
| 2 → 10 | | | | | |
| 5 → 10 | | | | | |
| 8 → 10 | | | | | |
| 3 → 10 | | | | | |
| 9 → 10 | | | | | |
| 7 → 10 | | | | | |
| 6 → 10 | | | | | |
| | | | | | **Summen** |

**Aufgabenbezogenes Lösungsverhalten:**

| | x✍ | | | |
|---|---|---|---|---|
| **Das Kind ...** | **a)** bei (fast) **allen** Aufgaben | **b)** bei **einem Teil** der Aufgaben | **c)** bei (fast) **keiner** Aufgabe | **Bemerkungen** |
| benennt die additive Ergänzung zur 10 spontan richtig ohne vorheriges Abzählen. | * | | | |
| geht die Aufgabenstellung nicht an. | | | | |

*Nur dieses Ergebnis ist eine hinreichende Voraussetzung für die Bewältigung des Zehnerübergangs.

**Anmerkung:** Sollte ein Kind beim additiven Ergänzen bis zur 10 (4.2.1.1) zu positiven Ergebnissen gelangen, jedoch das additive Ergänzen bis zu den Zehnerzahlen (4.2.1.2) (fast) nicht bewältigen, so könnte ein mangelndes Verständnis des dekadischen Systems (siehe Kapitel 2.1 von Teil II), insbesondere eine mangelnde Einsicht für dekadische Analogien (siehe Kapitel 6.1.5 von Teil III) vorliegen. Es empfiehlt sich dann im Förderunterricht das Erfassen des Zusammenhanges zwischen Aufgaben wie **4** + ***(6)*** = 10 und 34 + ***(6)*** = 40 bzw. 64 + ***(6)*** = 70 usw. durch entsprechende Aufgabenstellungen anzubahnen und zu trainieren.

### 4.2.1.2 Additives Ergänzen bis zur Zehnerzahl

**Anweisung:**

*„Ich sage dir immer eine Zahl, und du ergänzt dann bis zur nächstgrößeren Zehnerzahl.“*
(Vergewissern Sie sich, dass das Kind den Begriff Zehnerzahl kennt. Gegebenenfalls müssen Sie dem Kind den Begriff verdeutlichen.)
*„Ich sage dir ein Beispiel: Wenn ich* ***‚25‘*** *sage, dann sagst du* ***‚plus 5 gleich 30‘****.“*
(Gegebenenfalls noch ein weiteres Beispiel demonstrieren!)
Stellen Sie dem Kind nach den Angaben in der Auswertungstabelle weitere solche Aufgaben. Notieren Sie die Antworten des Kindes in der Auswertungstabelle. Lassen Sie dem Kind nicht mehr als 3 Sekunden Zeit für die Lösung, damit es nicht zählend die Aufgabe lösen kann. Gehen Sie also nach 3 Sekunden zur nächsten Aufgabe über.

**Auswertung:**

| | ✍ | | x✍ | | |
|---|---|---|---|---|---|
| **Ergänzungs-aufgabe** | **vom Kind benannte Ergänzung** | **richtig** | **falsch** | **nicht bear-beitet** | **Bemerkungen** |
| a) 25 → (30) | z. B. + 5 = 30 | | | | |
| b) 83 → (90) | | | | | |
| c) 41 → (50) | | | | | |
| d) 34 → (40) | | | | | |
| e) 67 → (70) | | | | | |
| f) 12 → (20) | | | | | |
| g) 56 → (60) | | | | | |
| h) 79 → (80) | | | | | |
| i) 85 → (90) | | | | | |
| j) 23 → (30) | | | | | |
| k) 98 → (100) | | | | | |
| | | | | | **Summen** |

**Aufgabenbezogenes Lösungsverhalten:**

| | | x✍ | | |
|---|---|---|---|---|
| **Das Kind ...** | **a)** bei (fast) **allen** Aufgaben | **b)** bei **einem Teil** der Aufgaben | **c)** bei (fast) **keiner** Aufgabe | **Bemerkungen** |
| benennt die additive Ergänzung zur nächsten Zehnerzahl spontan richtig. | * | | | |
| kennt die nächstgrößere Zehnerzahl. | * | | | |
| geht die Aufgabenstellung nicht an. | | | | |

*Nur dieses Ergebnis ist eine hinreichende Voraussetzung für die Bewältigung des Zehnerübergangs.

**Anmerkung:**

Sollte ein Kind beim additiven Ergänzen bis zur 10 (4.2.1.1) zu positiven Ergebnissen gelangen, jedoch das additive Ergänzen bis zu den Zehnerzahlen (4.2.1.2) (fast) nicht bewältigen, so könnte ein mangelndes Verständnis des dekadischen Systems (siehe Kapitel 2.1 von Teil II), insbesondere eine mangelnde Einsicht für dekadische Analogien (siehe Kapitel 6.1.5 von Teil III) vorliegen. Es empfiehlt sich dann im Förderunterricht das Erfassen des Zusammenhangs zwischen Aufgaben wie **4** + ***(6)*** = 10 und **34** + ***(6)*** = 40 bzw. **64** + ***(6)*** = 70 usw. durch entsprechende Aufgabenstellungen anzubahnen und zu trainieren.

### 4.2.2 Addition von Zehnerzahl und Einer

**Anweisung:**
*„Ich sage dir jetzt Rechenaufgaben und du sollst dazu nur das Ergebnis sagen.*
*Also wenn* ***ich ‚20 plus 3'*** *sage, sagst* ***du ‚23'****."*

Stellen Sie dem Kind nach den Angaben in der Auswertungstabelle weitere solche Aufgaben. Notieren Sie die Antworten des Kindes in der Auswertungstabelle.

Lassen Sie dem Kind nicht mehr als 2 Sekunden Zeit für die Lösung, damit es die Aufgabe nicht zählend lösen kann. Gehen Sie also nach 2 Sekunden zur nächsten Aufgabe über.

**Auswertung:**

| | ✍ | x✍ | | | |
|---|---|---|---|---|---|
| **Zahlensatz** | **vom Kind benannte Summe** | **richtig** | **falsch** | **nicht bear-beitet** | **Bemerkungen** |
| 40 + 2 | | | | | |
| 10 + 8 | | | | | |
| 30 + 3 | | | | | |
| 60 + 2 | | | | | |
| 30 + 4 | | | | | |
| 50 + 5 | | | | | |
| 40 + 6 | | | | | |
| 20 + 7 | | | | | |
| 60 + 3 | | | | | |
| 80 + 2 | | | | | |
| 50 + 4 | | | | | |
| 70 + 3 | | | | | |
| | | | | | **Summen** |

**Aufgabenbezogenes Lösungsverhalten:**

| | x✍ | | | |
|---|---|---|---|---|
| **Das Kind** | **a)** bei (fast) **allen** Auf-gaben | **b)** bei **einem Teil** der Aufgaben | **c)** bei (fast) **keiner** Aufgabe | **Bemerkungen** |
| benennt die Summe aus Zehnerzahl und Einern spontan richtig ohne vorheriges Abzählen. | * | | | |
| geht die Aufgabenstellung nicht an. | | | | |

*Nur dieses Ergebnis ist eine hinreichende Voraussetzung für die Bewältigung des Zehnerübergangs.

### 4.2.3 Passiver Zehnerübergang bei Addition

#### 4.2.3.1 Lösung schriftlich

Mit diesen Aufgaben des Typs[39] ZE + E (= Z0) + E soll ermittelt werden, ob ein Kind zu einer Zahl nacheinander zwei Zahlen addieren und dabei notwendigerweise das Zwischenergebnis im Kopf speichern kann.

**Anweisung:**
Legen Sie dem Kind das Material zu 4.2.3.1 (Seite 119) vor und fragen Sie:
*„Kannst du diese Rechenaufgaben (aus-)rechnen?“* (gegebenenfalls erste Aufgabe demonstrieren).

**Auswertung:**
Beobachten Sie das Kind während seiner Arbeit auch daraufhin, welche Aufgaben es **besonders zügig*** lösen kann bzw. bei welchen es **besonders lange°** braucht, gegebenenfalls weil es abzählt. Vermerken Sie dies in der Auswertungstabelle.

| | ✍ | x✍ | | | x✍ | | |
|---|---|---|---|---|---|---|---|
| **Zahlensatz** | **Vom Kind notiertes Ergebnis** | **richtig** | **falsch** | **nicht bear-beitet** | **beson-ders zügig*** | **beson-ders lange°** | **Bemerkungen** |
| a) 28 + 2 + 3 | | | | | | | |
| b) 16 + 4 + 5 | | | | | | | |
| c) 47 + 3 + 6 | | | | | | | |
| d) 69 + 1 + 8 | | | | | | | |
| e) 85 + 5 + 2 | | | | | | | |
| f) 54 + 6 + 3 | | | | | | | |
| g) 32 + 8 + 1 | | | | | | | |
| h) 76 + 4 + 4 | | | | | | | |
| i) 27 + 3 + 5 | | | | | | | |
| j) 13 + 7 + 2 | | | | | | | |
| | | | | | | | **Summen** |

**Aufgabenbezogenes Lösungsverhalten:**

| | x✍ | | | |
|---|---|---|---|---|
| **Das Kind ...** | **a)** bei (fast) **allen** Aufgaben | **b)** bei **einem Teil** der Aufgaben | **c)** bei (fast) **keiner** Aufgabe | **Bemerkungen** |
| löst die Addition vom Typ ZE + E (= Z0) + E richtig. | | | | |
| geht die Aufgabenstellung nicht an. | | | | |

**Arbeitsverhalten:**

| **Das Kind ...** | x✍ | **Bemerkungen** |
|---|---|---|
| operiert überwiegend schnell (zügig) und planvoll. | | |
| operiert überwiegend langsam, aber gründlich und mit System. | | |
| operiert schnell, aber überhastet und mit wenig System. | | |
| operiert überwiegend langsam und planlos. | | |

[39] ZE: gemischte Zahl aus Zehnern und Einern, wie z. B. 38; Z0: Zehnerzahl; wie z. B. 40; E: Einer.

**Material zu 4.2.3.1 – Passiver Zehnerübergang**

a) 28 + 2 + 3 =

b) 16 + 4 + 5 =

c) 47 + 3 + 6 =

d) 69 + 1 + 8 =

e) 85 + 5 + 2 =

f) 54 + 6 + 3 =

g) 32 + 8 + 1 =

h) 76 + 4 + 4 =

i) 27 + 3 + 5 =

j) 13 + 7 + 2 =

### 4.2.3.2 Lösung durch Kopfrechnen

**Anweisung:**
*„Ich sage dir jetzt Rechenaufgaben wie diese: 38 + 2 + 3.*
*Du denkst erst 38 + 2 = 40 und dann 40 + 3 = 43. Du sagst dann nur das Endergebnis, also 43.“*

Gegebenenfalls demonstrieren Sie dem Kind noch ein weiteres Beispiel.

Stellen Sie dem Kind nach den Angaben in der Auswertungstabelle weitere solche Aufgaben. Notieren Sie die Antworten des Kindes in der Auswertungstabelle.

Lassen Sie dem Kind nicht mehr als 3 Sekunden Zeit für die Lösung, damit es nicht zählend die Aufgabe lösen kann. Gehen Sie also nach 3 Sekunden zur nächsten Aufgabe über.

**Auswertung:**

| | ✍ | x ✍ | | | |
|---|---|---|---|---|---|
| **Zahlensatz** | **vom Kind benannte Summe** | **richtig** | **falsch** | **nicht bear-beitet** | **Bemerkungen** |
| 29 + 1 + 2 | | | | | |
| 12 + 8 + 1 | | | | | |
| 37 + 3 + 5 | | | | | |
| 61 + 9 + 4 | | | | | |
| 56 + 4 + 3 | | | | | |
| 43 + 7 + 2 | | | | | |
| 24 + 6 + 3 | | | | | |
| 65 + 5 + 4 | | | | | |
| 89 + 1 + 7 | | | | | |
| 48 + 2 + 6 | | | | | |
| | | | | | **Summen** |

**Aufgabenbezogenes Lösungsverhalten:**

| | x ✍ | | | |
|---|---|---|---|---|
| **Das Kind ...** | **a)** bei (fast) **allen** Auf-gaben | **b)** bei **einem Teil** der Aufgaben | **c)** bei (fast) **keiner** Aufgabe | **Bemerkungen** |
| benennt das Ergebnis der Addition von ZE + E (= Z0) + E spontan richtig[40]. | | | | |
| kann sich die Rechenaufgabe nicht merken. | | | | |
| geht die Aufgabenstellung nicht an. | | | | |

[40] ZE: gemischte Zahl aus Zehnern und Einern, wie z. B. 38; Z0: Zehnerzahl, wie z. B. 40; E: Einer.

# 4.3 Voraussetzungen für den subtraktiven Zehnerübergang

## 4.3.1 Subtraktion von der 10 und von anderen Zehnerzahlen (Kopfrechnen)

### 4.3.1.1 Subtraktion von der 10

**Anweisung:**
*„Ich sage dir jetzt eine Minusaufgabe und du sollst dazu nur das Ergebnis sagen. Also wenn* ***ich*** *sage* ***‚10 – 3'****, antwortest* ***du ‚(gleich) 7'****."*
Stellen Sie dem Kind nach den Angaben in der Auswertungstabelle weitere solche Aufgaben. Notieren Sie die Antworten des Kindes in der Auswertungstabelle.
Lassen Sie dem Kind nicht mehr als 2 Sekunden Zeit für die Lösung, damit es die Aufgabe nicht zählend lösen kann. Gehen Sie also nach 2 Sekunden zur nächsten Aufgabe über.

**Auswertung:**

| | ✍ | x✍ | | | |
|---|---|---|---|---|---|
| **Zahlen-angaben** | **vom Kind benannte Ergebnis** | **richtig** | **falsch** | **weiß nicht** | **Bemerkungen** |
| 10 – 3 | z. B. (=) 7 | | | | |
| 10 – 1 | | | | | |
| 10 – 4 | | | | | |
| 10 – 2 | | | | | |
| 10 – 5 | | | | | |
| 10 – 8 | | | | | |
| 10 – 3 | | | | | |
| 10 – 9 | | | | | |
| 10 – 7 | | | | | |
| 10 – 6 | | | | | |
| | | | | | **Summen** |

**Aufgabenbezogenes Lösungsverhalten:**

| | x✍ | | | |
|---|---|---|---|---|
| **Das Kind ...** | **a)** bei (fast) **allen** Aufgaben | **b)** bei **einem Teil** der Aufgaben | **c)** bei (fast) **keiner** Aufgabe | **Bemerkungen** |
| benennt das Ergebnis der Subtraktion von der 10 spontan richtig (ohne vorheriges Abzählen). | * | | | |
| geht die Aufgabenstellung nicht an. | | | | |

*Nur dieses Ergebnis ist eine hinreichende Voraussetzung für die Bewältigung des Zehnerübergangs.

**Anmerkung:**
Sollte ein Kind bei der Subtraktion von der 10 (4.3.1.1) zu positiven Ergebnissen gelangen, jedoch die Subtraktion von den Zehnerzahlen (4.3.1.2) (fast) nicht bewältigen, so könnte ein mangelndes Verständnis des dekadischen Systems (siehe Kapitel 2.1 von Band II), insbesondere eine mangelnde Einsicht für dekadische Analogien (siehe Kapitel 6.1.5 von Band III) vorliegen.
Es empfiehlt sich dann im Förderunterricht das Erfassen des Zusammenhanges zwischen Aufgaben wie **10** – 4 = **6** und **30** – 4 = **26** bzw. **60** – 4 = **56** usw. durch entsprechende Aufgabenstellungen anzubahnen und zu trainieren.

### 4.3.1.2 Subtraktion von Zehnerzahlen

**Anweisung:**
*„Ich sage dir jetzt eine Minusaufgabe und du sollst dazu nur das Ergebnis sagen. Also wenn* ***ich*** *sage* ***‚40 – 5‘****, antwortest* ***du ‚(gleich) 35‘****.“*

Stellen Sie dem Kind nach den Angaben in der Auswertungstabelle weitere solche Aufgaben. Notieren Sie die Antworten des Kindes in der Auswertungstabelle.
Lassen Sie dem Kind nicht mehr als 3 Sekunden Zeit für die Lösung, damit es nicht zählend die Aufgabe lösen kann. Gehen Sie also nach 3 Sekunden zur nächsten Aufgabe über.

**Auswertung:**

| | ✍ | x✍ | | | |
|---|---|---|---|---|---|
| **Subtraktions-aufgabe** | **vom Kind benanntes Ergebnis** | **richtig** | **falsch** | **nicht bear-beitet** | **Bemerkungen** |
| a) 40 – 5 | | | | | |
| b) 20 – 3 | | | | | |
| c) 80 – 8 | | | | | |
| d) 50 – 4 | | | | | |
| e) 90 – 7 | | | | | |
| f) 30 – 1 | | | | | |
| g) 70 – 6 | | | | | |
| h) 100 – 9 | | | | | |
| i) 80 – 5 | | | | | |
| j) 60 – 2 | | | | | |
| | | | | | **Summen** |

**Aufgabenbezogenes Lösungsverhalten:**

| | x✍ | | | |
|---|---|---|---|---|
| **Das Kind ...** | **a)** bei (fast) **allen** Auf-gaben | **b)** bei **einem Teil** der Aufgaben | **c)** bei (fast) **keiner** Aufgabe | **Bemerkungen** |
| benennt die Subtraktion von der Zehnerzahl spontan richtig (ohne vorheriges Abzählen). | * | | | |
| geht die Aufgabenstellung nicht an. | | | | |

*Nur dieses Ergebnis ist eine hinreichende Voraussetzung für die Bewältigung des Zehnerübergangs.

**Anmerkung:**
Sollte ein Kind bei der Subtraktion von der 10 (4.3.1.1) zu positiven Ergebnissen gelangen, jedoch die Subtraktion von den Zehnerzahlen (4.3.1.2) (fast) nicht bewältigen, so könnte ein mangelndes Verständnis des dekadischen Systems (siehe Kapitel 2.1 von Band II), insbesondere eine mangelnde Einsicht für dekadische Analogien (siehe Kapitel 6.1.5 von Band III) vorliegen.
Es empfiehlt sich dann im Förderunterricht das Erfassen des Zusammenhanges zwischen Aufgaben wie **10** – 4 = **6** und 30 – 4 = **26** bzw. **60** – 4 = **56** usw. durch entsprechende Aufgabenstellungen anzubahnen und zu trainieren.

### 4.3.2 Subtraktives Ergänzen von einer gemischten Zahl zur Zehnerzahl

**Anweisung:**
*„Ich sage dir jetzt Zahlen. Du sollst davon **alle Einer wegnehmen**, sodass nur die **Zehnerzahl übrig** bleibt. Also wenn **ich ‚37'** sage, sagst **du ‚– 7 = 30'**."*
(Gegebenenfalls noch ein weiteres Beispiel demonstrieren.)

Vergewissern Sie sich, dass das Kind den Begriff Zehnerzahl kennt. Gegebenenfalls müssen Sie dem Kind den Begriff verdeutlichen.
Stellen Sie dem Kind nach den Angaben in der Auswertungstabelle weitere solche Aufgaben. Notieren Sie die Antworten des Kindes in der Auswertungstabelle.
Lassen Sie dem Kind nicht mehr als 2 Sekunden Zeit für die Lösung, damit es nicht zählend die Aufgabe lösen kann. Gehen Sie also nach 2 Sekunden zur nächsten Aufgabe über.

**Auswertung:**

| | ✍ | x✍ | | | |
|---|---|---|---|---|---|
| **Verminderungs-aufgabe** | **vom Kind benannte Verminderung** | **richtig** | **falsch** | **nicht bear-beitet** | **Bemerkungen** |
| a) 83 – □ = (80) | z. B. – 3 = 80 | | | | |
| b) 25 – □ = (20) | | | | | |
| c) 41 – □ = (40) | | | | | |
| d) 34 – □ = (30) | | | | | |
| e) 67 – □ = (60) | | | | | |
| f) 12 – □ = (10) | | | | | |
| g) 56 – □ = (50) | | | | | |
| h) 79 – □ = (70) | | | | | |
| i) 98 – □ = (90) | | | | | |
| | | | | | **Summen** |

**Aufgabenbezogenes Lösungsverhalten:**

| | x✍ | | | |
|---|---|---|---|---|
| **Das Kind ...** | **a)** bei (fast) **allen** Auf-gaben | **b)** bei **einem Teil** der Aufgaben | **c)** bei (fast) **keiner** Aufgabe | **Bemerkungen** |
| benennt die subtraktive Ergänzung zur nächsten Zehnerzahl spontan richtig. | * | | | |
| benennt nur den Subtrahenden richtig, nicht aber die Zehnerzahl. | | | | |
| geht die Aufgabenstellung nicht an. | | | | |

*Nur dieses Ergebnis ist eine hinreichende Voraussetzung für die Bewältigung des Zehnerübergangs.

**Anmerkung:**
Sollte ein Kind bei dieser Aufgabenstellung zu negativen Ergebnissen gelangen, so könnte ein mangelndes Verständnis des dekadischen Systems vorliegen (siehe Band II, Kap. 2.1).

### 4.3.3 Passiver Zehnerübergang bei Subtraktion

#### 4.3.3.1 Lösung schriftlich

Mit diesen Aufgabenstellungen des Typs[41] ZE – E (= Z0) – E soll ermittelt werden, ob ein Kind von einer Zahl nacheinander zwei Zahlen subtrahieren kann und dabei notwendigerweise das Zwischenergebnis im Kopf speichern kann.

**Anweisung:**
Legen Sie dem Kind das Material zu 4.3.3.1 vor und fragen Sie:
*„Kannst du diese Rechenaufgaben (aus-)rechnen?“* (gegebenenfalls erste Aufgabe demonstrieren)

**Auswertung:**
Beobachten Sie das Kind während seiner Arbeit auch daraufhin, welche Aufgaben es **besonders zügig*** lösen kann bzw. bei welchen es **besonders lange°** braucht, gegebenenfalls weil es abzählt. Vermerken Sie dies in der Auswertungstabelle.

| | ✍ | | x✍ | | x✍ | | |
|---|---|---|---|---|---|---|---|
| **Zahlensatz** | **vom Kind notiertes Ergebnis** | **richtig** | **falsch** | **nicht bearbeitet** | **besonders zügig*** | **bsonders lange°** | **Bemerkungen** |
| a) 42 – 2 – 5 | | | | | | | |
| b) 26 – 6 – 3 | | | | | | | |
| c) 84 – 4 – 4 | | | | | | | |
| d) 37 – 7 – 2 | | | | | | | |
| e) 51 – 1 – 8 | | | | | | | |
| f) 92 – 2 – 6 | | | | | | | |
| g) 61 – 1 – 7 | | | | | | | |
| h) 75 – 5 – 1 | | | | | | | |
| i) 33 – 3 – 4 | | | | | | | |
| j) 17 – 7 – 1 | | | | | | | |
| | | | | | | | **Summen** |

**Aufgabenbezogenes Lösungsverhalten:**

| | x✍ | | | |
|---|---|---|---|---|
| **Das Kind ...** | **a)** bei (fast) **allen** Aufgaben | **b)** bei **einem Teil** der Aufgaben | **c)** bei (fast) **keiner** Aufgabe | **Bemerkungen** |
| Löst die Subtraktion von ZE – E (= Z0) – E richtig. | | | | |
| Geht die Aufgabenstellung nicht an. | | | | |

**Arbeitsverhalten:**

| **Das Kind ...** | x✍ | **Bemerkungen** |
|---|---|---|
| operiert überwiegend schnell (zügig) und planvoll. | | |
| operiert überwiegend langsam, aber gründlich und mit System. | | |
| operiert schnell, aber überhastet und mit wenig System. | | |
| operiert überwiegend langsam und planlos. | | |

[41] ZE: gemischte Zahl aus Zehnern und Einern, wie z. B. 38; Z0: Zehnerzahl, wie z. B. 40; E: Einer.

**Material zu 4.3.3.1 – Passiver Zehnerübergang bei Subtraktion**

a) $42 - 2 - 5 =$

b) $26 - 6 - 3 =$

c) $84 - 4 - 4 =$

d) $37 - 7 - 2 =$

e) $51 - 1 - 8 =$

f) $92 - 2 - 6 =$

g) $61 - 1 - 7 =$

h) $75 - 5 - 1 =$

i) $33 - 3 - 4 =$

j) $17 - 7 - 1 =$

### 4.3.3.2 Lösung durch Kopfrechnen

**Anweisung:**
*„Ich sage dir jetzt Rechenaufgaben wie diese:* ***32 – 2 – 4****. Du* ***denkst*** *erst* ***‚32 – 2 = 30‘*** *und* ***dann*** ***‚30 – 4 = 26‘****. Du* ***sagst*** *dann* ***nur*** *das Endergebnis, also* ***‚26‘****. “*

Gegebenenfalls dem Kind noch ein weiteres Beispiel demonstrieren.

Stellen Sie dem Kind nach den Angaben in der Auswertungstabelle weitere solche Aufgaben. Notieren Sie die Antworten des Kindes in der Auswertungstabelle.
Lassen Sie dem Kind nicht mehr als 3 Sekunden Zeit für die Lösung, damit es nicht zählend die Aufgabe lösen kann. Gehen Sie also nach 3 Sekunden zur nächsten Aufgabe über.

**Auswertung:**

| | ✍ | x✍ | | | |
|---|---|---|---|---|---|
| **Zahlensatz** | **vom Kind benannte Summe** | **richtig** | **falsch** | **nicht bear-beitet** | **Bemerkungen** |
| 21 – 1 – 2 | | | | | |
| 65 – 5 – 3 | | | | | |
| 14 – 4 – 4 | | | | | |
| 92 – 2 – 6 | | | | | |
| 56 – 6 – 3 | | | | | |
| 37 – 7 – 1 | | | | | |
| 74 – 4 – 5 | | | | | |
| 63 – 3 – 4 | | | | | |
| 82 – 2 – 7 | | | | | |
| 41 – 1 – 8 | | | | | |
| | | | | | **Summen** |

**Aufgabenbezogenes Lösungsverhalten:**

| | x✍ | | | |
|---|---|---|---|---|
| **Das Kind ...** | **a)** bei (fast) **allen** Auf-gaben | **b)** bei **einem Teil** der Aufgaben | **c)** bei (fast) **keiner** Aufgabe | **Bemerkungen** |
| löst die Subtraktion von ZE – E (= Z0) – E spontan richtig.[42] | | | | |
| kann sich die Rechen-aufgabe nicht merken. | | | | |
| geht die Aufgabenstellung nicht an. | | | | |

---

[42] ZE: gemischte Zahl aus Zehnern und Einern, wie z. B. 38; Z0: Zehnerzahl, wie z. B. 40; E: Einer.

# 4.4 Aktiver Zehnerübergang

## 4.4.1 Aktiver additiver Zehnerübergang

### 4.4.1.1 Lösung schriftlich

**Anweisung:**
Legen Sie dem Kind das Material zu 4.4.1.1 vor und fragen Sie: *„Kannst du diese Rechenaufgaben (aus-)rechnen? Du kannst dazu Zahlen und Zahlensätze aufschreiben, so viel du möchtest und wie du möchtest.“*
Fragen Sie das Kind nach dem Lösen der Aufgabe a), d), e), f) und nach jeder falsch gelösten Aufgabe: *„Kannst du mir beschreiben, was du beim Rechnen dieser Aufgabe im Kopf gedacht hast?“*

**Auswertung:**

| | ✍ | x✍ | | |
|---|---|---|---|---|
| **Zahlensatz** | **vom Kind notiertes Rechenverfahren und Ergebnis** | **richtig** | **falsch** | **nicht bearbeitet** |
| a) 45 + 7 | | | | |
| b) 78 + 6 | | | | |
| c) 54 + 8 | | | | |
| d) 26 + 9 | | | | |
| e) 47 + 25 | | | | |
| f) 34 + 19 | | | | |
| | **Summe** | | | |

**Bemerkungen:**
(Tragen Sie hier die Beschreibung des Kindes und Ihre Beobachtungen ein):

a) 45 + 7

b) 78 + 6

c) 54 + 8

| |
|---|
| d) $26 + 9$ |
| e) $47 + 25$ |
| f) $34 + 19$ |

**Aufgabenbezogenes Lösungsverhalten:**

| | x✍ | | | |
|---|---|---|---|---|
| **Das Kind ...** | **a)** bei (fast) **allen** Aufgaben | **b)** bei **einem Teil** der Aufgaben | **c)** bei (fast) **keiner** Aufgabe | **Bemerkungen** |
| löst die Addition mit Zehnerübergang richtig. | | | | |
| geht die Aufgabenstellung nicht an. | | | | |

| **Das Kind**<br>benutzt zum Lösen der Additionsaufgaben mit Zehnerübergang ... | x✍ | **Bemerkungen** |
|---|---|---|
| a) ein im Mathematikunterricht übliches Verfahren zum Zehnerübergang. | | |
| b) ein eigenes Lösungsverfahren zum Zehnerübergang (gegebenenfalls welches?). | | |
| c) Anschauungsmittel (z. B. Zeichnung, Zehnerstreifen und Einer). | | |
| d) eine Zählstrategie (z. B. Draufzählen). | | |

**Material zu 4.4.1.1 – Additiver Zehnerübergang**

| | |
|---|---|
| a) | **45 + 7 =** |
| b) | **78 + 6 =** |
| c) | **54 + 8 =** |
| d) | **26 + 9 =** |
| e) | **47 + 25 =** |
| f) | **34 + 19 =** |

### 4.4.1.2 Lösung durch Kopfrechnen

**Anweisung:**

*„Ich sage dir jetzt Rechenaufgaben wie z. B.: 38 + 5. Du sagst nur das Ergebnis dazu, also 43.“*

Stellen Sie dem Kind nach den Angaben in der Auswertungstabelle weitere solche Aufgaben. Notieren Sie die Antworten des Kindes in der Auswertungstabelle.

**Auswertung:**

Beobachten Sie das Kind während seiner Arbeit auch daraufhin, welche Aufgaben es **besonders zügig*** lösen kann bzw. bei welchen es **besonders lange°** braucht, z. B. weil es abzählt. Vermerken Sie dies in der Auswertungstabelle.

| | ✍ | x✍ | | | x✍ | | |
|---|---|---|---|---|---|---|---|
| **Zahlensatz** | **vom Kind benannte Summe** | **richtig** | **falsch** | **nicht bearbeitet** | **besonders zügig*** | **besonders lange°** | **Bemerkungen** |
| 26 + 8 | | | | | | | |
| 14 + 9 | | | | | | | |
| 35 + 7 | | | | | | | |
| 63 + 8 | | | | | | | |
| 57 + 6 | | | | | | | |
| 48 + 15 | | | | | | | |
| 24 + 37 | | | | | | | |
| | | | | | | | **Summen** |

**Aufgabenbezogenes Lösungsverhalten:**

| | x✍ | | | |
|---|---|---|---|---|
| **Das Kind ...** | **a)** bei (fast) **allen** Aufgaben | **b)** bei **einem Teil** der Aufgaben | **c)** bei (fast) **keiner** Aufgabe | **Bemerkungen** |
| benennt das Ergebnis der Addition mit Zehnerübergang spontan richtig. | | | | |
| benennt das Ergebnis der Addition mit Zehnerübergang nach längerem Nachdenken richtig. | | | | |
| geht die Aufgabenstellung nicht an. | | | | |

### 4.4.2 Aktiver subtraktiver Zehnerübergang

#### 4.4.2.1 Lösung schriftlich

**Anweisung:**
Legen Sie dem Kind das Material zu 4.4.2.1 (Seite 133) vor und fragen Sie:
*„Kannst du diese Rechenaufgaben (aus-)rechnen? Du kannst dazu Zahlen und Zahlensätze aufschreiben, so viel du möchtest und wie du möchtest.“*

Fragen Sie das Kind nach dem Lösen der Aufgabe a), d), e), f) und nach jeder falsch gelösten Aufgabe: *„Kannst du mir beschreiben, was du beim Rechnen dieser Aufgabe im Kopf gedacht hast?“*

**Auswertung:**

| | ✍ | x✍ | | |
|---|---|---|---|---|
| **Zahlensatz** | **vom Kind notiertes Rechenverfahren und Ergebnis** | **richtig** | **falsch** | **nicht bearbeitet** |
| a) 45 – 8 | | | | |
| b) 63 – 7 | | | | |
| c) 54 – 6 | | | | |
| d) 26 – 9 | | | | |
| e) 82 – 34 | | | | |
| f) 65 – 48 | | | | |
| | **Summen** | | | |

**Bemerkungen:**
(Tragen Sie hier die Beschreibung des Kindes und Ihre Beobachtungen ein):

a) 45 – 8

b) 63 – 7

c) 54 – 6

d) 26 – 9

e) 82 – 34

f) 65 – 48

**Aufgabenbezogenes Lösungsverhalten:**

| | x✍ | | | |
|---|---|---|---|---|
| **Das Kind ...** | **a)** bei (fast) **allen** Aufgaben | **b)** bei **einem Teil** der Aufgaben | **c)** bei (fast) **keiner** Aufgabe | **Bemerkungen** |
| löst die Subtraktion mit Zehnerübergang richtig. | | | | |
| geht die Aufgabenstellung nicht an. | | | | |

| **Das Kind** benutzt zum Lösen der Subtraktionsaufgaben ... | x✍ | **Bemerkungen** |
|---|---|---|
| a) ein im Mathematikunterricht übliches Verfahren zum Zehnerübergang. | | |
| b) ein eigenes Lösungsverfahren zum Zehnerübergang (gegebenenfalls welches?). | | |
| c) Anschauungsmittel (z. B. Zeichnung, Zehnerstreifen und Einer). | | |

**Material zu 4.4.2.1 – Subtraktiver Zehnerübergang**

| | |
|---|---|
| a) | **45 – 8 =** |
| b) | **63 – 7 =** |
| c) | **54 – 6 =** |
| d) | **26 – 9 =** |
| e) | **82 – 34 =** |
| f) | **65 – 48 =** |

### 4.4.2.2 Lösung durch Kopfrechnen

**Anweisung:**
*Ich sage dir jetzt Rechenaufgaben wie z. B.:* ***35 – 8****. Du sagst nur das Ergebnis dazu, also* ***27****.*

Stellen Sie dem Kind nach den Angaben in der Auswertungstabelle weitere solche Aufgaben. Notieren Sie die Antworten des Kindes in der Auswertungstabelle.

**Auswertung:**
Beobachten Sie das Kind während seiner Arbeit auch daraufhin, welche Aufgaben es **besonders zügig*** lösen kann bzw. bei welchen es **besonders lange°** braucht, z. B. weil es abzählt. Vermerken Sie dies in der Auswertungstabelle.

| | ✍ | x✍ | | | x✍ | | |
|---|---|---|---|---|---|---|---|
| **Zahlensatz** | **vom Kind benannte Differenz** | **richtig** | **falsch** | **nicht bear-beitet** | **besonders zügig*** | **besonders lange°** | **Bemerkungen** |
| 26 – 8 | | | | | | | |
| 14 – 9 | | | | | | | |
| 31 – 7 | | | | | | | |
| 95 – 8 | | | | | | | |
| 56 – 7 | | | | | | | |
| 45 – 16 | | | | | | | |
| 84 – 39 | | | | | | | |
| | | | | | | | **Summen** |

**Aufgabenbezogenes Lösungsverhalten:**

| | x✍ | | | |
|---|---|---|---|---|
| **Das Kind ...** | **a)** bei (fast) **allen** Auf-gaben | **b)** bei **einem Teil** der Aufgaben | **c)** bei (fast) **keiner** Aufgabe | **Bemerkungen** |
| benennt das Ergebnis der Subtrak-tion mit Zehnerübergang spontan richtig. | | | | |
| benennt das Ergebnis der Subtrak-tion mit Zehnerübergang nach längerem Nachdenken richtig. | | | | |
| geht die Aufgabenstellung nicht an. | | | | |

# 5 Grundrechenarten: Multiplikation und Division (einschließlich ihrer Vorstufen)

# 5 Grundrechenarten: Multiplikation und Division (einschließlich ihrer Vorstufen)

## 5.1 Verdoppeln

Das Verdoppeln stellt wie das Halbieren eine mathematische Grundfertigkeit dar, gehört aber genauso in das Kapitel Lösungsstrategien/Ableitungsstrategien. Besonders im Zahlenraum bis 20 lassen sich viele Rechenaufgaben auf Verdoppelungs- und Halbierungsbeziehungen zurückführen: ($3 + 4 = 2 \cdot 3 + 1 = 7$ oder $10 - 6 = 10 - 5 - 1 = 4$ oder $7 + 8 = 2 \cdot 7 + 1 = 15$, aber auch: $29 + 29 = 2 \cdot 30 - 2$) und ermöglichen ein zeitsparendes Lösen der Aufgaben, welches besonders beim Kopfrechnen große Vorteile bringt.
Vielfältige Verdoppelungs- und Halbierungsbeziehungen lassen sich ebenso beim Aufbau des Einmaleins aufzeigen (z. B. $2 \cdot 8 = 16 \rightarrow 4 \cdot 8 = 2 \cdot 8 + 2 \cdot 8 = 32 \rightarrow 8 \cdot 8 = 4 \cdot 8 + 4 \cdot 8 = 64$ oder $5 \cdot 6$ ist die Hälfte von $10 \cdot 6$). Sie sind sehr hilfreich beim Automatisieren der Einmaleinsaufgaben und entlasten das Gedächtnis.

### 5.1.1 Verdoppeln von Objekten

**Anweisung:**
Sie benötigen:
a) Wollfäden unterschiedlicher Länge: 2-mal 15 cm, 1-mal 30 cm, 1-mal 10 cm und 1-mal 20 cm;
b) Papier (oder Pappe) unterschiedlicher Größe: 2 Blatt DIN A5, 1 Blatt DIN A4, 1 Blatt kleiner als DIN A4, 1 Blatt zwischen DIN A5 und DIN A4;

Legen Sie dem Kind die verschieden langen Wollfäden vor. Reichen Sie dem Kind einen der Wollfäden von 15 cm Länge und fordern Sie das Kind auf: *„Probiere aus, welcher Wollfaden doppelt so groß ist wie dieser.“*

Legen Sie dem Kind die verschieden großen Blätter Papier vor. Reichen Sie dem Kind eines der Blätter Papier in DIN A5 und fordern Sie das Kind auf: *„Probiere aus, welches Blatt (Papier) doppelt so groß ist wie dieses.“*

**Auswertung:**

| | | x✍ | | |
|---|---|---|---|---|
| **Kind** wählt das doppelt große Objekt bei den ... | **richtig** | **falsch** | **nicht bearbeitet** | **Bemerkungen** |
| a) Wollfäden | | | | |
| b) Papieren | | | | |
| | | | | **Summen** |

**Aufgabenbezogenes Lösungsverhalten:**

| | x✍ | | | |
|---|---|---|---|---|
| **Das Kind verdoppelt**, indem es ... | **a)** bei **beiden** Aufgaben | **b)** bei **einer** Aufgabe | **c)** bei **keiner** Aufgabe | **Bemerkungen** |
| auf Anhieb das richtige Objekt zuordnet. | | | | |
| es 2 gleich große Objekte aneinanderlegt und danach das doppelt so große Objekt auswählt. | | | | |
| ein größeres Objekt auswählt und dann das zu verdoppelnde Objekt zweimal darauf abträgt. | | | | |
| benutzt andere zum Ziel führende Lösungsstrategien (ggf. welche?). | | | | |
| benutzt keine zum Ziel führenden Lösungsstrategien. | | | | |
| geht die Aufgabenstellung nicht an. | | | | |

## 5.1.2 Verdoppeln von Mengen mit konkretem Material

### 5.1.2.1 Im Zahlenraum bis 10

**Anweisung:**
Sie benötigen blaue Steckperlen.

Stecken Sie für das Kind jeweils die Perlen nach den Angaben in der Auswertungstabelle zu einer Kette zusammen.

Kommentieren und demonstrieren Sie: *„Hier ist eine Kette mit **2 Perlen**. Ich **verdoppele** sie, indem ich noch eine Kette mit **genauso vielen Perlen dazustecke**. Wie viele Perlen hat nun die doppelt so große Kette?*

*Die verdoppelte Kette hat 4 Perlen.*

*Kannst du nun die nächste Kette **verdoppeln** und dann sagen, wie viele Perlen es dann sind?"*

**Auswertung:**

| | x✍ | ✍ | x✍ | | | |
|---|---|---|---|---|---|---|
| **Kette mit ... Perlen** | **vom Kind richtig verdoppelt** | **vom Kind benannte Anzahl der Perlen der verdoppelten Kette** | **richtig** | **falsch** | **nicht bear-beitet** | **Bemerkungen** |
| 2 | | | | | | |
| 5 | | | | | | |
| 3 | | | | | | |
| 1 | | | | | | |
| 4 | | | | | | |
| | | | | | | **Summen** |

Zur Ermittlung des aufgabenbezogenen Lösungsverhaltens können Sie das Raster auf Seite 141 verwenden.

### 5.1.2.2 Im Zahlenraum bis 20

**Anweisung:**
Sie benötigen blaue Steckperlen.
Kommentieren Sie: „*Hier ist eine Kette mit **7 Perlen**. Ich **verdoppele** sie, indem ich noch eine Kette mit **genauso vielen Perlen dazustecke**. Um leichter festzustellen, wie viele Perlen es jetzt sind, trenne ich bei 10 Perlen ab. So kann ich schnell sehen, dass es 14 sind.*
*Kannst du nun verdoppeln und dann sagen, wie viele Perlen es sind?*“

**Auswertung:**

| | x✍ | ✍ | x✍ | | | |
|---|---|---|---|---|---|---|
| **Kette mit ... Perlen** | **vom Kind richtig verdoppelt** | **vom Kind benannte Anzahl der Perlen der verdoppelten Kette** | **richtig** | **falsch** | **nicht bear-beitet** | **Bemerkungen** |
| 7 | | | | | | |
| 6 | | | | | | |
| 9 | | | | | | |
| 10 | | | | | | |
| 8 | | | | | | |
| | | | | | | **Summen** |

Zur Ermittlung des aufgabenbezogenen Lösungsverhaltens können Sie das Raster auf Seite 141 verwenden.

### 5.1.2.3 Im Zahlenraum bis 100

**Anweisung:**
Sie benötigen rote Steckperlen für Zehnerketten und blaue Steckperlen für Einerketten.
Kommentieren und demonstrieren Sie: „*Hier sind **24 Perlen als 2 Zehnerketten** und **eine Viererkette** gelegt. Ich **verdoppele** sie, indem ich genauso viele Perlen dazulege, nämlich noch einmal genauso viele Zehnerketten und dann noch eine Viererkette. Ich sehe, dass das Doppelte von 24 Perlen 48 Perlen sind. Kannst du nun verdoppeln und dann sagen, wie viele Perlen es sind?*“

**Auswertung:**

| | x✍ | ✍ | x✍ | | | |
|---|---|---|---|---|---|---|
| **Menge** | **vom Kind richtig verdoppelt** | **vom Kind benannte Anzahl der Perlen der verdoppelten Menge** | **richtig** | **falsch** | **nicht bear-beitet** | **Bemerkungen** |
| 24 | | | | | | |
| 32 | | | | | | |
| 45 | | | | | | |
| 16 | | | | | | |
| 37 | | | | | | |
| 20 | | | | | | |
| 50 | | | | | | |
| | | | | | | **Summen** |

**Aufgabenbezogenes Lösungsverhalten (im Zahlenraum 10, 20 und 100):**

| | x✍ | | | |
|---|---|---|---|---|
| **Das Kind ...** | **a)** bei (fast) **allen** Auf-gaben | **b)** bei **einem Teil** der Aufgaben | **c)** bei (fast) **keiner** Aufgabe | **Bemerkungen** |
| verdoppelt die Perlenmengen im Zahlenraum bis 10 richtig. | | | | |
| benennt auch die Anzahl der verdoppelten Menge im Zahlenraum bis 10 richtig. | | | | |
| geht die Aufgabenstellung im Zahlenraum bis 10 nicht an. | | | | |
| verdoppelt die Perlenmengen im Zahlenraum bis 20 richtig. | | | | |
| benennt auch die Anzahl der verdoppelten Menge im Zahlenraum bis 20 richtig. | | | | |
| geht die Aufgabenstellung im Zahlenraum bis 20 nicht an. | | | | |
| verdoppelt die Perlenmengen im Zahlenraum bis 100 richtig. | | | | |
| benennt auch die Anzahl der verdoppelten Menge im Zahlenraum bis 100 richtig. | | | | |
| geht die Aufgabenstellung im Zahlenraum bis 100 nicht an. | | | | |

### 5.1.3 Verdoppeln von zeichnerisch dargestellten geordneten Mengen

Mit dieser Aufgabenstellung soll ermittelt werden, ob ein Kind zeichnerisch verdoppeln und die Anzahlen der Verdoppelung erfassen kann, wenn es Formalien und Symbole (z. B. Rechenzeichen) nicht berücksichtigen muss.

#### 5.1.3.1 Im Zahlenraum bis 10

**Anweisung:**
Sie benötigen das Material zu 5.1.3.1 sowie einen roten Stift.
Zeigen Sie auf das erste Beispiel (Material zu 5.1.3.1). Demonstrieren und kommentieren Sie dazu an Beispiel a): *„Hier sind 3 Perlen gezeichnet. Ich möchte wissen, wie viel das Doppelte (davon) ist. Ich zeichne noch einmal genauso viele Perlen dazu* (Zeichnen Sie so wie bei Abb. 1) *und sehe dann die doppelte Menge Perlen.* ***Das Doppelte*** *von* ***3*** *Perlen sind also* ***6*** *Perlen."*

**Abb.1**

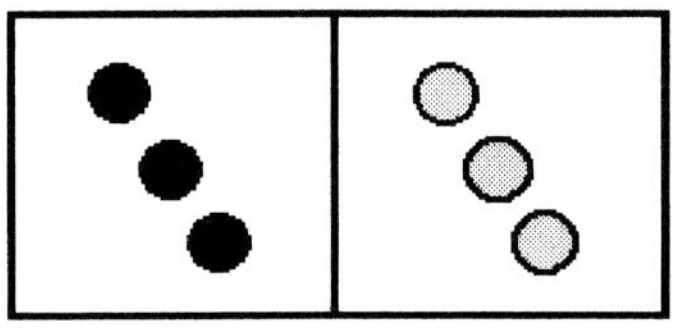

*„Kannst du nun die Menge von 2 (5, 1, 4) Perlen durch Zeichnen verdoppeln und dann sagen, wie viel das Doppelte von 2 (5, 1, 4) ist?"*

**Auswertung:**

| | x✍ | ✍ | x✍ | | | |
|---|---|---|---|---|---|---|
| **Ausgangsmenge** | **vom Kind zeichnerisch richtig verdoppelt** | **Vom Kind benannte Anzahl der verdoppelten Menge** | **richtig** | **falsch** | **nicht bearbeitet** | **Bemerkungen** |
| 3 | | | | | | |
| 2 | | | | | | |
| 5 | | | | | | |
| 1 | | | | | | |
| 4 | | | | | | |
| | | | | | | **Summen** |

**Aufgabenbezogenes Lösungsverhalten:**

| | x✍ | | | |
|---|---|---|---|---|
| **Das Kind ...** | **a)** bei (fast) **allen** Aufgaben | **b)** bei **einem Teil** der Aufgaben | **c)** bei (fast) **keiner** Aufgabe | **Bemerkungen** |
| verdoppelt im Zahlenraum bis 10 die Menge zeichnerisch richtig. | | | | |
| benennt auch die Anzahl der verdoppelten Menge im ZR bis 10 richtig. | | | | |
| geht die Aufgabenstellung nicht an. | | | | |

**Material zu 5.1.3.1 – Verdoppeln im Zahlenraum bis 10**

a) Beispiel:

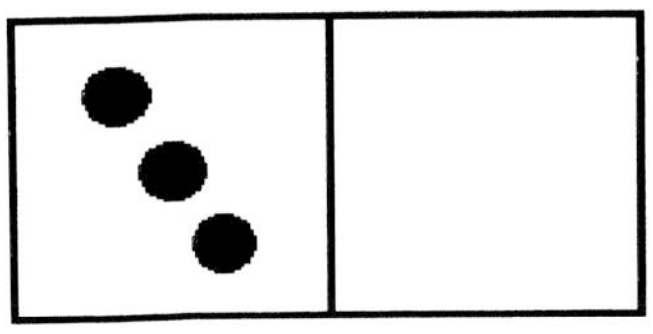

b)

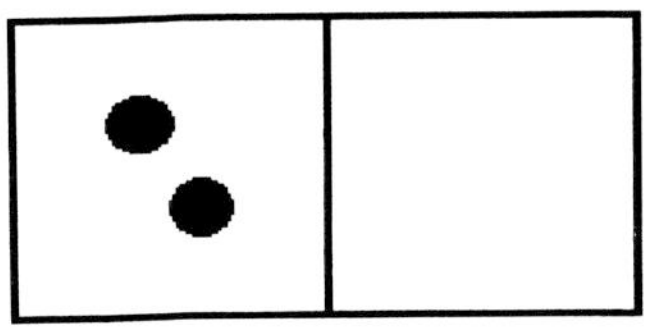

c)

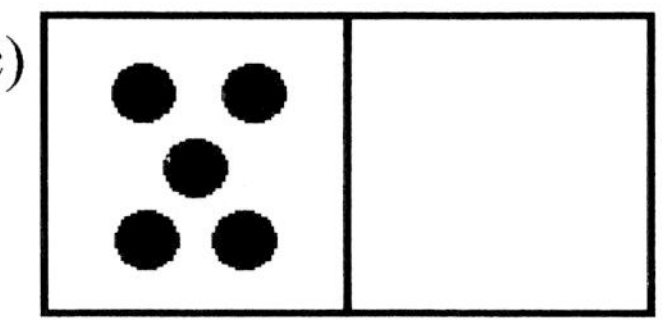

d)

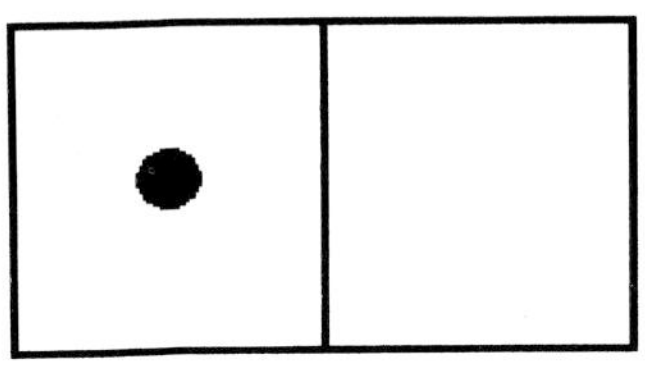

e)

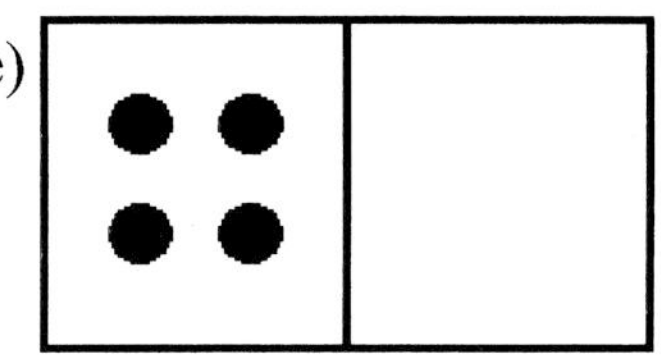

**Material zu 5.1.3.2 – Verdoppeln im Zahlenraum bis 20**

a) Beispiel:

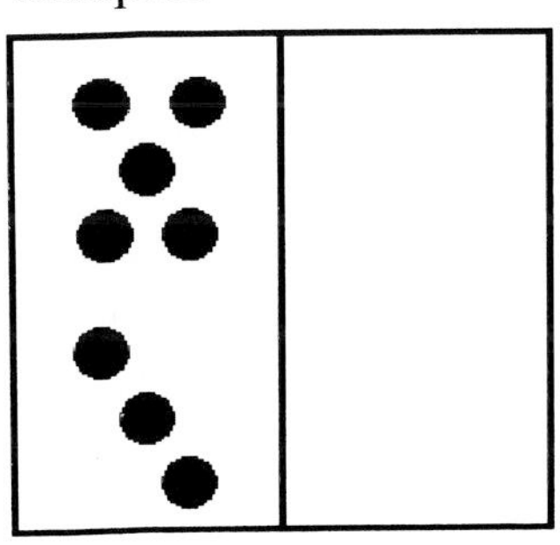

b)

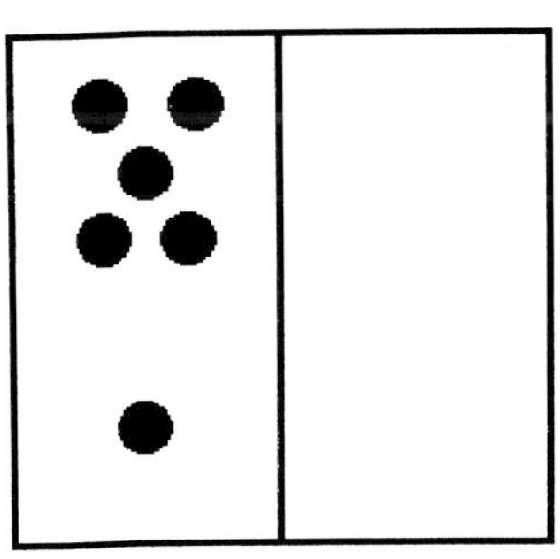

c)

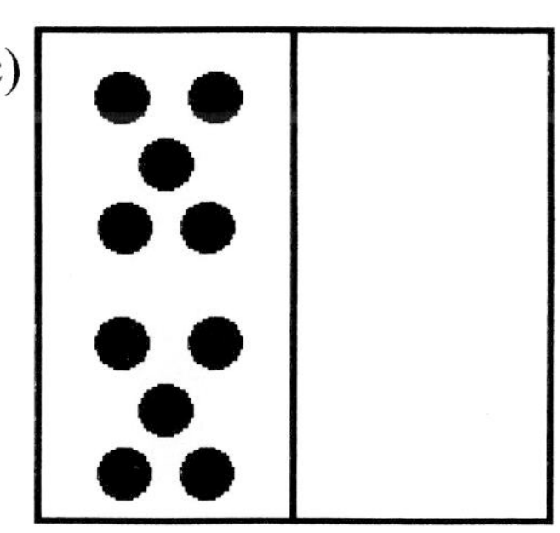

d)

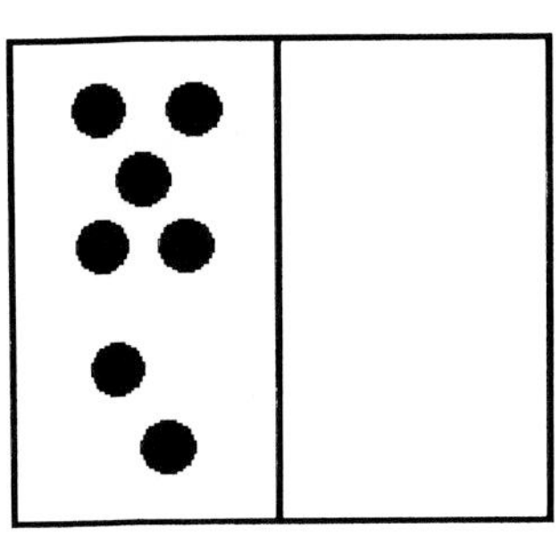

e)

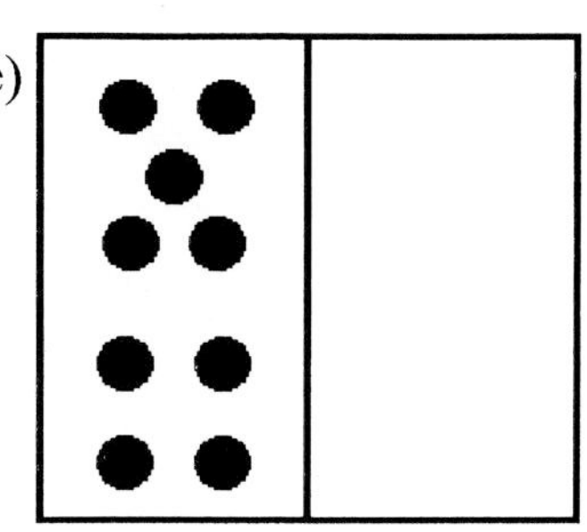

### 5.1.3.2 Im Zahlenraum bis 20

**Anweisung:**

Zeigen Sie auf das erste Beispiel (Material zu 5.1.3.2). Demonstrieren und kommentieren Sie dazu an Beispiel a):

*„Hier sind 8 Perlen gezeichnet. Ich möchte wissen, wie viel das Doppelte davon ist. Ich zeichne noch einmal genauso viele Perlen dazu* (Zeichnen Sie so wie bei Abb. 2) *und sehe dann die doppelte Menge Perlen.* ***Das Doppelte*** *von* ***8*** *Perlen sind also* ***16*** *Perlen.“*

**Abb. 2**

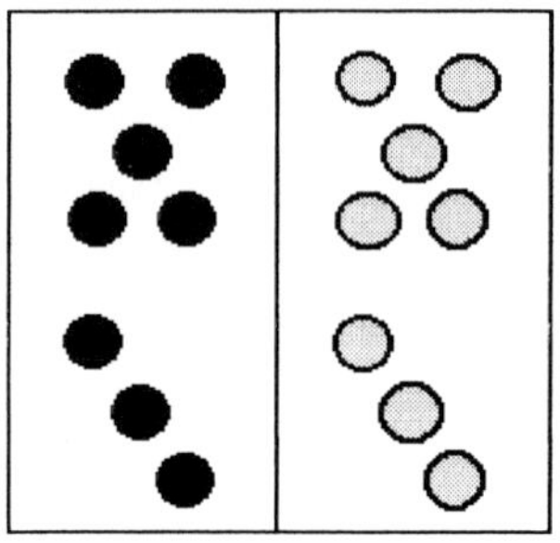

*„Kannst du nun die Menge von 6 (10, 7, 9) Perlen durch Zeichnen verdoppeln und dann sagen, wie viel das Doppelte von 6 (10, 7, 9) ist?“*

**Auswertung:**

| | x✍ | ✍ | x✍ | | | |
|---|---|---|---|---|---|---|
| **Ausgangsmenge** | **vom Kind zeichnerisch richtig verdoppelt** | **vom Kind benannte Anzahl der verdoppelten Menge** | **richtig** | **falsch** | **nicht bearbeitet** | **Bemerkungen** |
| 8 | | | | | | |
| 6 | | | | | | |
| 10 | | | | | | |
| 7 | | | | | | |
| 9 | | | | | | |
| | | | | | | **Summen** |

**Aufgabenbezogenes Lösungsverhalten:**

| | x✍ | | | |
|---|---|---|---|---|
| **Das Kind ...** | **a)** bei (fast) **allen** Aufgaben | **b)** bei **einem Teil** der Aufgaben | **c)** bei (fast) **keiner** Aufgabe | **Bemerkungen** |
| verdoppelt im Zahlenraum bis 20 die Menge zeichnerisch richtig. | | | | |
| benennt auch die Anzahl der verdoppelten Menge im Zahlenraum bis 20 richtig. | | | | |
| geht die Aufgabenstellung nicht an. | | | | |

### 5.1.3.3 Im Zahlenraum bis 100

**Anweisung:**
Zeigen Sie auf das erste Beispiel (Material zu 5.1.3.3, siehe folgende Seite) Demonstrieren und kommentieren Sie an Beispiel a):
*„Hier sind 23 Perlen gezeichnet* (siehe Abb.1). *Ich möchte wissen, wie viel das Doppelte (davon) ist. Ich zeichne noch einmal genauso viele Perlen dazu, zuerst genauso viele Zehnerreihen, dann genauso viele Einer.* (Zeichnen Sie so weiter wie bei Abb. 2.) *Ich sehe dann die doppelte Menge Perlen. Das **Doppelte von 23** Perlen sind also **46** Perlen.“*

**Abb. 1**

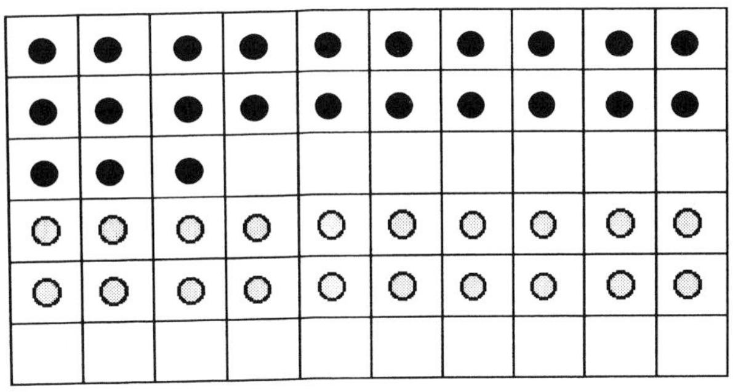

**Abb. 2**

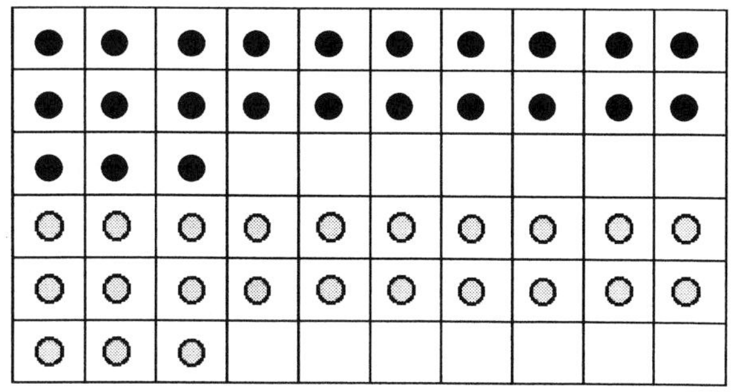

*„Kannst **du** nun die Menge von 14 (35, 19, 26, 40) Perlen **durch Zeichnen verdoppeln** und dann sagen, wie viel das **Doppelte von 14 (35, 19, 26, 40)** ist?“*

**Auswertung:**

| | x✍ | ✍ | x✍ | | | |
|---|---|---|---|---|---|---|
| **Ausgangsmenge** | **vom Kind zeichnerisch richtig verdoppelt** | **vom Kind benannte Anzahl der verdoppelten Menge** | **richtig** | **falsch** | **nicht bearbeitet** | **Bemerkungen** |
| 23 | | | | | | |
| 14 | | | | | | |
| 35 | | | | | | |
| 19 | | | | | | |
| 26 | | | | | | |
| 40 | | | | | | |
| | | | | | | **Summen** |

**Aufgabenbezogenes Lösungsverhalten:**

| | x✍ | | | |
|---|---|---|---|---|
| **Das Kind ...** | **a)** bei (fast) **allen** Aufgaben | **b)** bei **einem Teil** der Aufgaben | **c)** bei (fast) **keiner** Aufgabe | **Bemerkungen** |
| verdoppelt im Zahlenraum bis 20 die Menge zeichnerisch richtig. | | | | |
| benennt auch die Anzahl der verdoppelten Menge im Zahlenraum bis 20 richtig. | | | | |
| geht die Aufgabenstellung nicht an. | | | | |

**Material zu 5.1.3.3 – Verdoppeln im Zahlenraum bis 100**

Beispiel:

a) 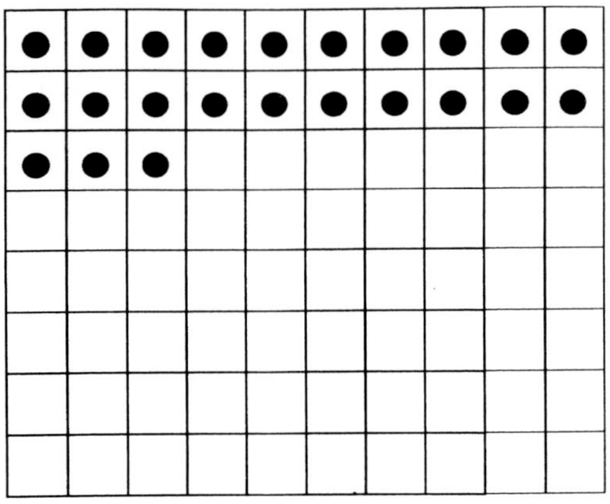

b) 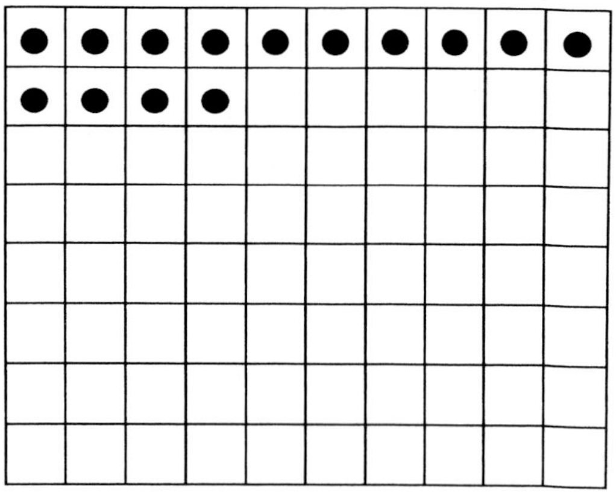

c) 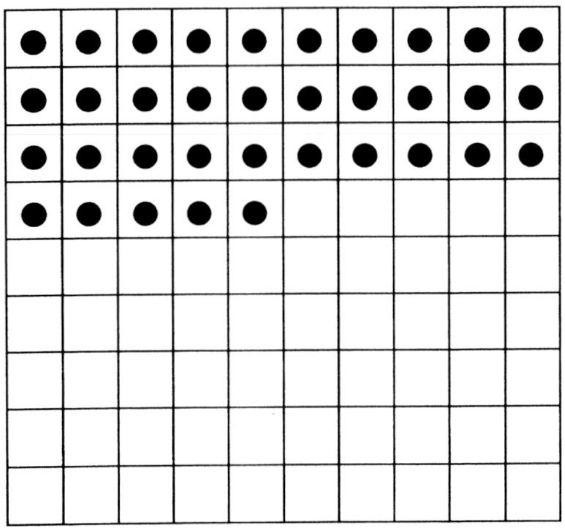

d) 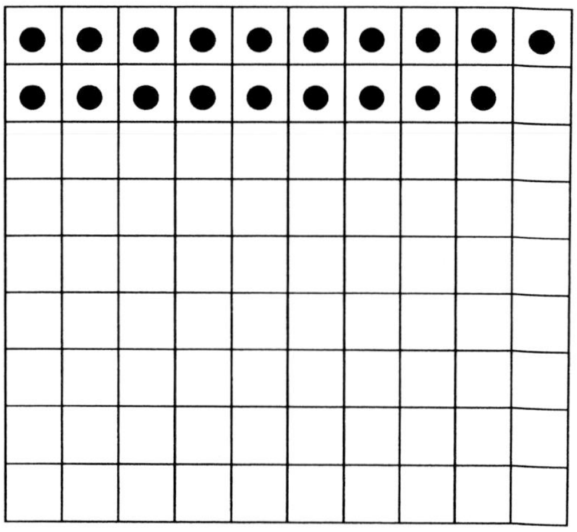

e) 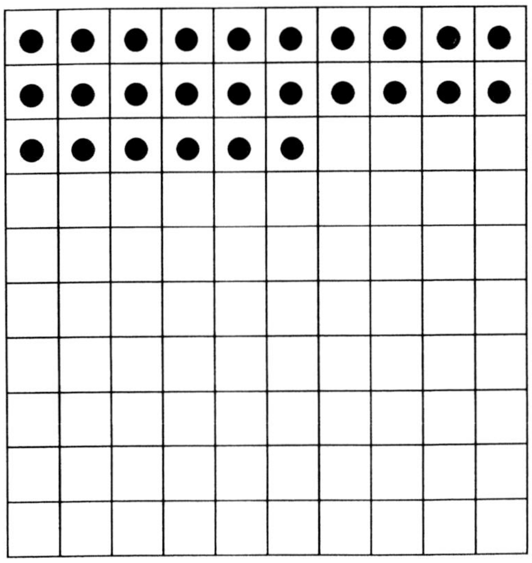

f) 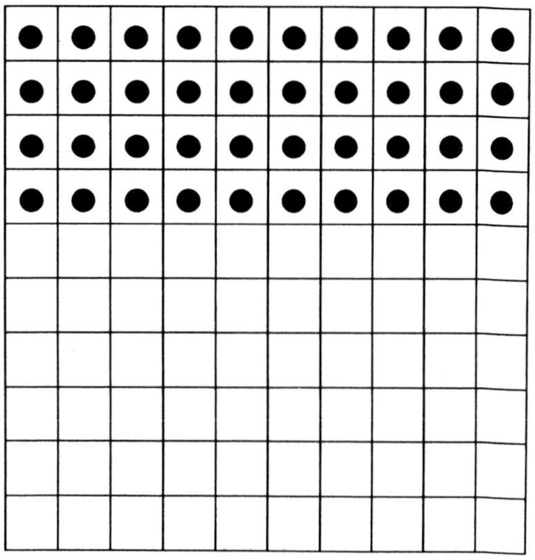

## 5.1.4 „Textaufgaben“: Verdoppeln von Mengen in Rechengeschichten

### 5.1.4.1 Lösung mit Hilfe von Materialien als Repräsentanten

**Anweisung:**
Sie benötigen Rechenmaterial wie z. B. Plättchen, Perlen, Klötzchen, die das Kind als Repräsentanten benutzen soll.
*„Ich erzähle jetzt eine Rechengeschichte. Zu der (An-)Zahl, die in dieser Rechengeschichte vorkommt, lege ich Plättchen, damit ich mir die Zahl besser merken kann und auch besser verdoppeln kann.“*

a) Zur Demonstration: *„Jessica hat 2 Katzen.“* (Legen Sie 2 Plättchen in eine Reihe.) *„Mona hat doppelt so viele Katzen.“* (Legen Sie noch einmal 2 Plättchen in eine Reihe darunter.)
*„Wie viele Katzen hat Mona also?“* (Zeigen Sie auf die Plättchen.): *„Mona hat 4 Katzen.“*

*„Kannst du jetzt zu den Rechengeschichten, die ich dir zweimal erzählen werde, Plättchen legen und mit den Plättchen verdoppeln?“*

**Weitere Rechengeschichten:**
b) *„Moritz hat 5 Bonbons. Sein Freund hat doppelt so viele. Wie viele Bonbons hat sein Freund also?“*
c) *„4 Vögel sitzen auf einem Baum. Auf dem Dach sitzen doppelt so viele Vögel. Wie viele Vögel sind es, die auf dem Dach sitzen?“*
d) *„3 Kinder sitzen auf den Schaukeln des Spielplatzes. Auf dem Klettergerüst sind doppelt so viele Kinder. Wie viele Kinder sind also auf dem Klettergerüst?“*

**Auswertung:**

| | x✍ | ✍ | x✍ | | | |
|---|---|---|---|---|---|---|
| **Ausgangsmenge in der Rechengeschichte** | **Plättchen vom Kind richtig gelegte und verdoppelt** | **vom Kind benannte Anzahl der doppelten Menge** | **richtig** | **falsch** | **nicht bearbeitet** | **Bemerkungen** |
| a) 2 Katzen | | | | | | zur Demonstration |
| b) 5 Bonbons | | | | | | |
| c) 4 Vögel | | | | | | |
| d) 3 Kinder | | | | | | |
| | | | | | | **Summen** |

**Aufgabenbezogenes Lösungsverhalten:**

| | x✍ | | | |
|---|---|---|---|---|
| **Das Kind ...** | **a)** bei (fast) **allen** Aufgaben | **b)** bei **einem Teil** der Aufgaben | **c)** bei (fast) **keiner** Aufgabe | **Bemerkungen** |
| verdoppelt mit der Plättchenmenge richtig. | | | | |
| benennt die Anzahl der Verdoppelungsmenge richtig. | | | | |
| geht die Aufgabenstellung nicht an. | | | | |

### 5.1.4.2 Lösung vorstellend/sprachlich

**Anweisung:**
*„Ich erzähle jetzt noch mehr* ***Rechengeschichten****. Du machst dir dazu Bilder in deinem Kopf. Dann sagst du das Ergebnis. Also: ...“*

a) *Anja hat 4 Filzstifte. Ihre Freundin hat doppelt so viele. Wie viele Stifte hat die Freundin?*

b) Am Vormittag *sind 5 Kinder auf dem Spielplatz. Am Nachmittag sind dort doppelt so viele Kinder. Wie viele Kinder sind also am Nachmittag auf dem Spielplatz?*

c) *Frau Lorenz braucht für einen Kuchen 2 Eier. Frau Lorenz schaut im Kühlschrank nach und sieht, dass dort doppelt so viele Eier sind. Wie viele Eier sind im Kühlschrank?*

d) *Auf einem Teller liegen 3 Äpfel. Auf einem anderen Teller liegen doppelt so viele Birnen. Wie viele Birnen sind es?*

**Auswertung:**

| | ✍ | x✍ | | | |
|---|---|---|---|---|---|
| **Ausgangsmengen in den Rechengeschichten** | **vom Kind benannte Anzahl der verdoppelten Menge** | **richtig** | **falsch** | **weiß nicht** | **Bemerkungen** |
| a) 4 Stifte | | | | | |
| b) 5 Kinder | | | | | |
| c) 2 Eier | | | | | |
| d) 3 Äpfel | | | | | |
| | | | | | **Summen** |

**Aufgabenbezogenes Lösungsverhalten:**

| | x✍ | | | |
|---|---|---|---|---|
| **Das Kind ...** | **a)** bei (fast) **allen** Aufgaben | **b)** bei **einem Teil** der Aufgaben | **c)** bei (fast) **keiner** Aufgabe | **Bemerkungen** |
| benennt die Anzahl der verdoppelten Menge spontan richtig. | | | | |
| benennt die Anzahl der verdoppelten Menge nach längerem Nachdenken richtig. | | | | |
| benennt die Anzahl der verdoppelten Menge nach vorherigem Abzählen (z. B. mit den Fingern) richtig. | | | | |
| geht die Aufgabenstellung nicht an. | | | | |

## 5.1.5 Verdoppeln in der Vorstellung durch Kopfrechnen

### 5.1.5.1 Im Zahlenraum bis 10

**Anweisung:**
*„Stell dir vor, du hast* ***2 Perlen****. Du möchtest* ***doppelt so viele****. Wie viele Perlen sind das?"*
Stellen Sie dem Kind nach den Angaben in der Auswertungstabelle weitere solche Aufgaben.

**Auswertung:**

| | ✍ | x✍ | | | |
|---|---|---|---|---|---|
| **Aus-gangs-menge** | **vom Kind benannte Anzahl der doppelten Menge** | **richtig** | **falsch** | **weiß nicht** | **Bemerkungen** |
| 2 | | | | | |
| 5 | | | | | |
| 3 | | | | | |
| 1 | | | | | |
| 4 | | | | | |
| | | | | | **Summen** |

### 5.1.5.2 Im Zahlenraum bis 20

**Anweisung:**
*„Stell dir vor, du hast* ***6 Perlen****. Du möchtest* ***doppelt so viele****. Wie viele Perlen sind das?"*
Stellen Sie dem Kind nach den Angaben in der Auswertungstabelle weitere solche Aufgaben.

**Auswertung:**

| | ✍ | x✍ | | | |
|---|---|---|---|---|---|
| **Aus-gangs-menge** | **vom Kind be-nannte Anzahl der doppelten Menge** | **richtig** | **falsch** | **weiß nicht** | **Bemerkungen** |
| 6 | | | | | |
| 8 | | | | | |
| 10 | | | | | |
| 7 | | | | | |
| 9 | | | | | |
| | | | | | **Summen** |

### 5.1.5.3 Im Zahlenraum bis 100

**Anweisung:**
*„Stell dir vor, du hast* ***40 Perlen****. Du möchtest* ***doppelt so viele****. Wie viele Perlen sind das?"*
Stellen Sie dem Kind nach den Angaben in der Auswertungstabelle weitere solche Aufgaben.

**Auswertung:**

| | ✍ | x✍ | | | |
|---|---|---|---|---|---|
| **Ausgangs-menge** | **vom Kind benannte Anzahl der doppelten Menge** | **richtig** | **falsch** | **weiß nicht** | **Bemerkungen** |
| 40 | | | | | |
| 50 | | | | | |
| 30 | | | | | |
| 15 | | | | | |
| 35 | | | | | |
| 45 | | | | | |
| 25 | | | | | |
| 11 | | | | | |
| 32 | | | | | |
| 16 | | | | | |
| 28 | | | | | |
| | | | | | **Summen** |

**Aufgabenbezogenes Lösungsverhalten:**

| | x✍ | | | |
|---|---|---|---|---|
| **Das Kind ...** | **a)** bei (fast) **allen** Aufgaben | **b)** bei **einem Teil** der Aufgaben | **c)** bei (fast) **keiner** Aufgabe | **Bemer-kungen** |
| benennt die Anzahl der verdoppelten Menge im Zahlenraum bis 10 spontan richtig. | | | | |
| benennt die Anzahl der verdoppelten Menge im Zahlenraum bis 10 nach längerem Nachdenken richtig. | | | | |
| geht die Aufgabenstellung im Zahlenraum bis 10 nicht an. | | | | |
| benennt die Anzahl der verdoppelten Menge im Zahlenraum bis 20 spontan richtig. | | | | |
| benennt die Anzahl der verdoppelten Menge im Zahlenraum bis 20 nach längerem Nachdenken richtig. | | | | |
| geht die Aufgabenstellung im Zahlenraum bis 20 nicht an. | | | | |
| benennt die Anzahl der verdoppelten Menge im Zahlenraum bis 100 spontan richtig. | | | | |
| benennt die Anzahl der verdoppelten Menge im Zahlenraum bis 100 nach längerem Nachdenken richtig. | | | | |
| geht die Aufgabenstellung im Zahlenraum bis 100 nicht an. | | | | |

# 5.2 Halbieren

## 5.2.1 Halbieren von Objekten

**Anweisung:**
Sie benötigen als Material 1 Schere, 1 Wollfaden (ca. 25 cm lang), 1 Blatt Papier DIN A4 oder DIN A5, 1 Apfel und 1 Messer.
Legen Sie dem Kind nacheinander den Wollfaden, den Bogen Papier und den Apfel mit Messer vor. Fordern Sie das Kind auf: *„Halbiere den ... (z. B. Wollfaden). (Gegebenenfalls zerlege ihn in zwei gleich große Teile.) Zeige mir danach eine Hälfte."*

**Auswertung:**

| | x✍ | | | |
|---|---|---|---|---|
| **Kind** halbiert ... | **richtig** | **falsch** | **nicht bear-beitet** | **Bemerkungen** |
| Wollfaden | | | | |
| Papier | | | | |
| Apfel | | | | |
| | | | | **Summen** |

| | x✍ | | | |
|---|---|---|---|---|
| **Kind** zeigt eine Hälfte des ... | **richtig** | **falsch** | **nicht bear-beitet** | **Bemerkungen** |
| Wollfadens | | | | |
| Papiers | | | | |
| Apfels | | | | |
| | | | | **Summen** |

## 5.2.2 Halbieren von Mengen mit konkretem Material

### 5.2.2.1 Im Zahlenraum 2 bis 10

**Anweisung:**
Stecken Sie für das Kind jeweils die blauen Steckperlen für Einer nach den Angaben in der Auswertungstabelle zu einer Kette zusammen. Kommentieren und demonstrieren Sie:

*„Hier ist eine Kette mit **6 Perlen**. Ich halbiere sie! Ich bekomme zwei gleich große Teile. Wie viele Perlen hat eine Hälfte? Eine Hälfte hat 3 Perlen. annst du nun die nächste **Kette halbieren** und dann sagen, **wie viele** Perlen **eine Hälfte** hat?"*

**Auswertung:**

| | x✍ | ✍ | x✍ | | | |
|---|---|---|---|---|---|---|
| **Gesamtkette** | **vom Kind richtig halbiert** | **vom Kind benanne Anzahl der Perlen einer Hälfte** | **richtig** | **falsch** | **nicht bearbeitet** | **Bemerkungen** |
| 4 | | | | | | |
| 10 | | | | | | |
| 6 | | | | | | |
| 2 | | | | | | |
| 8 | | | | | | |
| | | | | | | **Summen** |

### 5.2.2.2 Im Zahlenraum 12 bis 20

**Anweisung:**
Zusätzlich zu den blauen Steckperlen für die Einer werden rote Steckperlen für Zehnerketten benötigt.
Kommentieren und demonstrieren Sie: *„Hier ist eine Menge von **12 Perlen**. Ich halbiere sie! Ich halbiere zuerst die Zehnerkette und dann die blaue Einerkette. Ich bekomme 5 Perlen und 1 Perle. Die Hälfte von 12 ist also 6."*
*„Kannst **du** nun **halbieren** und dann sagen, **wie viele** Perlen die **Hälfte** hat?"*

**Auswertung:**

| | x✍ | ✍ | x✍ | | | |
|---|---|---|---|---|---|---|
| **Gesamtmenge** | **vom Kind richtig halbiert** | **vom Kind benannte Anzahl der Perlen einer Hälfte** | **richtig** | **falsch** | **nicht bearbeitet** | **Bemerkungen** |
| 12 | | | | | | |
| 16 | | | | | | |
| 20 | | | | | | |
| 14 | | | | | | |
| 18 | | | | | | |
| | | | | | | **Summen** |

### 5.2.2.3 Im Zahlenraum bis 100

**Anweisung:**
*„Hier ist eine Menge von **48 Perlen**. Ich halbiere sie! Ich halbiere zuerst die Zehnerketten und dann – wenn es Einerketten gibt – die blaue Einerkette. Ich bekomme 2 Zehnerketten, macht 20 Perlen und 4 Einerperlen, macht zusammen 24. Die **Hälfte von 48 ist** also **24.**"*
*„Kannst du nun halbieren und dann sagen, wie viele Perlen die Hälfte hat?"*

## Auswertung:

| | x✍ | ✍ | x✍ | | | |
|---|---|---|---|---|---|---|
| **Gesamtmenge** | **vom Kind richtig halbiert** | **vom Kind benannte Anzahl der Perlen einer Hälfte** | **richtig** | **falsch** | **nicht bearbeitet** | **Bemerkungen** |
| 48 | | z. B. 24 | | | | |
| 64 | | | | | | |
| 26 | | | | | | |
| 80 | | | | | | |
| 70 | | | | | | |
| 32 | | | | | | |
| 56 | | | | | | |
| | | | | | | **Summen** |

## Aufgabenbezogenes Lösungsverhalten:

| | x✍ | | | |
|---|---|---|---|---|
| **Das Kind ...** | **a)** bei (fast) **allen** Aufgaben | **b)** bei **einem Teil** der Aufgaben | **c)** bei (fast) **keiner** Aufgabe | **Bemerkungen** |
| halbiert die Perlenmengen im Zahlenraum bis 10 richtig. | | | | |
| benennt auch die Anzahl der halbierten Menge im Zahlenraum bis 10 richtig. | | | | |
| geht die Aufgabenstellung im Zahlenraum bis 10 nicht an. | | | | |
| halbiert die Perlenmengen im Zahlenraum bis 20 richtig. | | | | |
| benennt auch die Anzahl der halbierten Menge im Zahlenraum bis 20 richtig. | | | | |
| geht die Aufgabenstellung im Zahlenraum bis 20 nicht an. | | | | |
| halbiert die Perlenmengen im Zahlenraum bis 100 richtig. | | | | |
| benennt auch die Anzahl der halbierten Menge im Zahlenraum bis 100 richtig. | | | | |
| geht die Aufgabenstellung im Zahlenraum bis 100 nicht an. | | | | |

### 5.2.3 Halbieren von zeichnerisch dargestellten geordneten Mengen

Mit dieser Aufgabenstellung soll ermittelt werden, ob ein Kind zeichnerisch halbieren und die Anzahlen der Hälften erfassen kann, wenn es Formalien und Symbole (z. B. Rechenzeichen) nicht berücksichtigen muss.

#### 5.2.3.1 Im Zahlenraum bis 10

**Anweisung:**
Zeigen Sie auf das erste Beispiel vom Material zu 5.2.3.1 (siehe folgende Seite). Demonstrieren und kommentieren Sie dazu:
*„Hier sind **6 Perlen** gezeichnet* (siehe Abb.1). *Ich möchte wissen, wie viel die Hälfte davon ist. Ich halbiere die Kette mit einem Strich in der Mitte* (siehe Abb. 2) *und male eine Hälfte rot an* (siehe Abb. 3). *Ich sehe, dass **die Hälfte** von 6 Perlen **3 Perlen** sind.“*

**Abb. 1**

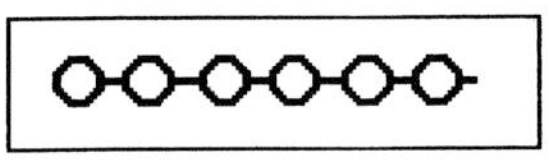

**Abb. 2**

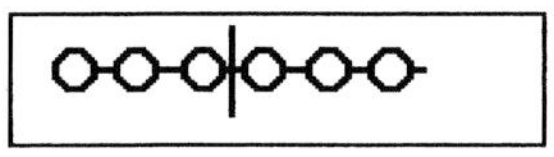

**Abb. 3**

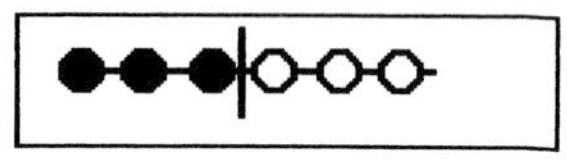

*„Kannst du nun die anderen Ketten halbieren und die Perlen der einen Hälfte rot anmalen?“*

**Auswertung:**

| | x✍ | ✍ | x✍ | | | |
|---|---|---|---|---|---|---|
| **Gesamtkette** | **vom Kind zeichnerisch richtig halbiert** | **vom Kind angemalte Anzahl der Perlen einer Hälfte** | **richtig** | **falsch** | **nicht bearbeitet** | **Bemerkungen** |
| 6 | | z. B. 3 | | | | |
| 4 | | | | | | |
| 10 | | | | | | |
| 2 | | | | | | |
| 8 | | | | | | |
| | | | | | | **Summen** |

**Aufgabenbezogenes Lösungsverhalten:**

| | x✍ | | | |
|---|---|---|---|---|
| **Das Kind ...** | **a)** bei (fast) **allen** Aufgaben | **b)** bei **einem Teil** der Aufgaben | **c)** bei (fast) **keiner** Aufgabe | **Bemerkungen** |
| halbiert im Zahlenraum bis 10 die Menge zeichnerisch richtig. | | | | |
| kennzeichnet im Zahlenraum bis 10 die Hälfte der Menge durch Anmalen richtig. | | | | |
| geht die Aufgabenstellung nicht an. | | | | |

## Material zu 5.2.3.1 – Halbieren im Zahlenraum bis 10

a) Beispiel:

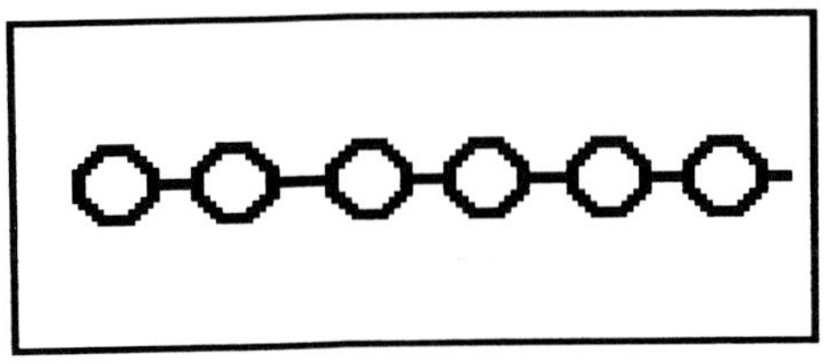

b)

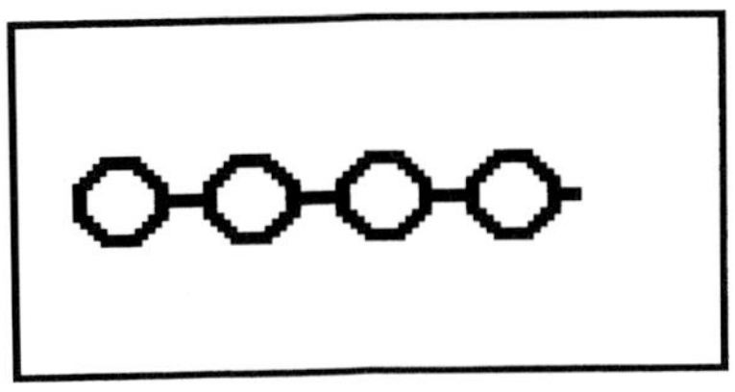

c)

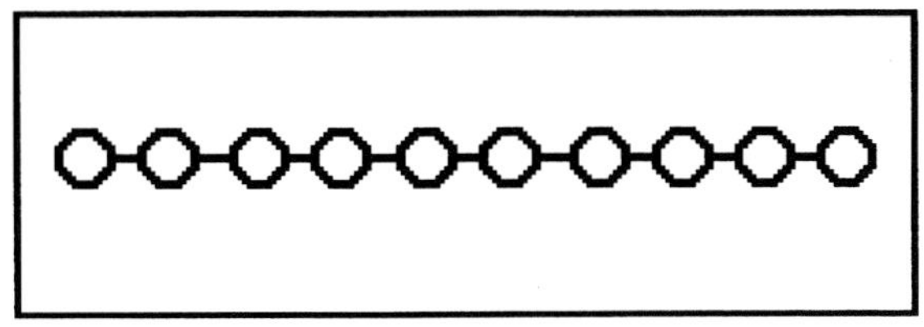

d)

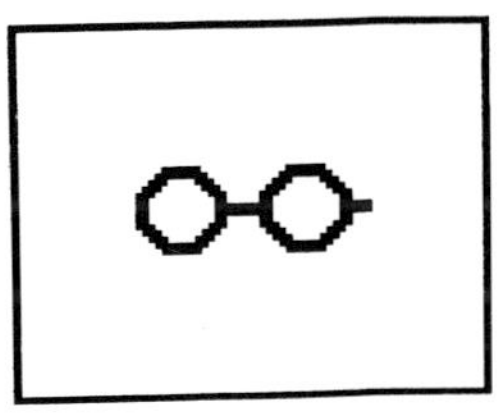

e)

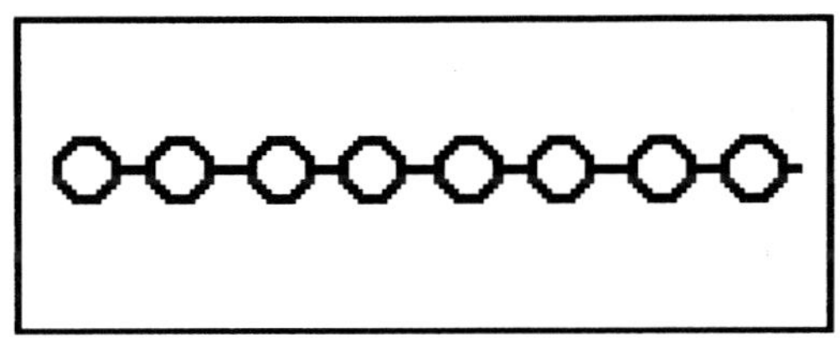

## Material zu 5.2.3.2 – Halbieren im Zahlenraum bis 20

a) Beispiel:

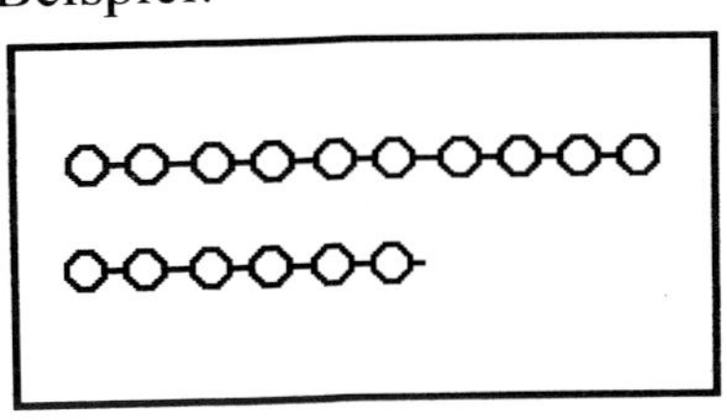

b)

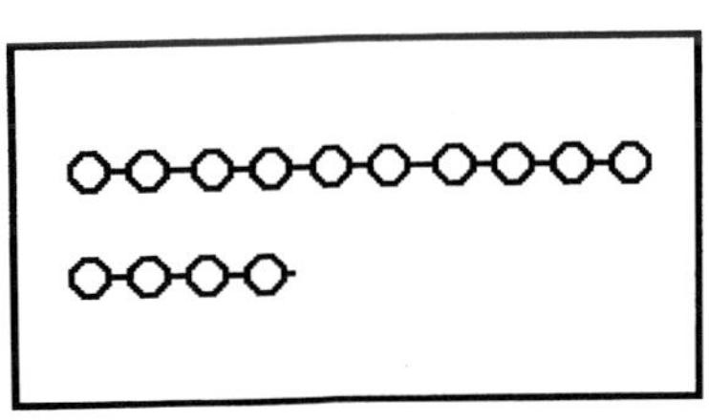

c)

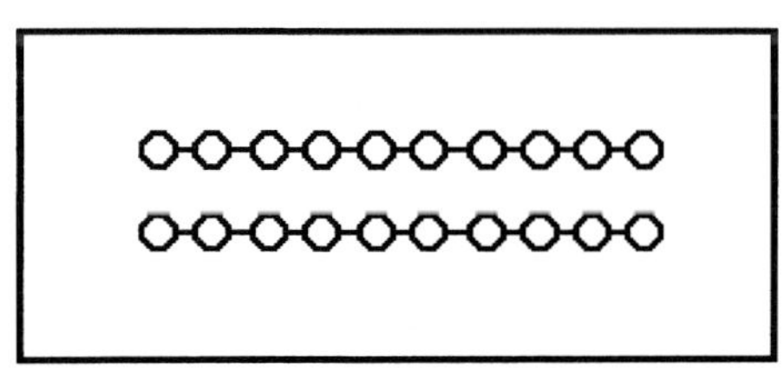

d)

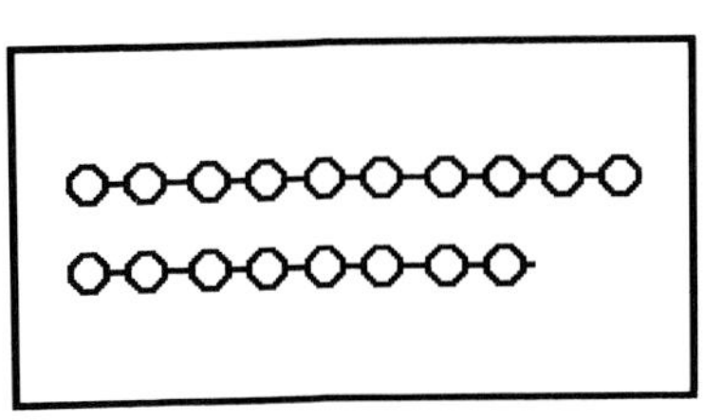

e)

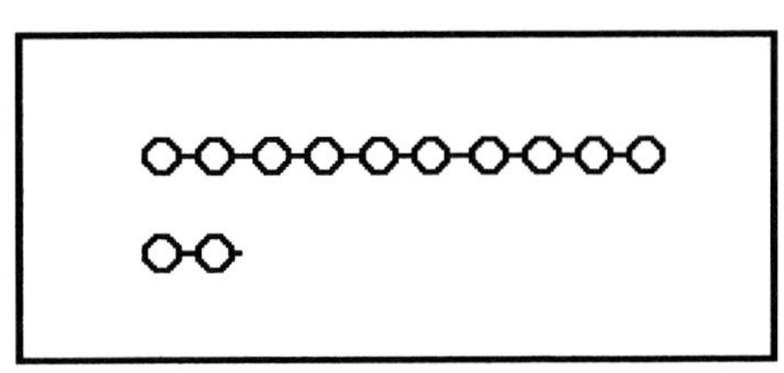

### 5.2.3.2 Im Zahlenraum bis 20

**Anweisung:**
Zeigen Sie auf das erste Beispiel (Material zu 5.2.3.2, Seite 155).
Demonstrieren und kommentieren Sie dazu: „*Hier sind 16 Perlen gezeichnet* (Abb. 1). *Ich möchte wissen, wie viel die Hälfte davon ist.*
*Ich halbiere erst die Zehnerkette mit einem Strich in der Mitte und male die eine Hälfte der Zehnerkette rot an* (Abb.2). *Dann halbiere ich die Einerkette mit einem Strich in der Mitte und male auch diese Hälfte rot an* (Abb. 3).
*Ich sehe an den roten Perlen, dass die Hälfte von 16 Perlen 8 Perlen sind.*"

**Abb. 1**

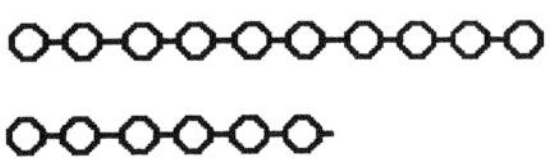

**Abb. 2**

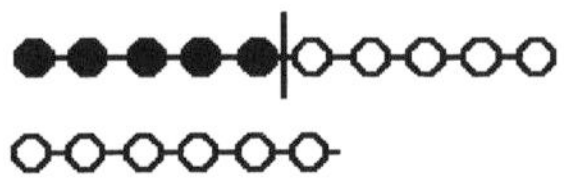

**Abb. 3**

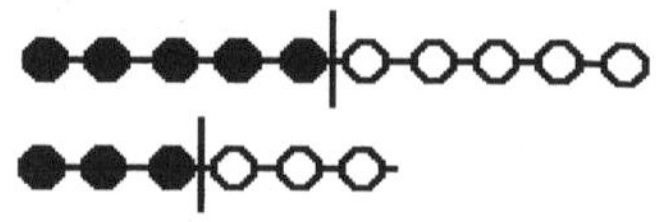

*„Kannst du nun die anderen Ketten halbieren, die Perlen einer Hälfte rot anmalen und dann sagen, wie viel die Hälfte ist?"*

**Auswertung:**

| | x✍ | ✍ | x✍ | | | ✍ | x✍ | | |
|---|---|---|---|---|---|---|---|---|---|
| **Gesamtkette** | **vom Kind zeichnerisch richtig halbiert** | **vom Kind angemalte Anzahl der Perlen einer Hälfte** | **richtig** | **falsch** | **nicht bearbeitet** | **vom Kind benannte Anzahl der Perlen einer Hälfte** | **richtig** | **falsch** | **nicht bearbeitet** |
| 16 | | z. B. 8 | | | | z. B. 8 | | | |
| 14 | | | | | | | | | |
| 20 | | | | | | | | | |
| 18 | | | | | | | | | |
| 12 | | | | | | | | | |
| | | | | | | **Summen** | | | |

**Aufgabenbezogenes Lösungsverhalten:**

| | x✍ | | | |
|---|---|---|---|---|
| **Das Kind ...** | **a)** bei (fast) **allen** Aufgaben | **b)** bei **einem Teil** der Aufgaben | **c)** bei (fast) **keiner** Aufgabe | **Bemerkungen** |
| halbiert im Zahlenraum bis 20 die Menge zeichnerisch richtig. | | | | |
| kennzeichnet im Zahlenraum bis 20 die Hälfte der Menge durch Anmalen richtig. | | | | |
| benennt im Zahlenraum bis 20 die Anzahl der halbierten Perlenmenge richtig. | | | | |
| geht die Aufgabenstellung nicht an. | | | | |

### 5.2.3.3 Im Zahlenraum bis 100

**Anweisung:**
Zeigen Sie auf das erste Beispiel (Material zu 5.2.3.3). Demonstrieren und kommentieren Sie dazu: *„Hier sind 68 Perlen gezeichnet* (Abb. 1). *Ich möchte wissen, wie viel die Hälfte davon ist. Ich halbiere erst die Zehnerketten mit einem Strich in der Mitte und male die Hälfte der Zehner rot an* (Abb. 2). *Wenn eine Einerkette vorhanden ist, dann halbiere ich die Einerkette mit einem Strich in der Mitte und male diese Hälfte von den Einern auch rot an* (Abb. 3). *Ich sehe dann, dass die Hälfte von 68 Perlen 34 Perlen sind.“*

**Abb. 1** **Abb. 2** **Abb. 3**

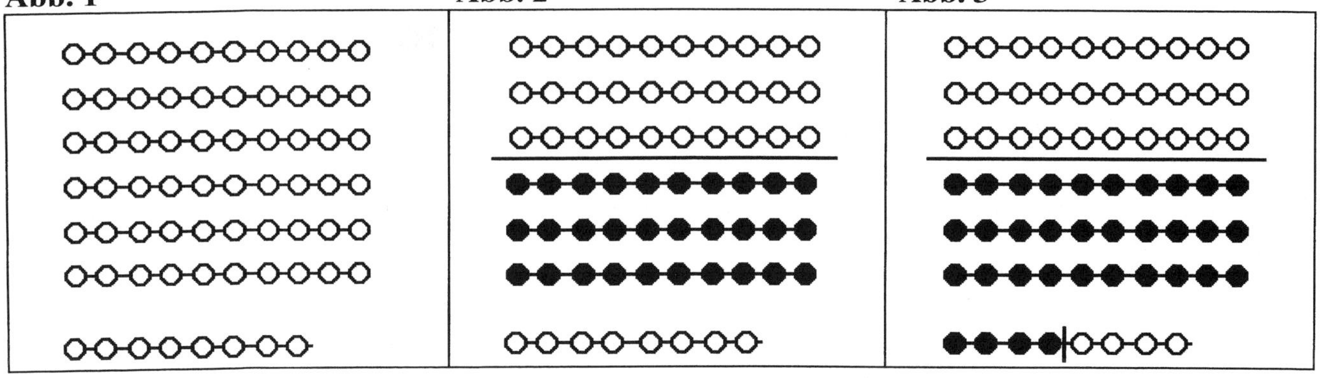

*„Kannst du nun die anderen Mengen halbieren, die Perlen einer Hälfte rot anmalen und dann sagen, wie viel die Hälfte ist?“*

**Auswertung:**

| | x✍ | ✍ | x✍ | | | ✍ | x✍ | | |
|---|---|---|---|---|---|---|---|---|---|
| **Gesamt-kette** | **vom Kind zeichnerisch richtig halbiert** | **vom Kind angemalte Anzahl der Perlen einer Hälfte** | **richtig** | **falsch** | **nicht bear-beitet** | **vom Kind benannte Anzahl der Perlen einer Hälfte** | **richtig** | **falsch** | **nicht bear-beitet** |
| 68 | | z. B. 68 | | | | z. B. 68 | | | |
| 44 | | | | | | | | | |
| 80 | | | | | | | | | |
| 70 | | | | | | | | | |
| 32 | | | | | | | | | |
| 56 | | | | | | | | | |
| | | | | | | **Summen** | | | |

**Aufgabenbezogenes Lösungsverhalten:**

| | x✍ | | | |
|---|---|---|---|---|
| **Das Kind ...** | **a)** bei (fast) **allen** Aufgaben | **b)** bei **einem Teil** der Aufgaben | **c)** bei (fast) **keiner** Aufgabe | **Bemerkungen** |
| halbiert im Zahlenraum bis 100 die Menge zeichnerisch richtig. | | | | |
| kennzeichnet im Zahlenraum bis 100 die Hälfte der Menge durch Anmalen richtig. | | | | |
| benennt im Zahlenraum bis 100 die Anzahl der halbierten Perlenmenge richtig. | | | | |
| geht die Aufgabenstellung nicht an. | | | | |

## Material zu 5.2.3.3 – Halbieren im Zahlenraum bis 100

a) Beispiel:

b)

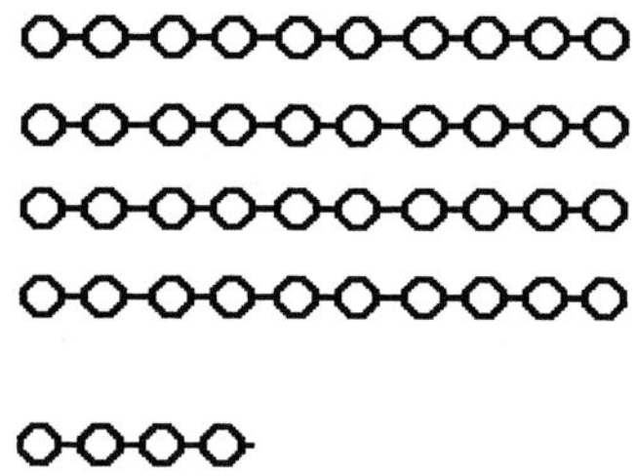

c)

d)

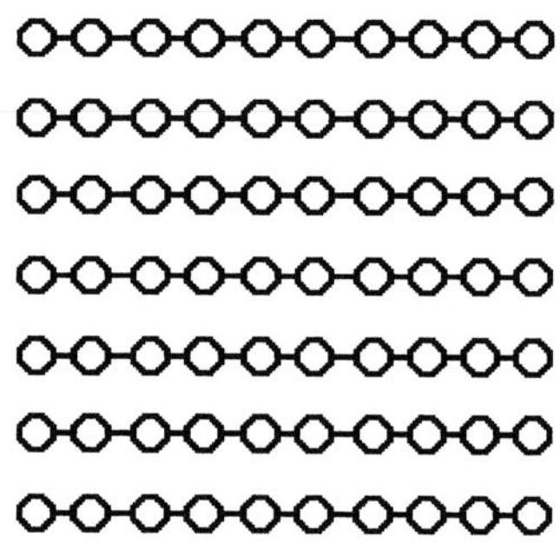

e)

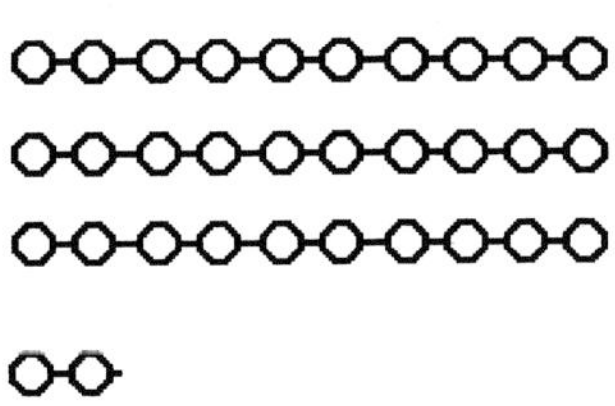

f)

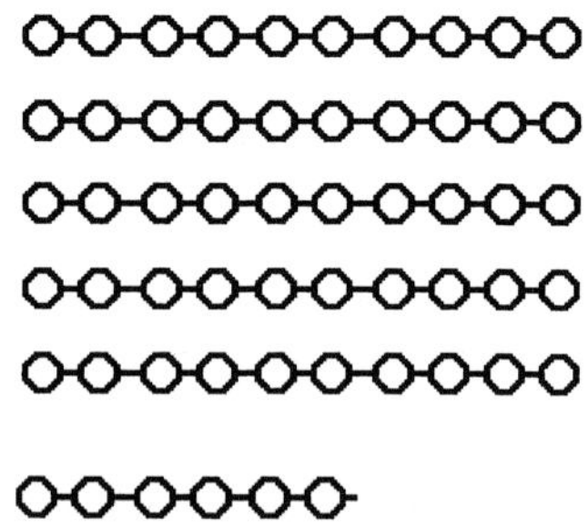

## 5.2.4 „Textaufgaben“: Halbieren von Mengen in Rechengeschichten

### 5.2.4.1 Lösung mit Hilfe von Materialien als Repräsentanten

**Anweisung:**
Sie benötigen Plättchen, Perlen oder Klötzchen, die das Kind als Repräsentanten benutzen soll.
*„Ich erzähle jetzt eine Rechengeschichte. Zu den (An-)Zahlen, die in dieser Rechengeschichte vorkommen, lege ich Plättchen, damit ich mir die Zahlen besser merken und ich leichter halbieren kann.“*

a) Zur Demonstration: *„Im Brotkorb liegen 4 Brötchen.* (Legen Sie 4 Plättchen in eine Reihe.) *Monika isst die Hälfte davon.* (Halbieren Sie in der Mitte und schieben Sie die eine Hälfte der Plättchen zur Seite.) *Wie viele Brötchen isst Monika?* (Zeigen Sie auf die Plättchen) *Monika isst 2 Brötchen.“*

*„Kannst du jetzt zu den Rechengeschichten, die ich dir zweimal erzählen werde, Plättchen legen und mit den Plättchen halbieren?“*

**Weitere Rechengeschichten:**

b) *„6 Vögel sitzen auf einem Baum. Die Hälfte der Vögel fliegt weg. Wie viele Vögel sind weggeflogen?“*
c) *„Moritz hat 10 Bonbons. Er schenkt seinem Freund die Hälfte davon. Wie viele Bonbons hat er also seinem Freund geschenkt?“*
d) *„8 Kinder sitzen im Klassenzimmer. Die Hälfte der Kinder steht auf und geht auf den Schulhof. Wie viele Kinder sind auf den Schulhof gegangen?“*

**Auswertung:**

| | x✍ | ✍ | x✍ | | | |
|---|---|---|---|---|---|---|
| **Rechengeschichte** | **Plättchen vom Kind richtig gelegt und halbiert** | **vom Kind benannte Anzahl der Hälfte** | **richtig** | **falsch** | **nicht bearbeitet** | **Bemerkungen** |
| a) 4 Brötchen | | | | | | |
| b) 6 Vögel | | | | | | |
| c) 10 Bonbons | | | | | | |
| d) 8 Kinder | | | | | | |
| | | | | | | **Summen** |

**Aufgabenbezogenes Lösungsverhalten:**

| | x✍ | | | |
|---|---|---|---|---|
| **Das Kind ...** | **a)** bei (fast) **allen** Aufgaben | **b)** bei **einem Teil** der Aufgaben | **c)** bei (fast) **keiner** Aufgabe | **Bemerkungen** |
| halbiert mit der Plättchenmenge richtig. | | | | |
| benennt die Anzahl der Halbierungsmenge richtig. | | | | |
| geht die Aufgabenstellung nicht an. | | | | |

### 5.2.4.2 Lösung vorstellend/sprachlich

**Anweisung:**

*„Ich erzähle jetzt noch mehr* ***Rechengeschichten****. Du machst dir Bilder dazu in deinem Kopf. Dann sagst du das Ergebnis. Also:*

a) *Auf einem Teller liegen 6 Äpfel. Mutter isst die Hälfte davon. Wie viele Äpfel hat Mutter gegessen?“*

b) *Anja hat 4 Filzstifte auf dem Tisch liegen. Da fällt ihr die Hälfte davon herunter. Wie viele Stifte sind heruntergefallen?“*

c) *Auf dem Klettergerüst des Spielplatzes sind 10 Kinder. Die Hälfte der Kinder springt runter und läuft weg. Wie viele Kinder sind weggelaufen?“*

d) *Im Kühlschrank sind 8 Eier. Frau Lorenz braucht für einen Kuchen die Hälfte davon. Wie viele Eier braucht Frau Lorenz für den Kuchen?“*

**Auswertung:**

| | ✍ | x✍ | | | |
|---|---|---|---|---|---|
| **Mengenangaben in den Rechen-geschichten** | **vom Kind benannte Anzahl der Hälfte** | **richtig** | **falsch** | **weiß nicht** | **Bemerkungen** |
| a) 6 Äpfel | | | | | |
| b) 4 Stifte | | | | | |
| c) 10 Kinder | | | | | |
| d) 8 Eier | | | | | |
| | | | | | **Summen** |

**Aufgabenbezogenes Lösungsverhalten:**

| | x✍ | | | |
|---|---|---|---|---|
| **Das Kind ...** | **a)** bei (fast) **allen** Aufgaben | **b)** bei **einem Teil** der Aufgaben | **c)** bei (fast) **keiner** Aufgabe | **Bemerkungen** |
| benennt die Anzahl der Hälfte spontan richtig. | | | | |
| benennt die Anzahl der Hälfte nach längerem Nachdenken richtig. | | | | |
| benennt die Anzahl der Hälfte nach vorherigem Abzählen (z. B. mit den Fingern) richtig. | | | | |
| geht die Aufgaben-stellung nicht an. | | | | |

## 5.2.5 Halbieren in der Vorstellung durch Kopfrechnen

### 5.2.5.1 Im Zahlenraum bis 10

**Anweisung:**
*„Stell dir vor, du hast ein Kette von* ***4 Perlen****. Du halbierst sie. Wie viele Perlen hat* ***eine Hälfte****?“*
Stellen Sie dem Kind nach den Angaben in der Auswertungstabelle weitere solche Aufgaben.

**Auswertung:**

| | ✍ | x✍ | | | |
|---|---|---|---|---|---|
| **Gesamt-kette** | **vom Kind benannte Anzahl der Perlen einer Hälfte** | **richtig** | **falsch** | **weiß nicht** | **Bemerkungen** |
| 4 | | | | | |
| 10 | | | | | |
| 6 | | | | | |
| 2 | | | | | |
| 8 | | | | | |
| | | | | | **Summen** |

### 5.2.5.2 Im Zahlenraum 12 bis 20

**Anweisung:**
*„Stell dir vor, du hast* ***12 Perlen****. Du halbierst sie. Wie viele Perlen hat* ***eine Hälfte****?“*
Stellen Sie dem Kind nach den Angaben in der Auswertungstabelle weitere solche Aufgaben.

**Auswertung:**

| | ✍ | x✍ | | | |
|---|---|---|---|---|---|
| **Gesamt-menge** | **vom Kind benannte Anzahl der Perlen einer Hälfte** | **richtig** | **falsch** | **weiß nicht** | **Bemerkungen** |
| 12 | | | | | |
| 16 | | | | | |
| 20 | | | | | |
| 14 | | | | | |
| 18 | | | | | |
| | | | | | **Summen** |

### 5.2.5.3 Im Zahlenraum bis 100

**Anweisung:**

*„Stell dir vor, du hast **80 Perlen**. Wie viel ist **die Hälfte davon**?“*

Stellen Sie dem Kind nach den Angaben in der Auswertungstabelle weitere solche Aufgaben.

**Auswertung:**

| | ✍ | x✍ | | | |
|---|---|---|---|---|---|
| **Gesamtmenge** | **vom Kind benannte Anzahl der Perlen einer Hälfte** | **richtig** | **falsch** | **weiß nicht** | **Bemerkungen** |
| 80 | | | | | |
| 100 | | | | | |
| 60 | | | | | |
| 30 | | | | | |
| 70 | | | | | |
| 90 | | | | | |
| 50 | | | | | |
| 22 | | | | | |
| 64 | | | | | |
| 32 | | | | | |
| 56 | | | | | |
| | | | | | **Summen** |

**Aufgabenbezogenes Lösungsverhalten:**

| | x✍ | | | |
|---|---|---|---|---|
| **Das Kind ...** | **a)** bei (fast) **allen** Aufgaben | **b)** bei **einem Teil** der Aufgaben | **c)** bei (fast) **keiner** Aufgabe | **Bemerkungen** |
| benennt die Anzahl der halbierten Menge im Zahlenraum bis 10 spontan richtig. | | | | |
| benennt die Anzahl der halbierten Menge im Zahlenraum bis 10 nach längerem Nachdenken richtig. | | | | |
| geht die Aufgabenstellung im Zahlenraum bis 10 nicht an. | | | | |
| benennt die Anzahl der halbierten Menge im Zahlenraum bis 20 spontan richtig. | | | | |
| benennt die Anzahl der halbierten Menge im Zahlenraum bis 20 nach längerem Nachdenken richtig. | | | | |
| geht die Aufgabenstellung im Zahlenraum bis 20 nicht an. | | | | |
| benennt die Anzahl der halbierten Menge im Zahlenraum bis 100 spontan richtig. | | | | |
| benennt die Anzahl der halbierten Menge im Zahlenraum bis 100 nach längerem Nachdenken richtig. | | | | |
| geht die Aufgabenstellung im Zahlenraum bis 100 nicht an. | | | | |

## 5.3 Vervielfachen von Mengen mit konkretem Material im Zahlenraum bis 20

Mit dieser Aufgabenstellung soll ermittelt werden, ob ein Kind mit dem Begriff ‚mal' eine Handlung oder Darstellung verbindet, d. h. zu den Zahlensätzen mit ‚mal' die entsprechende Anzahl gleichmächtiger Teilmengen herstellen kann.
Es kommt bei dieser Aufgabenstellung nicht in erster Linie auf die Lösung der Rechenaufgaben an. Nur wenn das Kind bei dieser Aufgabenstellung sicher operiert, sollte auch nach der Anzahl der Gesamtmenge gefragt werden.

**Anweisung:**
Sie benötigen Steckperlen oder Plättchen einer Farbe.
*„Ich habe hier Steckperlen. Ich stecke damit Ketten. Ich stecke jetzt **eine** Kette **mit 3 Perlen**. Ich möchte **4** solche **Dreierketten** machen. Das sind dann 1, 2, 3, **4 mal 3 Perlen**.*
(Stecken Sie die Ketten, demonstrieren und kommentieren Sie dabei.)
*Ich sehe und berechne dann, dass **4 mal 3** Perlen zusammen **12** Perlen sind. Stecke du jetzt Perlenketten und zwar: ...* " (Entnehmen Sie die Aufgabenstellungen der Auswertungstabelle).
Falls das Kind sicher operiert, fragen Sie nach jeder Aufgabenstellung: *„Wie viele Perlen sind es zusammen?"*

**Auswertung:**

| | x✍ | | | ✍ | x✍ | | |
|---|---|---|---|---|---|---|---|
| **vom Kind zu steckende Ketten**[43] | **richtig gesteckt** | **falsch gesteckt** | **nicht gesteckt** | **vom Kind benannte Gesamtmenge** | **richtig** | **falsch** | **nicht benannt** |
| 5 mal 2 Perlen | | | | | | | |
| 3 mal 6 Perlen | | | | | | | |
| 5 mal 4 Perlen | | | | | | | |
| 2 mal 7 Perlen | | | | | | | |
| 4 mal 4 Perlen | | | | | | | |
| 6 mal 3 Perlen | | | | | | | |
| | | | | **Summe** | | | |

**Aufgabenbezogenes Lösungsverhalten:**

| | x✍ | | | |
|---|---|---|---|---|
| **Das Kind ...** | **a)** bei (fast) **allen** Aufgaben | **b)** bei **einem Teil** der Aufgaben | **c)** bei (fast) **keiner** Aufgabe | **Bemerkungen** |
| stellt die entsprechende Anzahl gleichmächtiger Teilmengen richtig dar. | | | | |
| stellt gleichmächtige Teilmengen dar, vertauscht dabei aber die Faktoren[44] (z. B. 2 mal 5 statt 5 mal 2). | | | | |
| benennt auch die Anzahl der Gesamtmenge richtig. | | | | |
| geht die Aufgabenstellung nicht an. | | | | |

[43] Der erste Faktor legt die Anzahl der Teilmengen fest, der zweite Faktor die Anzahl der Elemente je Teilmenge.
[44] Der erste Faktor legt die Anzahl der Teilmengen fest, der zweite Faktor die Anzahl der der Elemente je Teilmenge.

## 5.4 Multiplikativer Aspekt bei zeichnerisch dargestellten gleichmächtigen Teilmengen

### 5.4.1 Multiplikativer Aspekt bei Situationsbildern mit gleichmächtigen Teilmengen

#### 5.4.1.1 Lösung auf sprachlichem Weg: Zahlensatz mit ‚mal' benennen

**Anweisung:**
Zeigen Sie auf das erste Beispiel des Materials zu 5.4.1.1 und kommentieren und demonstrieren Sie dazu:
*„Hier sind **3 Beutel**. In jedem Beutel sind **5 Äpfel**. Es sind also **3 mal 5 Äpfel**. Kannst du weitermachen und zu jedem Bild einen solchen Zahlensatz mit ‚mal' sagen?"*

Benennen Sie bei jeder Zeichnung einleitend die Dinge, indem Sie sagen: *„Das sind Stifte (Tassen, Finger usw.)."*

**Auswertung:**

| | ✍ | x✍ | | | |
|---|---|---|---|---|---|
| **Situationsbilder** | **vom Kind benannter Zahlensatz** | **richtig** | **falsch** | **nicht bear-beitet** | **Bemerkungen** |
| a) 3 mal 5 Äpfel | | | | | |
| b) 2 mal 7 Stifte | | | | | |
| c) 3 mal 4 Tassen | | | | | |
| d) 6 mal 3 Tennisbälle | | | | | |
| e) 4 mal 5 Finger | | | | | |
| f) 3 mal 6 Eier | | | | | |
| g) 8 mal 2 Kirschen | | | | | |
| h) 5 mal 3 Flaschen | | | | | |
| | | | | | **Summen** |

**Aufgabenbezogenes Lösungsverhalten:**

| | x✍ | | | |
|---|---|---|---|---|
| **Das Kind ...** | **a)** bei (fast) **allen** Aufgaben | **b)** bei **einem Teil** der Aufgaben | **c)** bei **keiner** Aufgabe | **Bemerkungen** |
| benennt Zahlensatz mit ‚mal' richtig. | | | | |
| benennt Zahlensatz mit ‚mal', vertauscht dabei aber die Faktoren[45] (z. B. $3 \cdot 5$ statt $5 \cdot 3$). | | | | |
| benennt statt eines Zahlensatzes mit ‚mal' einen Zahlensatz mit ‚plus' (z. B. $3 + 5$ statt $3 \cdot 5$). | | | | |
| geht die Aufgabenstellung nicht an. | | | | |

[45] Der erste Faktor legt die Anzahl der Teilmengen fest, der zweite Faktor die Anzahl der Elemente je Teilmenge.

**Material zu 5.4.1.1 – Multiplikativer Aspekt: Zahlensatz mit ‚mal' benennen**

a)

b)

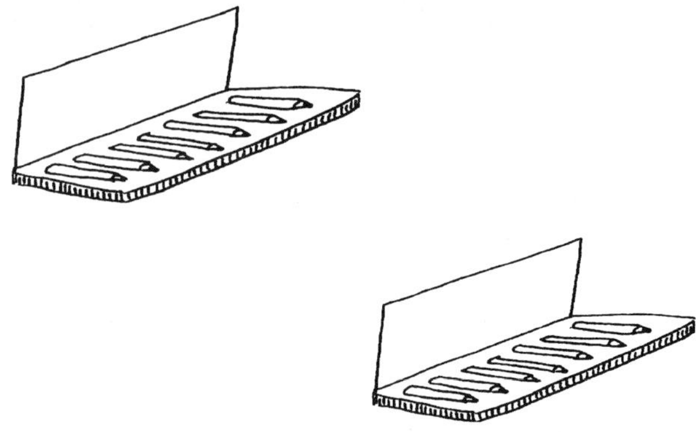

c)

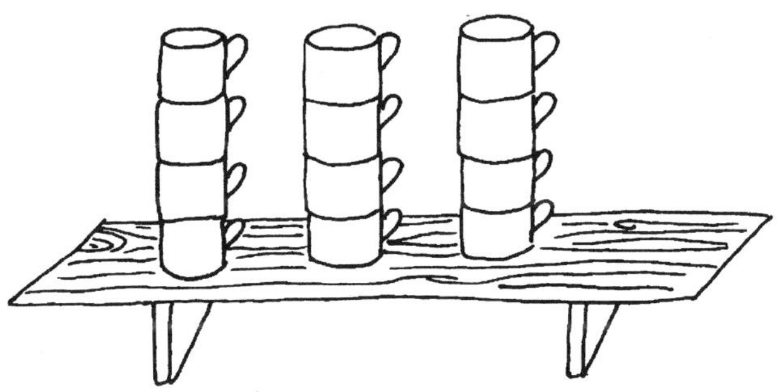

d)

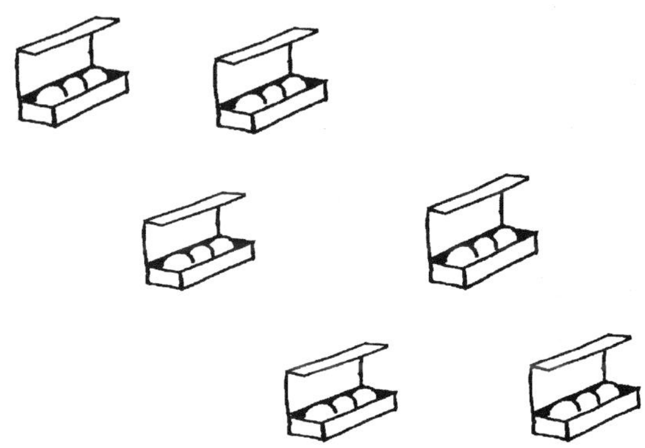

e)

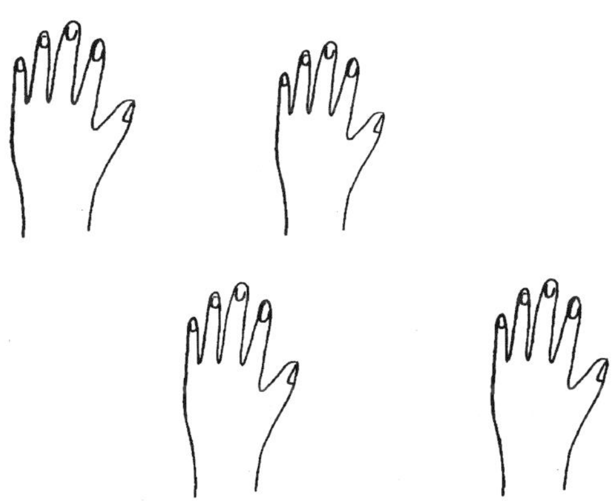

f)

g)

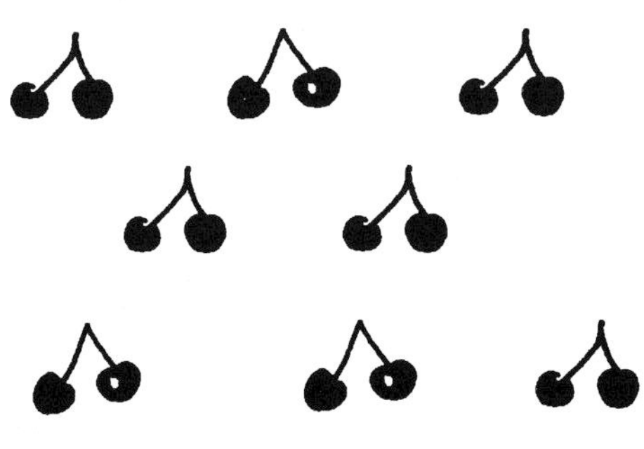

h)

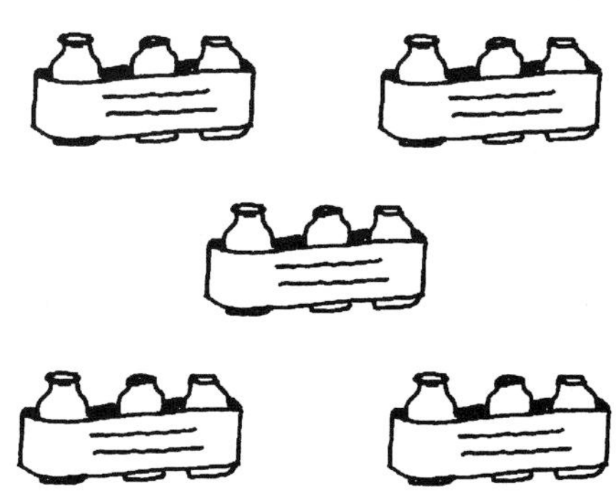

### 5.4.1.2 Lösung auf sprachlichem Weg: Zahlensatz mit ‚mal' aufschreiben

**Anweisung:**
Als Material benötigen Sie die Situationsbilder auf Seite 167 und einen Stift. Zeigen Sie auf das erste Beispiel des Materials zu 5.4.1.2 und kommentieren und demonstrieren Sie dazu:

*„Hier sind 3 Hände. Jede Hand hat 5 Finger. Es sind also **3 mal 5 Finger**. Das schreibe ich als Zahlensatz unter die Zeichnung.“* (Schreiben Sie 3 · 5)

*„Kannst du weitermachen und solche **Zahlensätze mit ‚mal'** unter die anderen Zeichnungen schreiben?“*

**Auswertung:**

| | ✍ | x✍ | | | |
|---|---|---|---|---|---|
| **Situationsbilder** | **vom Kind geschriebener Zahlensatz** | **richtig** | **falsch** | **nicht bear-beitet** | **Bemerkungen** |
| a) 3 mal 5 Finger | | | | | |
| b) 7 mal 2 Kirschen | | | | | |
| c) 2 mal 8 Stifte | | | | | |
| d) 5 mal 4 Tassen | | | | | |
| e) 6 mal 3 Zitronen | | | | | |
| f) 4 mal 6 Äpfel | | | | | |
| | | | | | **Summen** |

**Aufgabenbezogenes Lösungsverhalten:**

| | x✍ | | | |
|---|---|---|---|---|
| **Das Kind ...** | **a)** bei (fast) **allen** Auf-gaben | **b)** bei **einem Teil** der Aufgaben | **c)** bei **keiner** Aufgabe | **Bemerkungen** |
| schreibt den Zahlensatz mit ‚mal' richtig auf. | | | | |
| schreibt Zahlensatz mit ‚mal', vertauscht dabei aber die Faktoren[46] (z. B. 3 · 5 statt 5 · 3). | | | | |
| schreibt statt eines Zahlensatzes mit ‚mal' einen Zahlensatz mit ‚plus' (z. B. 3 + 5 statt 3 · 5). | | | | |
| geht die Aufgabenstellung nicht an. | | | | |

[46] Der erste Faktor legt die Anzahl der Teilmengen fest, der zweite Faktor die Anzahl der Elemente je Teilmenge.

## Material zu 5.4.1.2 – Multiplikativer Aspekt: Zahlensatz mit ‚mal' aufschreiben

a) Beispiel:

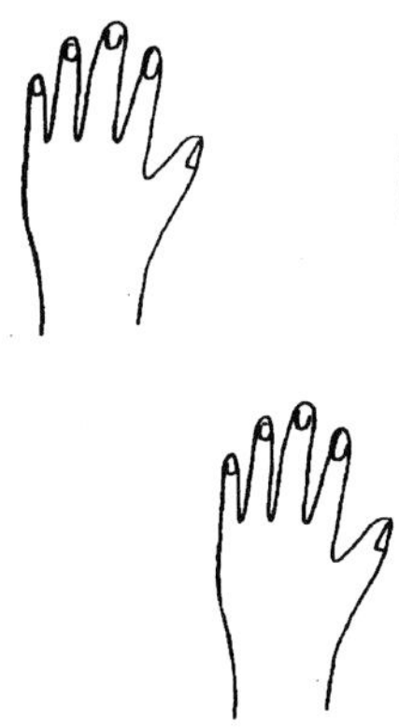

b)

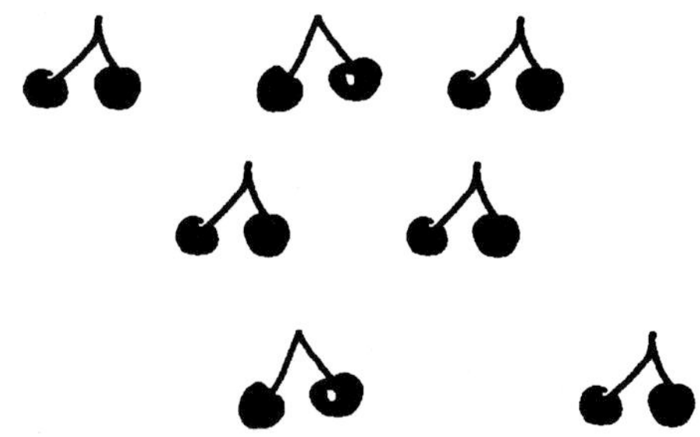

c)

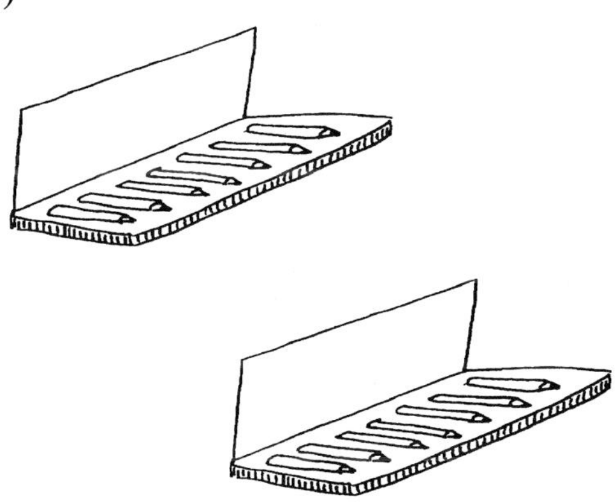

d)

e)

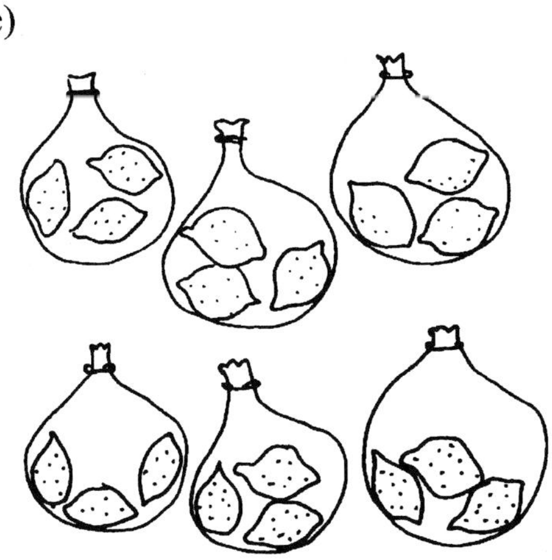

f)

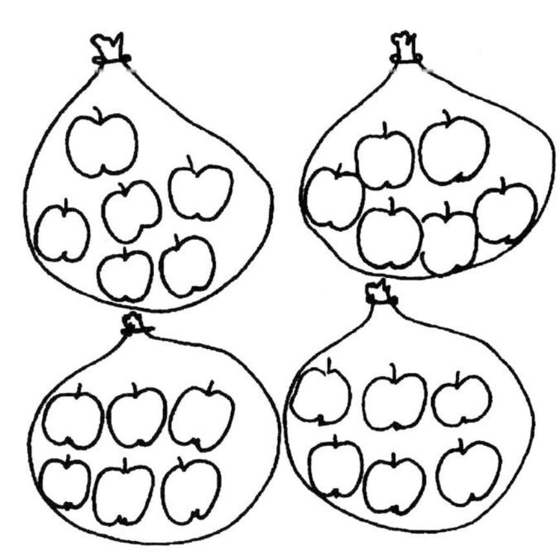

### 5.4.2 Multiplikativer Aspekt bei zeichnerisch dargestellten gleichmächtigen Punktemengen

#### 5.4.2.1 Lösung auf sprachlichem Weg: Zahlensatz mit ‚mal' benennen

**Anweisung:**
Als Material für 5.4.2.1 benötigen Sie die Punktebilder auf Seite 169. Zeigen Sie auf das erste Beispiel und kommentieren und demonstrieren Sie dazu:
*„Hier sind 3 Perlenketten.* (Zeigen Sie auf jede Kette.) ***Jede** Kette hat **4** Perlen.* (Zählen Sie die Perlen einer Kette von links nach rechts ab.) *Ich sehe, dass es **3 mal 4** Perlen sind. Ich berechne, dass es zusammen 12 Perlen sind."*
*„Kannst du weitermachen und zu jedem Bild einen solchen **Zahlensatz mit ‚mal' sagen**?"*
Falls das Kind sicher operiert, fragen Sie nach jeder Aufgabenstellung: *„Wie viele Perlen sind das alles zusammen?"*

**Auswertung:**

| | ✍ | x✍ | | | ✍ | x✍ | | |
|---|---|---|---|---|---|---|---|---|
| **Perlen-kettenbilder** | **vom Kind benannter Zahlensatz** | **richtig** | **falsch** | **nicht bear-beitet** | **vom Kind benannte Anzahl der Gesamtmenge** | **richtig** | **falsch** | **nicht be-nannt** |
| a) 3 mal 4 Perlen | z. B. 3 · 4 | | | | z. B. (=) 12 | | | |
| b) 4 mal 5 Perlen | | | | | | | | |
| c) 2 mal 9 Perlen | | | | | | | | |
| d) 5 mal 3 Perlen | | | | | | | | |
| e) 6 mal 1 Perlen | | | | | | | | |
| f) 7 mal 2 Perlen | | | | | | | | |
| g) 4 mal 6 Perlen | | | | | | | | |
| h) 1 mal 8 Perlen | | | | | | | | |
| | | | | | **Summen** | | | |

**Aufgabenbezogenes Lösungsverhalten:**

| | x✍ | | | |
|---|---|---|---|---|
| **Das Kind ...** | **a)** bei (fast) **allen** Aufgaben | **b)** bei **einem Teil** der Aufgaben | **c)** bei **keiner** Aufgabe | **Bemerkungen** |
| benennt Zahlensatz mit ‚mal' und Ergebnis richtig. | | | | |
| benennt nur Zahlensatz mit ‚mal' richtig. | | | | |
| benennt Zahlensatz mit ‚mal', vertauscht dabei aber die Faktoren[47] (z. B. 3 · 5 statt 5 · 3). | | | | |
| benennt statt eines Zahlensatzes mit ‚mal' einen Zahlensatz mit ‚plus' (z. B. 3 + 5 statt 3 · 5). | | | | |
| geht die Aufgabenstellung nicht an. | | | | |

[47] Der erste Faktor legt die Anzahl der Teilmengen fest, der zweite die Anzahl der Elemente je Teilmenge.

**Material zu 5.4.2.1 – Zahlensatz mit ‚mal' sagen**

a)

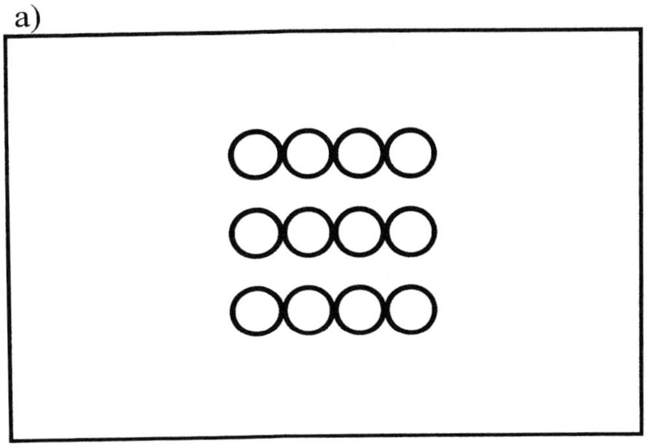

b)

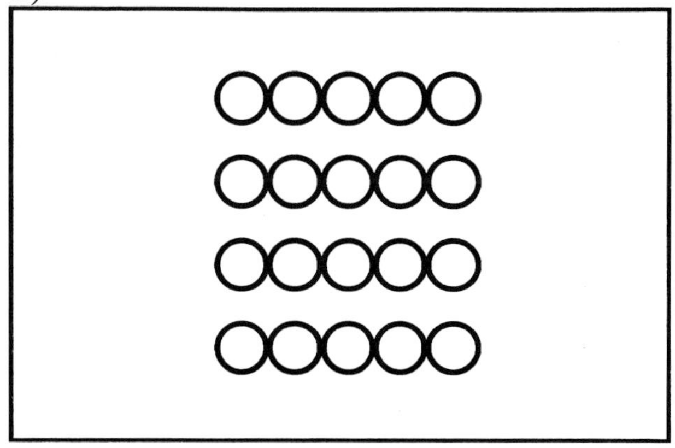

c)

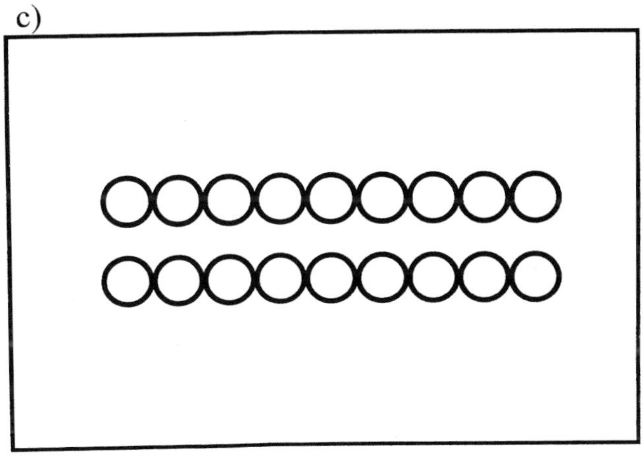

d)

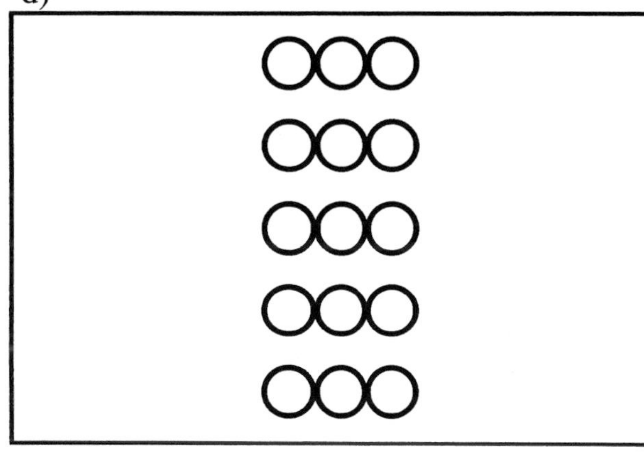

e)

f)

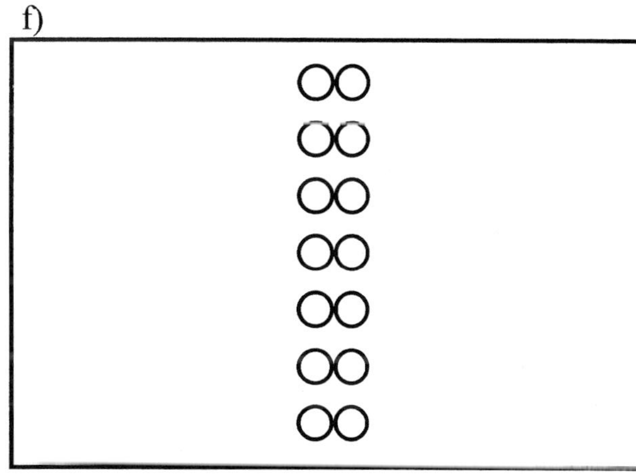

g)

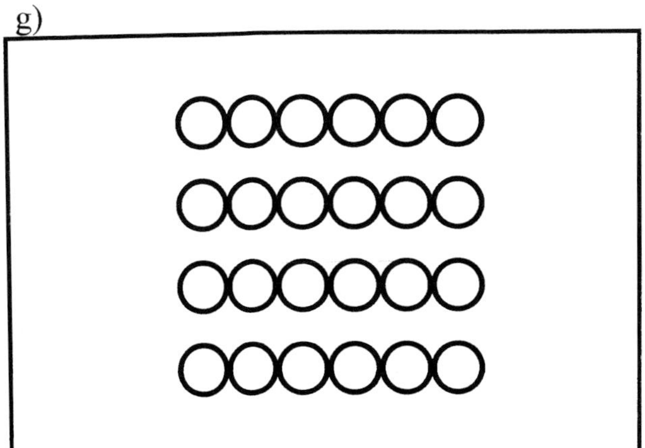

h)

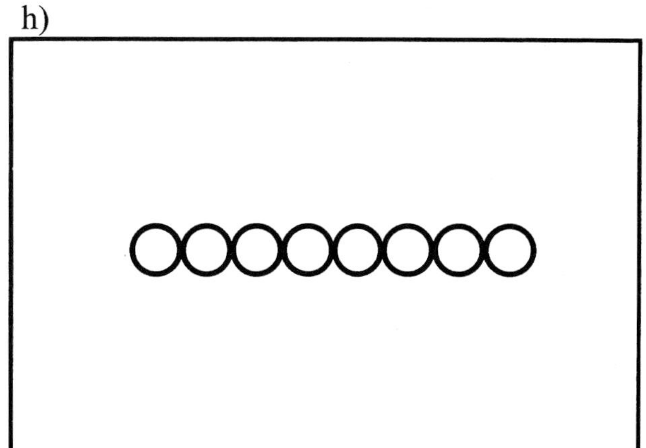

### 5.4.2.2 Lösung als Rechenaufgabe: Malaufgabe aufschreiben

**Anweisung:**
Als Material für 5.4.2.2 benötigen Sie die Perlenkettenbilder von Seite 171 und einen Stift. Zeigen Sie auf das erste Beispiel und kommentieren und demonstrieren Sie dazu.
*„Hier sind 3 Perlenketten zu sehen. Jede Kette hat 5 Perlen. Es sind also **3 mal 5** Perlen. Das schreibe ich unter die Zeichnung."* (Schreiben Sie: **3 · 5**) *„Zusammen sind es 15 Perlen."*
(Schreiben Sie weiter: **= 15**)

*„Kannst du weitermachen und solche **Rechenaufgaben mit ‚mal'** unter die anderen Zeichnungen schreiben?"*

**Auswertung:**

| | ✍ | x✍ | | | |
|---|---|---|---|---|---|
| **Perlenkettenbilder** | **vom Kind geschriebene Malaufgabe** | **richtig** | **falsch** | **nicht bear-beitet** | **Bemerkungen** |
| a) 3 mal 5 Perlen | z. B. 3 · 5 = 15 | | | | |
| b) 6 mal 2 Perlen | | | | | |
| c) 5 mal 4 Perlen | | | | | |
| d) 8 mal 1 Perlen | | | | | |
| e) 4 mal 4 Perlen | | | | | |
| f) 2 mal 10 Perlen | | | | | |
| g) 1 mal 7 Perlen | | | | | |
| h) 3 mal 6 Perlen | | | | | |
| | | | | | **Summen** |

**Aufgabenbezogenes Lösungsverhalten:**

| | x✍ | | | |
|---|---|---|---|---|
| **Das Kind ...** | **a)** bei (fast) **allen** Aufgaben | **b)** bei **einem Teil** der Aufgaben | **c)** bei **keiner** Aufgabe | **Bemerkungen** |
| schreibt die Malaufgabe richtig auf. | | | | |
| schreibt nur den Zahlensatz mit Mal richtig auf (z. B. 3 · 5 statt 3 · 5 = 15). | | | | |
| schreibt eine Malaufgabe, vertauscht dabei aber die Faktoren[48] (z. B. 5 · 3 = 15 statt 3 · 5 = 15). | | | | |
| schreibt/berechnet statt einer Malaufgabe eine Plusaufgabe (z. B. 3 + 5 = 8 statt 3 · 5 = 5). | | | | |
| geht die Aufgabenstellung nicht an. | | | | |

[48] Der erste Faktor legt die Anzahl der Teilmengen fest, der zweite die Anzahl der Elemente je Teilmenge.

**Material zu 5.4.2.2 – Multiplikativer Aspekt: Zahlensatz mit ‚mal' aufschreiben und berechnen**

a)

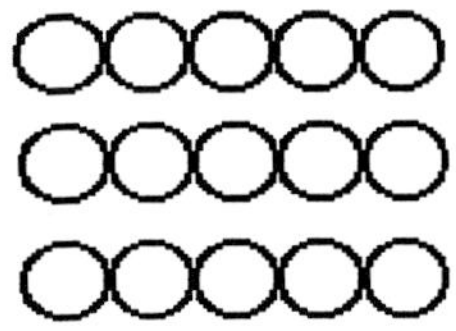

b)

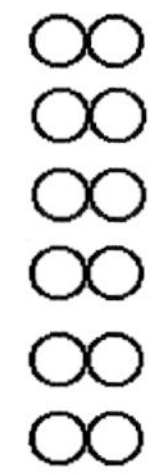

c)

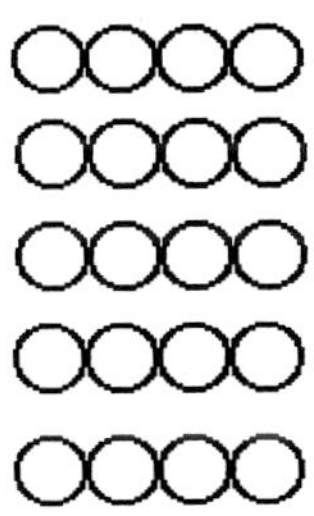

d)

e)

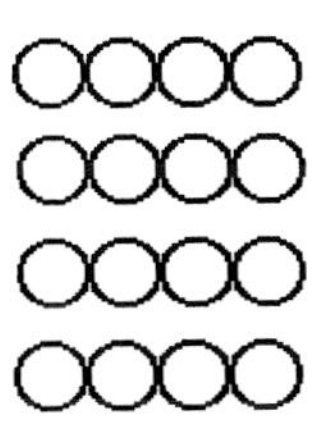

f)

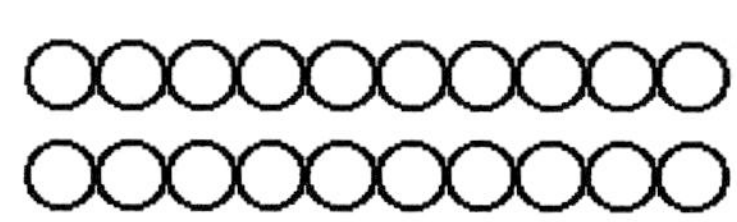

g)

h)

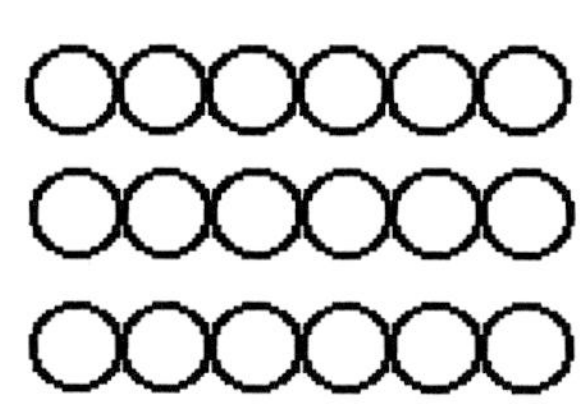

## 5.5 Textaufgaben: Vervielfachen von Mengen/ Multiplikation in Rechengeschichten

### 5.5.1 Lösung mit Hilfe von Materialien als Repräsentanten

**Anweisung:**
Sie benötigen Rechenmaterial wie z. B. Plättchen, Perlen, Klötzchen, die das Kind als Repräsentanten benutzen soll.
*„Ich erzähle jetzt eine Rechengeschichte. Zu den (An-)Zahlen, die in dieser Rechengeschichte vorkommen, lege ich Plättchen, damit ich mir die Zahlen besser merken und damit rechnen kann."*

a) Zur Demonstration: *„Lisa holt dreimal Gläser aus der Küche. Sie trägt jedesmal 5 Gläser."* (Legen Sie drei Reihen mit je 5 Plättchen.) *„Wie viele Gläser hat sie geholt?"* (Zeigen Sie auf die Plättchen): *„Sie hat dreimal 5 Gläser geholt. Ich sehe und berechne, dass es 15 Gläser sind."*

*„Kannst du jetzt zu den anderen **Rechengeschichten** Plättchen legen? Ich erzähle dir jede Rechengeschichte zweimal."*

b) *„Olaf geht **dreimal** in den Keller. Jedesmal holt er **2 Flaschen** Limonade herauf. Wie viele Flaschen hat er geholt?"*
c) *„Jan nimmt **viermal** am Tag **6 Tropfen** gegen Husten. Wie viele Tropfen sind das zusammmen?"*
d) *„In einer Gaststätte stehen **5** Tische. An Jedem Tisch stehen **4** Stühle. Wie viele Stühle sind das zusammmen?"*
e) *„Petra war auf dem Freimarkt. Sie hat an der Losbude **sechsmal 3 Lose** aus dem Eimer genommen. Wie viele Lose sind das zusammmen?"*

**Auswertung:**

| | ✍ | x✍ | | | ✍ | x✍ | | |
|---|---|---|---|---|---|---|---|---|
| **Aufgabenstellung der Rechengeschichte** | **vom Kind gelegte Plättchenmengen** | **richtig** | **falsch** | **nicht bearbeitet** | **vom Kind benannte Gesamtmenge** | **richtig** | **falsch** | **nicht bearbeitet** |
| a) 3 · 5 Gläser | z. B. 3 · 5 | | | | | | | |
| b) 3 · 2 Flaschen | | | | | | | | |
| c) 4 · 6 Tropfen | | | | | | | | |
| d) 5 · 4 Stühle | | | | | | | | |
| e) 6 · 3 Lose | | | | | | | | |
| | | | | | **Summen** | | | |

**Aufgabenbezogenes Lösungsverhalten:**

| | x✍ | | | |
|---|---|---|---|---|
| **Das Kind ...** | a) bei (fast) **allen** Aufgaben | **b)** bei **einem Teil** der Aufgaben | **c)** bei **keiner** Aufgabe | **Bemerkungen** |
| legt die Plättchen richtig in multiplikativer Anordnung als gleichmächtige Teilmengen. | | | | |
| legt die Plättchen fälschlicher Weise in additiver Anordnung (z. B. 3 + 5 statt 3 · 5). | | | | |
| legt keine Plättchen. | | | | |
| benennt die Anzahl der Gesamtmenge richtig. | | | | |

### 5.5.2 Lösung vorstellend/sprachlich

**Anweisung:**
*„Ich erzähle jetzt noch mehr **Rechengeschichten**. Du machst dir Bilder dazu in deinem Kopf. Dann sagst du das Ergebnis. Also: ...“*

a) *Ein Lastwagen fährt **dreimal** zum Bahnhof. Jedesmal hat er **5** große **Kisten** geladen. Wie viele Kisten hat er insgesamt zum Bahnhof gebracht?*
b) *Paul ist krank. Er muss **zweimal** am Tag **4** Tabletten schlucken. Wie viele Tabletten muss er an einem Tag schlucken?*
c) ***4 Kinder** spielen zusammen Karten. Jedes Kind hat **5 Karten**. Wie viele Karten haben sie zusammen?*
d) *Ein Taxi macht **6 Fahrten**. Bei jeder Fahrt hat es **3 Personen** (Menschen) befördert (gefahren). Wie viele Personen (Menschen) hat es insgesamt befördert (gefahren)?*

**Auswertung:**

| | ✍ | x✍ | | | |
|---|---|---|---|---|---|
| **Aufgabenstellung der Rechengeschichte** | **vom Kind benanntes Ergebnis der Multiplikation** | **richtig** | **falsch** | **weiß nicht** | **Bemerkungen** |
| a) 3 · 5 Kisten | | | | | |
| b) 2 · 4 Tabletten | | | | | |
| c) 4 · 5 Karten | | | | | |
| d) 6 · 3 Personen | | | | | |
| | | | | | **Summen** |

**Aufgabenbezogenes Lösungsverhalten:**

| | x✍ | | | |
|---|---|---|---|---|
| **Das Kind ...** | **a)** bei (fast) **allen** Aufgaben | **b)** bei **einem Teil** der Aufgaben | **c)** bei (fast) **keiner** Aufgabe | **Bemerkungen** |
| benennt das Ergebnis der Multiplikation spontan richtig. | | | | |
| benennt das Ergebnis der Multiplikation nach längerem Nachdenken richtig. | | | | |
| geht die Aufgabenstellung nicht an. | | | | |

### 5.5.3 Lösung als Rechenaufgabe

**Anweisung:**

Neben den Rechengeschichten für den Lehrer werden ein Zettel und ein Stift für das Kind benötigt.
*„Ich erzähle wieder Rechengeschichten. Du sollst dazu Rechenaufgaben aufschreiben. Wie das geht, mache ich dir an der ersten Rechengeschichte vor.“*

**a)** (Zur Demonstration): *„Olaf geht* ***viermal*** *in den Keller.* (Schreiben Sie: **4 ·**.) *Jedesmal holt er* ***2 Flaschen*** *Limonade herauf.“* (Schreiben Sie: **2.**) *„Wie viele Flaschen hat er geholt? Er hat* ***4 · 2 Flaschen*** *geholt. Das sind 8 Flaschen.“* (Schreiben Sie: **= 8.**)

*„Kannst du weitermachen und zu den* ***Rechengeschichten****, die ich dir erzählen werde, Rechenaufgaben mit ‚mal‘ aufschreiben?“*

**b)** *„Jessica ist krank. Sie muss Tabletten schlucken. Sie schluckt* ***dreimal*** *am Tag* ***3 Tabletten****. Wie viele Tabletten muss sie an einem Tag schlucken?“*

**c)** *„Frau Behring kauft* ***4 Packungen*** *mit Äpfeln. In jeder Packung sind* ***5 Äpfeln****. Wie viele Äpfel sind das zusammen?“*

**d)** *„In einer Bücherei werden Kisten mit Bücher gefüllt. Es werden* ***5 Kisten*** *gefüllt. In jede Kiste passen* ***10 Bücher****. Wie viele Bücher sind das zusammen?“*

**Auswertung:**

| | ✍ | x✍ | | | ✍ | x✍ | | |
|---|---|---|---|---|---|---|---|---|
| **Rechen-geschichte** | **vom Kind geschriebener Zahlensatz** | **richtig** | **falsch** | **nicht bear-beitet** | **vom Kind geschriebenes Ergebnis** | **richtig** | **falsch** | **nicht bear-beitet** |
| a) 4 · 2 Flaschen | z. B. 4 · 2 | | | | z. B. (=) 8 | | | |
| b) 3 · 3 Tabletten | | | | | | | | |
| c) 4 · 5 Äpfel | | | | | | | | |
| d) 5 · 10 Bücher | | | | | | | | |
| | | | | | **Summe** | | | |

**Aufgabenbezogenes Lösungsverhalten:**

| | x✍ | | | |
|---|---|---|---|---|
| **Das Kind ...** | **a)** bei (fast) **allen** Auf-gaben | **b)** bei **einem Teil** der Aufgaben | **c)** bei **keiner** Aufgabe | **Bemerkungen** |
| schreibt die Malaufgabe richtig auf. | | | | |
| schreibt nur den Zahlensatz mit „mal“ richtig auf (z. B. 3 · 5 statt 3 · 5 = 15). | | | | |
| schreibt/berechnet eine Plusaufgabe statt einer Malaufgabe (z. B. 3 + 5 = 8 statt 3 · 5 = 15). | | | | |
| geht die Aufgabenstellung nicht an. | | | | |

## 5.6 Aus additiven Zahlensätzen mit mehreren gleichmächtigen Summanden multiplikative Zahlensätze ableiten und berechnen

Mit dieser Aufgabenstellung soll ermittelt werden, ob ein Kind die Multiplikation als verkürzte Addition mehrerer gleichmächtiger Summanden auffassen kann.

**Anweisung:**
Sie benötigen das Material zu 5.6 (Seite 176) und einen Stift. Demonstrieren Sie dem Kind das Verfahren an Beispiel a):
*„Hier ist eine Plusaufgabe. Sie heißt* ***3 + 3 + 3 + 3*** *. Ich kann daraus eine* ***Malaufgabe*** *machen. Weil die* ***3 viermal*** *da steht, kann ich auch schreiben* ***4 · 3****."* (Schreiben Sie den Zahlensatz mit „mal" unter die zugehörige Plusaufgabe.)

*„Kannst du weitermachen und auch zu den anderen Plusaufgaben Malaufgaben aufschreiben?"*

Wenn das Kind alle Malaufgaben aufgeschrieben hat: *„Kannst du nun alle Rechenaufgaben ausrechnen?"*

**Auswertung:**

| | ✍ | x✍ | | | ✍ | x✍ | | |
|---|---|---|---|---|---|---|---|---|
| **Plusaufgaben** | **vom Kind geschriebene Malaufgabe** | **richtig** | **falsch** | **nicht bear-beitet** | **vom Kind geschriebenes Ergebnis der Addition** | **richtig** | **falsch** | **nicht bear-beitet** |
| a) 3 + 3 + 3 + 3 = | z. B. 4 · 3 | | | | z. B. 12 | | | |
| b) 2 + 2 + 2 + 2 + 2 + 2 = | | | | | | | | |
| c) 5 + 5 + 5 = | | | | | | | | |
| d) 4 + 4 + 4 + 4 + 4 – | | | | | | | | |
| e) 10 + 10 = | | | | | | | | |
| | | | | | **Summen** | | | |

| ✍ | x✍ | | | |
|---|---|---|---|---|
| **vom Kind** geschriebenes Ergebnis der Multiplikation | **richtig** | **falsch** | **nicht bear-beitet** | **Bemerkungen** |
| a) z. B. 12 | | | | zur Demonstration |
| b) | | | | |
| c) | | | | |
| d) | | | | |
| e) | | | | |
| | | | | **Summen** |

**Aufgabenbezogenes Lösungsverhalten:**

| | x✍ | | | |
|---|---|---|---|---|
| **Das Kind ...** | **a)** bei (fast) **allen** Aufgaben | **b)** bei **einem Teil** der Aufgaben | **c)** bei (fast) **keiner** Aufgabe | **Bemerkungen** |
| leitet richtigen multiplikativen Zahlensatz ab. | | | | |
| berechnet Addition richtig. | | | | |
| berechnet Multiplikation richtig. | | | | |
| geht die Aufgabenstellung nicht an. | | | | |

---

**Material zu 5.6 – Aus additiven Zahlensätzen multiplikative Zahlensätze ableiten**

a) 3 + 3 + 3 + 3 =

b) 2 + 2 + 2 + 2 + 2 + 2 =

c) 5 + 5 + 5 =

d) 4 + 4 + 4 + 4 + 4 =

e) 10 + 10 =

## 5.7 Schriftlich vorgegebene Multiplikationsaufgaben im Zahlenraum bis 20 (*100) lösen

Mit dieser Aufgabenstellung soll ermittelt werden, ob ein Kind auf der Symbolebene vervielfachen kann.

**Anweisung:**
Zusätzlich zu dem Material 5.7 (Seite 178) benötigen Sie einen Stift.
*„Rechne diese (Mal-)Aufgaben und schreibe die Ergebnisse auf!"*

**Auswertung:**

| | ✍ | x✍ | | | |
|---|---|---|---|---|---|
| **Malaufgabe** | **vom Kind geschriebenes Ergebnis** | **richtig** | **falsch** | **nicht bearbeitet** | **Bemerkungen** |
| 2 · 5 = | | | | | |
| 3 · 2 = | | | | | |
| 4 · 4 = | | | | | |
| 1 · 9 = | | | | | |
| 7 · 2 = | | | | | |
| 3 · 3 = | | | | | |
| 3 · 6 = | | | | | |
| 8 · 0 = | | | | | |
| 3 · 5 = | | | | | |
| 5 · 3 = | | | | | |
| 6 · 1 = | | | | | |
| *7 · 10 = | | | | | |
| *6 · 5 = | | | | | |
| *10 · 8 = | | | | | |
| *5 · 8 = | | | | | |
| | | | | | **Summen** |

*Nur, wenn (Zahlenraum) schon erarbeitet wurde.

**Anmerkung:**
Falls das Kind 2 · 5 = 7 oder 3 · 3 = 6 rechnet, fasst es das Malzeichen vermutlich als Pluszeichen auf. Überprüfen Sie die Lösungen daraufhin und notieren Sie es unter Bemerkungen in der Auswertungstabelle.

**Aufgabenbezogenes Lösungsverhalten:**

| | x✍ | | | |
|---|---|---|---|---|
| **Das Kind ...** | **a)** bei (fast) **allen** Aufgaben | **b)** bei **einem Teil** der Aufgaben | **c)** bei (fast) **keiner** Aufgabe | **Bemerkungen** |
| löst die Malaufgaben richtig. | | | | |
| fasst auf/berechnet die Malaufgabe als eine Plusaufgabe (z. B. 3 + 5 = 8 statt 3 · 5 = 15). | | | | |
| geht die Aufgabenstellung nicht an. | | | | |

**Gesetzmäßigkeiten:**

| **Fragen an das Kind** | **Antwort des Kindes** |
|---|---|
| *Kennst du Tauschaufgaben?* | *ja/nein* |
| *Sieh dir die Malaufgaben nochmals an! Sind Tauschaufgaben dabei?* | *ja/nein* |
| *Welche Rechenaufgaben gehören also als Tauschaufgaben zusammen?* | |
| *Warum machen Tauschaufgaben das Rechnen leichter?* | |

**Material zu 5.7 – Malaufgaben lösen**

| | | | |
|---|---|---|---|
| 2 | · | 5 | = |
| 3 | · | 2 | = |
| 4 | · | 4 | = |
| 1 | · | 9 | = |
| 7 | · | 2 | = |
| 3 | · | 3 | = |
| 3 | · | 6 | = |
| 8 | · | 0 | = |
| 3 | · | 5 | = |
| 5 | · | 3 | = |
| 6 | · | 1 | = |
| 7 | · | 10 | = |
| 6 | · | 5 | = |
| 10 | · | 8 | = |
| 5 | · | 8 | = |

## 5.8 Multiplikationsaufgaben – Kopfrechnen im Zahlenraum bis 20 (*100)

**Anweisung:**
*„Ich sage dir jetzt Rechenaufgaben und du sollst dazu nur das Ergebnis sagen. Also wenn* ***ich ‚3 mal 4'*** *sage, sagst* ***du ‚12'****."*
Stellen Sie dem Kind nach den Angaben in der Auswertungstabelle weitere solche Aufgaben. Notieren Sie die Antworten des Kindes in der Auswertungstabelle.

**Auswertung:**

| | ✍ | x✍ | | | |
|---|---|---|---|---|---|
| **Zahlensatz** | **vom Kind benanntes Ergebnis** | **richtig** | **falsch** | **nicht bear-beitet** | **Bemerkungen** |
| a) 3 · 5 | | | | | |
| b) 2 · 3 | | | | | |
| c) 4 · 4 | | | | | |
| d) 1 · 8 | | | | | |
| e) 6 · 2 | | | | | |
| f) 3 · 3 | | | | | |
| g) 4 · 5 | | | | | |
| h) 7 · 0 | | | | | |
| i) 2 · 9 | | | | | |
| j) 9 · 2 | | | | | |
| k) 8 · 1 | | | | | |
| *l) 9 ·10 | | | | | |
| *m) 7 · 5 | | | | | |
| *n) 10 · 6 | | | | | |
| *o) 5 · 6 | | | | | |
| | | | | | **Summen** |

*Nur, falls der (Zahlenraum) schon erarbeitet wurde.

**Aufgabenbezogenes Lösungsverhalten:**

| | x✍ | | | |
|---|---|---|---|---|
| **Das Kind ...** | **a)** bei (fast) **allen** Aufgaben | **b)** bei **einem Teil** der Aufgaben | **c)** bei (fast) **keiner** Aufgabe | **Bemerkungen** |
| benennt das Ergebnis der Malaufgabe spontan richtig. | | | | |
| benennt das Ergebnis der Malaufgabe nach längerem Nachdenken richtig. | | | | |
| benennt als Ergebnis fälschlicher Weise die Summe aus beiden Zahlen. | | | | |
| geht die Aufgabenstellung nicht an. | | | | |

## 5.9 Teilen von Mengen

Mit diesen Aufgabenstellungen soll ermittelt werden, ob ein Kind mit dem Begriff **„geteilt durch“** eine Handlung oder Darstellung verbindet, d. h.:

- zu den Zahlensätzen mit „geteilt durch“ durch den **Vorgang des Einteilens** Mengen in gleichmächtige Teilmengen mit festgelegter Anzahl von Elementen untergliedern und die **Anzahl der Teilmengen** bestimmen kann (siehe Kap. 5.9.1).
- eine Menge durch den **Vorgang des Verteilens** in gleichmächtige Teilmengen untergliedern und die **Anzahl der Elemente** der Teilmengen ermitteln kann (siehe Kap. 5.9.2).

### 5.9.1 Einteilen von Mengen mit konkretem Material

**Anweisung:**
Als Material benötigen Sie Steckperlen einer Farbe.

Demonstrieren und kommentieren Sie:
*„Ich möchte **8 teilen durch** 2. Das bedeutet: Ich stecke mir eine Kette aus 8 Perlen und **teile** sie dann **(ein) in Stücke zu 2 Perlen**. Ich bekomme **vier** 2er.“*

*„Stecke du jetzt Perlenketten und teile sie ein. Ich sage dir die Aufgabe dazu. Also: ...“*
(Entnehmen Sie die Aufgabenstellungen der Auswertungstabelle.)

Fragen Sie nach jeder Aufgabe: *„Wie viele 2er (3er-, 5er-, 6er- usw.) Stücke sind es?“*

**Auswertung:**

| | x✍ | | | | |
|---|---|---|---|---|---|
| **Aufgaben-stellung** | Kette **richtig** gesteckt und eingeteilt | Kette **falsch** gesteckt und eingeteilt | Kette **nicht** gesteckt und eingeteilt | konnte Ergebnis adäquat versprachlichen (ggf. notieren) | **Bemerkungen** |
| **8** geteilt durch **2** | | | | z. B. Es sind vier, vier 2er, 4 mal 5 | |
| **15** geteilt durch **5** | | | | | |
| **12** geteilt durch **3** | | | | | |
| **10** geteilt durch **2** | | | | | |
| **18** geteilt durch **6** | | | | | |
| **20** geteilt durch **4** | | | | | |
| **7** geteilt durch **1** | | | | | |
| | | | | **Summen** | |

**Aufgabenbezogenes Lösungsverhalten:**

| | x✍ | | | |
|---|---|---|---|---|
| **Das Kind ...** | **a)** bei (fast) **allen** Aufgaben | **b)** bei **einem Teil** der Aufgaben | **c)** bei (fast) **keiner** Aufgabe | **Bemerkungen** |
| untergliedert Gesamtmenge richtig in gleichmächtige Teilmengen. | | | | |
| bestimmt die Anzahl der Teilmengen richtig. | | | | |
| kann die Ergebnisse des Teilungsvorganges versprachlichen. | | | | |
| geht die Aufgabenstellung nicht an. | | | | |

## 5.9.2 Verteilen von Mengen mit konkretem Material

**Anweisung:**
Sie benötigen als Material Perlen, Bonbons, Steckwürfel, Erbsen, Murmeln etc., dazu 6 leere (Jogurt-)Becher.
*„Hier sind **12 Bonbons*** (gegebenenfalls Murmeln etc.). *Sie sollen **verteilt** werden **an 4 Kinder**. Jedes der 4 Kinder bekommt seine Bonbons in einen Becher gelegt.* (Nehmen Sie 4 Becher und stellen Sie sie auf.) *Ich verteile jetzt die 12 Bonbons in die 4 Becher. Damit finde ich heraus, wie viele Bonbons jedes Kind bekommt* (demonstrieren Sie es). *Es sind **3 Bonbons für jedes Kind**.“*

*„Verteile du nun Bonbons in die Becher. Ich sage dir immer die Aufgabe dazu. Also:...“*
(Entnehmen Sie die Aufgabenstellungen der Auswertungstabelle.)

Fragen Sie nach jeder Aufgabe: „*Wie viele Bonbons bekommt jedes Kind?*“

**Auswertung:**

| | x✍ | | | | |
|---|---|---|---|---|---|
| **Aufgaben-stellung** | **vom Kind richtig verteilt** | **vom Kind falsch verteilt** | **nicht bear-beitet** | **konnte Ergebnis adäquat [49] versprachlichen** | **Bemerkungen** |
| 12 verteilt an 4 | | | | z. B. jedes Kind bekommt drei | zur Demonstration |
| 8 verteilt an 2 | | | | | |
| 15 verteilt an 3 | | | | | |
| 18 verteilt an 6 | | | | | |
| 20 verteilt an 5 | | | | | |
| | | | | **Summen** | |

[49] Zum Beispiel: *„Es sind drei, jedes bekommt drei, vier 3er, 4 mal 3.“*

**Aufgabenbezogenes Lösungsverhalten:**

| | x✍ | | | |
|---|---|---|---|---|
| **Das Kind ...** | **a)** bei (fast) **allen** Aufgaben | **b)** bei **einem Teil** der Aufgaben | **c)** bei (fast) **keiner** Aufgabe | **Bemerkungen** |
| verteilt die Gesamtmenge richtig auf die entsprechende Anzahl von Teilmengen. | | | | |
| bestimmt die Anzahl der Elemente der gleichmächtigen Teilmengen richtig. | | | | |
| kann Ergebnis des Teilungsvorganges versprachlichen. | | | | |
| geht die Aufgabenstellung nicht an. | | | | |

## 5.10 Einteilen und Verteilen bei zeichnerisch dargestellten Objektmengen

### 5.10.1 Einteilen bei zeichnerisch dargestellten Objektmengen nach sprachlicher Beschreibung und Aufschreiben der zugehörigen Geteiltaufgabe

Mit dieser Aufgabenstellung soll ermittelt werden, ob ein Kind durch den Vorgang des Einteilens eine Menge in gleichmächtige Teilmengen zeichnerisch untergliedern, die Anzahl der Teilmengen feststellen und eine entsprechende Rechenaufgabe mit „geteilt" dazu aufschreiben kann.

**Anweisung:**
Sie benötigen das Material zu 5.10.1 (Seite 184) und einen farbigen Stift.

Zeigen Sie auf das erste Beispiel von 5.10.1. Kommentieren und demonstrieren Sie dazu.
*„Hier sind **8 Strümpfe**. Immer **2 Strümpfe gehören zusammen**. Ich umkreise immer 2 Strümpfe und **teile sie** damit **ein in 2er-Gruppen**.* (Zeigen Sie auf die 2er-Gruppe und demonstrieren Sie dann weiter das Umkreisen).
*Ich bekomme **vier** 2er-Gruppen. Dazu passt eine Rechenaufgabe mit „geteilt". Ich schreibe auf: 8 : 2 = 4."* (Sprechen Sie dazu: *„8 eingeteilt in 2 sind 4* oder gegebenenfalls *8 geteilt durch 2 gleich 4".*)

*„Kannst du jetzt bei den nächsten Aufgaben umkreisen und dann dazu die Rechenaufgabe mit ‚geteilt' aufschreiben?"*
*Damit du es gut verstehst, erzähle ich dir vor jeder Aufgabe eine kleine **Rechengeschichte** dazu, also: ..."*

a) *Hier sind **12 Jogurtbecher**. Immer **3** werden zusammengepackt.*
b) *Hier sind **21 Stifte**. Immer **7** werden in eine Schachtel verpackt.*
c) *Hier sind **16 Äpfel**. Immer **4** werden in eine Tüte verpackt.*
d) *Hier sind **18 Eier**. Immer **6** werden in eine Eierschachtel verpackt.*
e) *Hier sind **15 Lutscher**. Immer **5** und werden in Tüten verpackt.*

**Auswertung:**

| | x✍ | ✍ | x✍ | | | |
|---|---|---|---|---|---|---|
| **Zeichnung** | **Kind hat zeichnerisch richtig eingeteilt** | **vom Kind geschriebene Rechenaufgabe** | **richtig** | **falsch** | **nicht bearbeitet** | **Bemerkungen** |
| a) 12 Jogurtbecher eingeteilt in Gruppen zu 3 | | | | | | |
| b) 21 Stifte eingeteilt in Gruppen zu 7 | | | | | | |
| c) 16 Äpfel eingeteilt in Gruppen zu 4 | | | | | | |
| d) 18 Eier eingeteilt in Gruppen zu 6 | | | | | | |
| e) 15 Lutscher eingeteilt in Gruppen zu 5 | | | | | | |
| | | | | | | **Summen** |

**Aufgabenbezogenes Lösungsverhalten:**

| | x✍ | | | |
|---|---|---|---|---|
| **Das Kind ...** | **a)** bei (fast) **allen** Aufgaben | **b)** bei **einem Teil** der Aufgaben | **c)** bei (fast) **keiner** Aufgabe | **Bemerkungen** |
| untergliedert Gesamtmenge zeichnerisch richtig in gleichmächtige Teilmengen. | | | | |
| schreibt zu der Zeichnung Rechenaufgabe mit „geteilt" richtig auf. | | | | |
| schreibt zu den Zeichnungen nur Zahlensatz mit „geteilt" richtig auf (z. B. 12 : 3). | | | | |
| geht die Aufgabenstellung nicht an. | | | | |

## Material zu 5.10.1 – Einteilen

Beispiel zur Demonstration: 8 Strümpfe

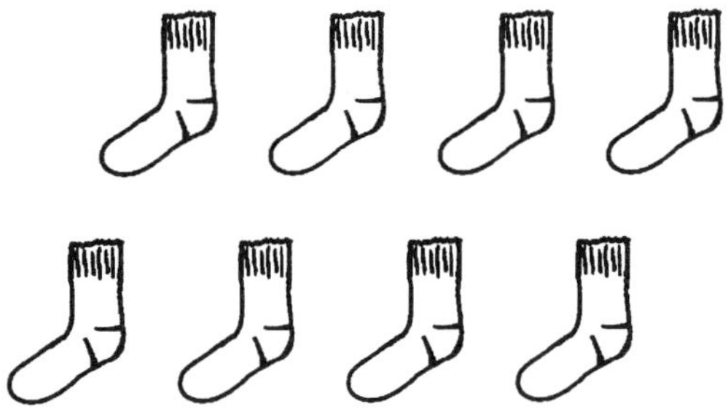

Geteiltaufgabe dazu:

a) 12 Jogurtbecher

Geteiltaufgabe dazu:

b) 21 Stifte

Geteiltaufgabe dazu:

c) 16 Äpfel

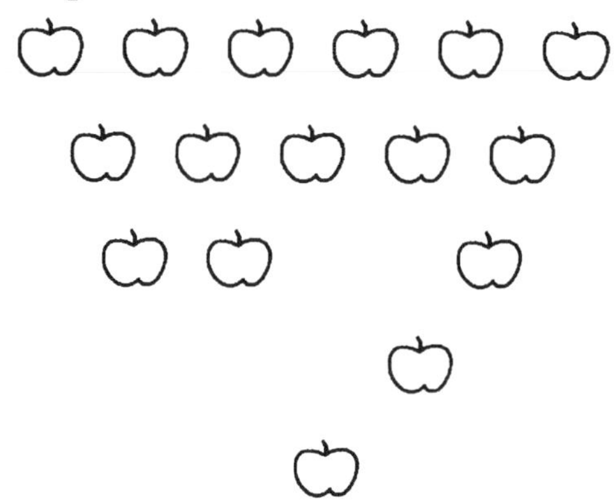

Geteiltaufgabe dazu:

d) 18 Eier

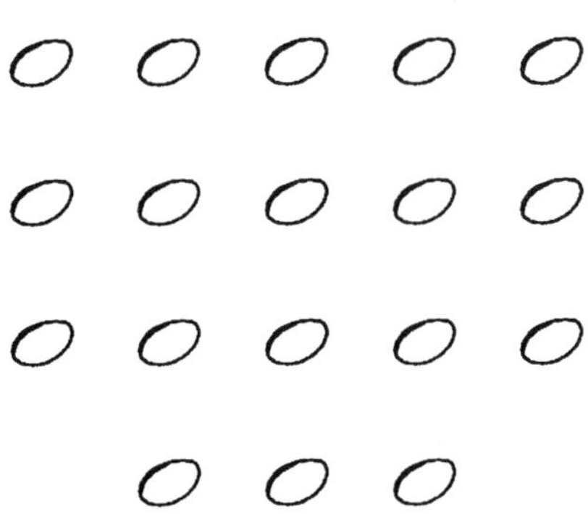

Geteiltaufgabe dazu:

e) 15 Lutscher

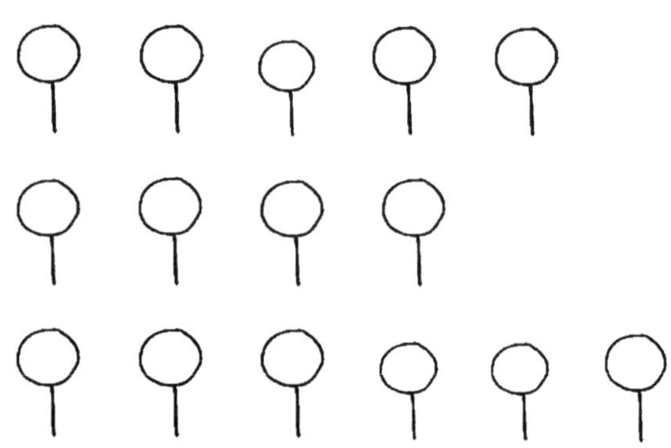

Geteiltaufgabe dazu:

## Material zu 5.10.2 – Verteilen

a) Beispiel zur Demonstration:
12 Blumen werden gleichmäßig auf
3 Vasen verteilt.

b) 8 Brötchen sollen gleichmäßig auf 4 Teller
verteilt werden.

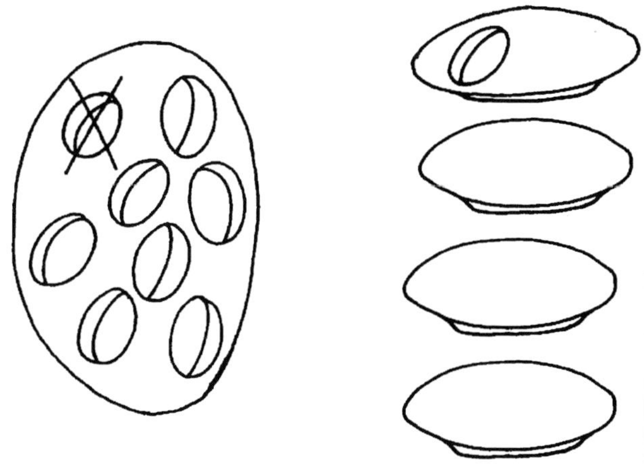

c) 7 Schokoküsse sollen gleichmäßig auf
7 Teller verteilt werden

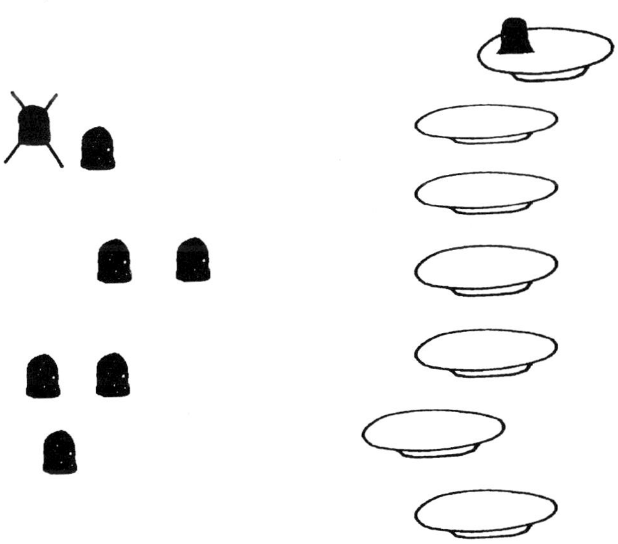

d) 9 Kugeln Eis sollen gleichmäßig auf
3 Eistüten verteilt werden.

e) 20 Kinder sollen im Schullandheim gleichmäßig auf 5 Zimmer verteilt werden.

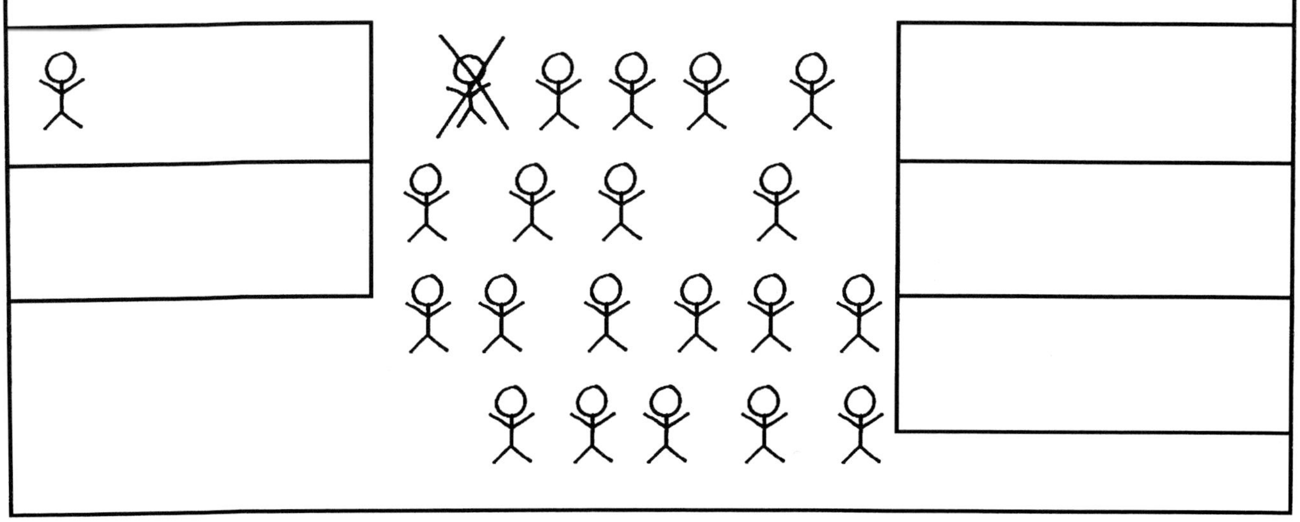

### 5.10.2 Verteilen bei zeichnerisch dargestellten Objektmengen nach sprachlicher Beschreibung und Aufschreiben der zugehörigen Geteiltaufgabe

Mit dieser Aufgabenstellung soll ermittelt werden, ob ein Kind durch den Vorgang des Verteilens eine Menge gleichmäßig auf eine feste Anzahl von Teilmengen zeichnerisch verteilen, die Anzahl der Elemente der gleichmächtigen Teilmengen feststellen und eine entsprechende Rechenaufgabe mit „geteilt" dazu aufschreiben kann.

**Anweisung:**
Sie benötigen das Material zu 5.10.2 (Seite 185) und einen farbigen Stift.
Zeigen Sie auf das Beispiel a) des Materials zu 5.10.2. Kommentieren und demonstrieren Sie dazu:
*„Hier sind **12 Blumen**. Sie sollen gleichmäßig **auf 3 Vasen verteilt** werden.* (Zeigen Sie auf die 3 Vasen.) *Und so geht das Verteilen bei einer Zeichnung:* (Demonstrieren Sie so am ersten Beispiel das zeichnerische Verteilungsverfahren.) *Ich streiche eine Blume in der Zeichnung durch und zeichne sie in die erste Vase. Dann streiche ich eine weitere Blume durch und zeichne sie in die nächste Vase. Dann streiche ich wieder eine Blume durch und zeichne sie in die dritte Vase. Das wiederhole ich solange, bis ich alle Blumen gleichmäßig in die Vasen verteilt habe.*
*Ich sehe an der Zeichnung, dass **in jeder Vase 4 Blumen** sind.*
*Dazu passt eine Rechenaufgabe mit Geteilt. Ich schreibe auf: **12 : 3 = 4***
(Sprechen Sie dazu: ***12 verteilt auf 3 sind 4** – oder gegebenenfalls 12 geteilt durch 3 gleich 4)"*

*„Kannst du jetzt bei den nächsten Aufgaben die Dinge zeichnerisch verteilen und anschließend dazu die Rechenaufgaben mit „geteilt" aufschreiben?"*

*„Damit du die Zeichnungen gut verstehst, erzähle ich dir vor jeder Aufgabe eine kleine **Rechengeschichte** dazu, also: ..."*

b) *Hier sind **8 Brötchen**. Sie sollen gleichmäßig **auf 4 Teller** verteilt werden.*
c) *Hier sind **7 Schokoküsse**. Sie sollen gleichmäßig **auf 7 Teller** verteilt werden.*
d) *Hier sind **9 Kugeln Eis**. Sie sollen gleichmäßig **auf 3 Eistüten** verteilt werden.*
e) *Hier sind **20 Schüler**. Sie sollen im Schullandheim gleichmäßig **auf 5 Zimmer** verteilt werden.*

Demonstrieren Sie dem Kind gegebenenfalls, wie man die Objekte einfach und schnell zeichnet.

**Auswertung:**

| | x✍ | ✍ | x✍ | | | |
|---|---|---|---|---|---|---|
| **Zeichnung** | **Das Kind hat zeichnerisch richtig verteilt** | **vom Kind geschriebene Rechenaufgabe** | **richtig** | **falsch** | **nicht bearbeitet** | **Bemerkungen** |
| b) 8 Brötchen verteilt an 4 | | | | | | |
| c) 7 Schokoküsse verteilt an 10 | | | | | | |
| d) 9 Kugeln Eis verteilt an 3 | | | | | | |
| e) 20 Schüler verteilt auf 5 | | | | | | |
| | | **Summen** | | | | |

## Aufgabenbezogenes Lösungsverhalten:

| | x✍ | | | |
|---|---|---|---|---|
| **Das Kind ...** | **a)** bei (fast) **allen** Aufgaben | **b)** bei **einem Teil** der Aufgaben | **c)** bei (fast) **keiner** Aufgabe | **Bemerkungen** |
| verteilt die Elemente der Gesamtmenge zeichnerisch gleichmäßig auf die festgelegte Anzahl der Teilmengen. | | | | |
| schreibt zu den Zeichnungen Rechenaufgaben mit „geteilt“ richtig auf. | | | | |
| schreibt zu den Zeichnungen nur Zahlensätze mit „geteilt“ richtig auf (z. B. 12 : 3 statt 12 : 3 = 4). | | | | |
| geht die Aufgabenstellung nicht an. | | | | |

**Anmerkung:**
Das Verteilen ist von Bedeutung bei Textaufgaben und wirklichkeitsbezogenen Sachverhalten. Es sollte deshalb auch nur in solchen Zusammenhängen angeboten und geübt werden.

---

**Material zu 5.11 – Zu Zahlensätzen mit ‚geteilt' Punktebilder zeichnen und Lösungen daraus ableiten**

Beispiel zur Demonstration:

a) **12 : 3**

b) **8 : 2**

c) **18 : 3**

d) **21 : 7**

## 5.11 Zu Zahlensätzen mit „geteilt" Punktebilder zeichnen und Lösungen daraus ableiten

Mit dieser Aufgabenstellung soll ermittelt werden, ob ein Kind nach den Angaben eines Zahlensatzes mit ‚geteilt' Punktemengen zeichnen, einteilen und mit Hilfe dieser Zeichnung die Lösung der Rechenaufgabe finden kann.

**Anweisung:**
Sie benötigen das Material zu 5.11 (Seite 187) und einen farbigen Stift.

Zeigen Sie auf das erste Beispiel und kommentieren und demonstrieren Sie dazu:
*„Hier steht **12 geteilt durch 3** geschrieben. Ich mache dazu eine **Zeichnung mit Punkten**. Ich zeichne **12 Punkte** und **teile** sie dann ein **in 3er-Gruppen**.* (Umkreisen Sie immer 3 Punkte.) *Ich bekomme **4 solche 3er-Gruppen**. Also ist **12 : 3 gleich 4**.* (Zeigen Sie auf den Zahlensatz mit „geteilt" und schreiben Sie die Lösung: = **4** dazu auf.)"

*„Kannst du zu den anderen Rechenaufgaben auch solche Zeichnungen anfertigen und dann das Ergebnis dazuschreiben?"*

**Auswertung:**

| | x ✍ | ✍ | x ✍ | | | |
|---|---|---|---|---|---|---|
| **Zahlensatz mit „geteilt"** | **zeichnerische Darstellung des Kindes richtig** | **vom Kind geschriebene Lösung** | **richtig** | **falsch** | **nicht bear- beitet** | **Bemerkungen** |
| a) 12 : 3 | | | | | | |
| b) 8 : 2 | | | | | | |
| c) 18 : 3 | | | | | | |
| d) 21 : 7 | | | | | | |
| | | | | | | **Summen** |

**Aufgabenbezogenes Lösungsverhalten:**

| | x ✍ | | | |
|---|---|---|---|---|
| **Das Kind ...** | **a)** bei (fast) **allen** Aufgaben | **b)** bei **einem Teil** der Aufgaben | **c)** bei (fast) **keiner** Aufgabe | **Bemerkungen** |
| zeichnet die richtige Anzahl der Gesamtmenge entsprechend der Angaben des Zahlensatzes. | | | | |
| teilt entsprechend der Angaben des Zahlensatzes richtig in gleichmächtige Teilmengen ein. | | | | |
| schreibt auch das Ergebnis der Geteiltaufgabe richtig auf. | | | | |
| geht die Aufgabenstellung nicht an. | | | | |

## 5.12 Textaufgaben: Einteilen und Verteilen von Mengen – Division in Rechengeschichten

### 5.12.1 Lösung mit Hilfe von Materialien als Repräsentanten

**Anweisung:**
Es wird Rechenmaterial wie z. B. Plättchen, Perlen, Klötzchen, die das Kind als Repräsentanten benutzen soll, benötigt.
*„Ich erzähle jetzt eine Rechengeschichte. Zu den (An-)Zahlen, die in dieser Rechengeschichte vorkommen, lege ich Plättchen, damit ich mir die Zahlen besser merken und auch besser rechnen kann.“*

a) Zur Demonstration: *„Ein Zoogeschäft hat **20 neue Vögel** bekommen.* (Legen Sie 20 Plättchen.) *Die Verkäuferin setzt **immer 5 Vögel** in einen Käfig.* (Ordnen Sie die 20 Plättchen zu 5-er Gruppen.) ***Wie viele Käfige** braucht sie?* (Zeigen Sie auf die 4 Plättchengruppen): *Sie braucht **4 Käfige**.“*

*„Kannst du jetzt zu den anderen Rechengeschichten, die ich dir zweimal erzählen werde, Plättchen legen?“*

**Weitere Rechengeschichten:**

b) *„Herr Richter baut für seine **10 Hasen** neue Ställe. **Immer 2 Kaninchen** sollen in einen Stall. Wie viele Ställe muß er bauen?“*
c) *„Peter hat **16 DM**. Er kauft sich davon kleine Modellautos. Ein **Auto** kostet **8 DM**. Wie viele Autos kann er kaufen?“*
d) *„Im Blumengeschäft liegen **18 Blumen**. Die Blumenverkäuferin bindet **immer 6 Blumen** zu einem Strauß **zusammen**. Wie viele Sträuße werden es?“*
e) *„Nina hat **14 Fische** gebraten. Sie verteilt sie **auf 7 Teller**. Wie viele Fische liegen auf jedem Teller?“*
f) *„An der Losbude hat Herr Schulz **12 Lose** gekauft. Er verteilt sie **an** seine **4 Kinder.** Wie viele Lose bekommt jedes Kind?“*

**Auswertung:**

| | vom Kind entsprechend mit Plättchen dargestellt | | | x✍ | x✍ | | |
|---|---|---|---|---|---|---|---|
| **Rechen-geschichte** | **richtig** | **falsch** | **nicht bear-beitet** | **vom Kind benannte Lösung** | **richtig** | **falsch** | **nicht bear-beitet** |
| a) 20 Vögel eingeteilt in 5 | | | | z. B. 4 Käfige | | | |
| b) 10 Kaninchen eingeteilt in 2 | | | | | | | |
| c) 16 DM eingeteilt in 8 | | | | | | | |
| d) 18 Blumen eingeteilt in 6 | | | | | | | |
| e) 14 Fische verteilt an 7 | | | | | | | |
| f) 12 Lose verteilt an 4 | | | | | | | |
| | | | | **Summen** | | | |

**Aufgabenbezogenes Lösungsverhalten:**

| | x✍ | | | |
|---|---|---|---|---|
| **Das Kind ...** | **a)** bei (fast) **allen** Aufgaben | **b)** bei **einem Teil** der Aufgaben | **c)** bei (fast) **keiner** Aufgabe | **Bemerkungen** |
| stellt die Division richtig mit Plättchen dar. | | | | |
| legt keine Plättchen. | | | | |
| benennt die Lösung richtig. | | | | |
| geht die Aufgabenstellung nicht an. | | | | |

### 5.12.2 Lösung vorstellend/sprachlich

**Anweisung:**
*„Ich erzähle jetzt noch mehr **Rechengeschichten**. Du machst dir dabei Bilder dazu in deinem Kopf. Dann sagst du das Ergebnis. Also: ...“*

a) *Frau Heine möchte **12 Flaschen** Saft kaufen. Es gibt nur **6er-Packungen** zu kaufen, also immer 6 Flaschen sind in einer Packung. Wie viele Packungen muss sie in ihren Einkaufswagen stellen?*
b) ***20 Schüler** fahren ins Schullandheim. **Immer 4 Schüler** schlafen in einem Zimmer. Wie viele Zimmer werden gebraucht?*
c) ***5 Kinder teilen** sich **15 Kaugummis**. Wie viele Kaugummis bekommt jedes Kind?*
d) *Wer meinen Rasen mäht, bekommt **12 DM**“, sagt Frau Nagel. **Kai, Karin und Marie teilen** sich die Arbeit und das Geld. Wie viele DM bekommt jeder?*

**Auswertung:**

| | ✍ | x✍ | | | |
|---|---|---|---|---|---|
| **Aufgabenstellung der Rechengeschichte** | **vom Kind benannte Lösung** | **richtig** | **falsch** | **weiß nicht** | **Bemerkungen** |
| a) 12 Flaschen eingeteilt in 6 | | | | | |
| b) 20 Schüler eingeteilt in 4 | | | | | |
| c) 15 Kaugummis verteilt an 5 | | | | | |
| d) 12 DM verteilt an 3 | | | | | |
| | | | | | **Summen** |

**Aufgabenbezogenes Lösungsverhalten:**

| | x✍ | | | |
|---|---|---|---|---|
| **Das Kind ...** | **a)** bei (fast) **allen** Aufgaben | **b)** bei **einem Teil** der Aufgaben | **c)** bei (fast) **keiner** Aufgabe | **Bemerkungen** |
| benennt das Ergebnis der Division spontan richtig. | | | | |
| benennt das Ergebnis der Division nach längerem Nachdenken richtig. | | | | |
| geht die Aufgabenstellung nicht an. | | | | |

### 5.12.3 Lösung als Rechenaufgabe

**Anweisung:**
Sie benötigen die Rechengeschichten (siehe unten) sowie Zettel und Stift für das Kind.
*„Ich erzähle wieder Rechengeschichten. Du sollst dazu Rechenaufgaben aufschreiben. Wie das geht, mache ich dir an der ersten Rechengeschichte vor."*

a) Zur Demonstration: *„Paul hat **12 Autobilder*** (schreiben Sie **12**). *Er **verteilt** sie gleichmäßig **an** seine **3 Freunde*** (schreiben Sie: **: 3**). *Wie viele Autobilder bekommt jeder Freund? **Jeder** Freund bekommt **4 Autobilder*** (schreiben Sie: **= 4**)."
*„Kannst du jetzt zu den Rechengeschichten, die ich dir zweimal erzählen werde, Rechenaufgaben aufschreiben?"*

**Weitere Textaufgaben:**
b) *„4 Kinder spielen miteinander Karten. Zuerst müssen **20 Karten** gleichmäßig **an** die **4Kinder** verteilt werden. Wie viele Karten bekommt jedes Kind?"*
c) *„In einem Milchgeschäft werden **60** frische **Eier in 10 Eierkartons** geliefert. Wie viele Eier sind in einem Karton?"*
d) *„Die Verkäuferin Anna hat **18 Zitronen**. Sie füllt immer **3 in ein Netz**. Wie viele Netze kann sie füllen?"*
e) *„Simon hat **15 Kekse**. Er legt **immer 5 Kekse auf einen Teller**. Wie viele Teller hat er mit Keksen belegt?"*

**Auswertung:**

| | ✍ | x✍ | | | ✍ | x✍ | | |
|---|---|---|---|---|---|---|---|---|
| **Aufgabenstellung der Rechengeschichte** | **vom Kind geschriebener Zahlensatz** | **richtig** | **falsch** | **nicht bearbeitet** | **vom Kind geschriebenes Ergebnis** | **richtig** | **falsch** | **nicht bearbeitet** |
| a) 12 Bilder verteilt an 3 | z. B. 12 : 3 | | | | z. B. = 4 | | | |
| b) 20 Karten verteilt an 4 | | | | | | | | |
| c) 60 Eier verteilt auf 10 | | | | | | | | |
| d) 18 Zitronen eingeteilt in 3 | | | | | | | | |
| e) 15 Kekse eingeteilt in 5 | | | | | | | | |

**Aufgabenbezogenes Lösungsverhalten:**

| | x✍ | | | |
|---|---|---|---|---|
| **Das Kind ...** | **a)** bei (fast) **allen** Aufgaben | **b)** bei **einem Teil** der Aufgaben | **c)** bei **keiner** Aufgabe | **Bemerkungen** |
| schreibt die zugehörige Geteiltaufgabe richtig auf. | | | | |
| schreibt nur den Zahlensatz mit ‚geteilt' richtig auf (z. B. 20 : 4 statt 20 : 4 = 5). | | | | |
| schreibt/berechnet eine Malaufgabe statt einer Divisionsaufgabe (z. B. 3 · 5 = 15 statt 15 : 3 = 5). | | | | |
| geht die Aufgabenstellung nicht an. | | | | |

## 5.13 Schriftlich vorgegebene Divisionsaufgaben im Zahlenraum bis 20 (*100) lösen

**Anweisung:**
Sie benötigen das Material zu 5.13 (Seite 193) und einen Stift.
„Rechne diese (Geteilt-)Aufgaben und schreibe die Ergebnisse auf!"

**Auswertung:**

| | ✍ | x✍ | | | |
|---|---|---|---|---|---|
| **Divisions-aufgabe** | **vom Kind geschriebenes Ergebnis** | **richtig** | **falsch** | **nicht bear-beitet** | **Bemerkungen** |
| a) 6 : 2 = | | | | | |
| b) 12 : 3 = | | | | | |
| c) 15 : 5 = | | | | | |
| d) 15 : 3 = | | | | | |
| e) 20 : 4 = | | | | | |
| f) 9 : 3 = | | | | | |
| g) 18 : 6 = | | | | | |
| h) 18 : 3 = | | | | | |
| i) 8 : 8 = | | | | | |
| j) 14 : 7 = | | | | | |
| k) 5 : 1 = | | | | | |
| *l) 90 : 9 = | | | | | |
| *m) 45 : 5 = | | | | | |
| *n) 70 : 10 = | | | | | |
| *o) 32 : 8 = | | | | | |
| | | | | | **Summen** |

*Nur, wenn (Zahlenraum) schon erarbeitet wurde.

**Aufgabenbezogenes Lösungsverhalten:**

| | x✍ | | | |
|---|---|---|---|---|
| **Das Kind ...** | **a)** bei (fast) **allen** Aufgaben | **b)** bei **einem Teil** der Aufgaben | **c)** bei (fast) **keiner** Aufgabe | **Bemerkungen** |
| löst die Geteiltaufgabe richtig. | | | | |
| fasst auf/berechnet die Geteiltaufgabe als eine Malaufgabe (z. B. $6 \cdot 2 = 12$ statt $6 : 2 = 3$). | | | | |
| geht die Aufgabenstellung nicht an. | | | | |

**Gesetzmäßigkeiten:**

| **Fragen an das Kind** | **Antwort des Kindes** |
|---|---|
| Kennst du Tauschaufgaben? | ja/nein |
| Sieh dir die Geteiltaufgaben nochmals an! Sind Tauschaufgaben dabei? | ja/nein |
| Welche Rechenaufgaben gehören also als Tauschaufgaben zusammen? | |
| Warum machen Tauschaufgaben das Rechnen leichter? | |
| Kennst du Umkehraufgaben (Probeaufgaben)? | ja/nein |
| Kannst du zu dieser Geteiltaufgabe (Zeigen Sie auf eine richtig gelöste Geteiltaufgabe) die zugehörige Umkehraufgabe sagen? | |
| Sieh dir die Geteiltaufgaben nochmals an! Kannst du zu dieser Geteiltaufgabe (zeigen Sie auf eine richtig gelöste Geteiltaufgabe) die zugehörige Malaufgabe sagen? | |

**Material zu 5.13 – Divisionsaufgaben**

| | |
|---|---|
| a) 6 : 2 = | i) 8 : 8 = |
| b) 12 : 3 = | j) 14 : 7 = |
| c) 15 : 5 = | k) 5 : 1 = |
| d) 15 : 3 = | l*) 90 : 9 = |
| e) 20 : 4 = | m*) 45 : 5 = |
| f) 9 : 3 = | n*) 70 : 10 = |
| g) 18 : 6 = | o*) 32 : 8 = |

*Nur, wenn Zahlenraum erarbeitet wurde.

## 5.14 Divisionsaufgaben – Kopfrechnen im Zahlenraum bis 20 (*100)

**Anweisung:**
*„Ich sage dir jetzt Rechenaufgaben und du sollst dazu nur das Ergebnis sagen. Also wenn* ***ich ‚12 geteilt durch 4‘*** *sage, sagst* ***du ‚3‘****.“*

*Stellen Sie dem Kind nach den Angaben in der Auswertungstabelle weitere solche Aufgaben. Notieren Sie die Antworten des Kindes in der Auswertungstabelle.*

**Auswertung:**

| | ✍ | x✍ | | | |
|---|---|---|---|---|---|
| **Divisionsaufgabe** | **vom Kind benanntes Ergebnis** | **richtig** | **falsch** | **nicht bear-beitet** | **Bemerkungen** |
| a) 15 : 5 = | | | | | |
| b) 6 : 3 = | | | | | |
| c) 16 : 4 = | | | | | |
| d) 18 : 6 = | | | | | |
| e) 8 : 1 = | | | | | |
| f) 9 : 3 = | | | | | |
| g) 20 : 5 = | | | | | |
| h) 14 : 7 = | | | | | |
| i) 14 : 2 = | | | | | |
| j) 9 : 9 = | | | | | |
| *k) 80 : 10 = | | | | | |
| *l) 30 : 5 = | | | | | |
| *m) 60 : 6 = | | | | | |
| *n) 54 : 6 = | | | | | |
| | | | | | **Summen** |

*Nur, falls der (Zahlenraum) schon erarbeitet wurde.

**Aufgabenbezogenes Lösungsverhalten:**

| | x✍ | | | |
|---|---|---|---|---|
| **Das Kind ...** | **a)** bei (fast) **allen** Auf-gaben | **b)** bei **einem Teil** der Aufgaben | **c)** bei (fast) **keiner** Aufgabe | **Bemerkungen** |
| benennt das Ergebnis der Geteiltaufgabe spontan richtig. | | | | |
| benennt das Ergebnis der Geteiltaufgabe nach längerem Nachdenken richtig. | | | | |
| geht die Aufgabenstellung nicht an. | | | | |

# 6 Lösungs- und Ableitungsstrategien

# 6 Lösungs- und Ableitungsstrategien[50]

## 6.1 Lösungs- und Ableitungsstrategien bei Addition und Subtraktion

**Vorbemerkungen**
Es sind drei Arten von Lösungsstrategien zu unterscheiden:
**Zählstrategien**
**Auswendiglernen der/einiger Grundaufgaben** im Zahlenraum bis 10
**Ableitungsstrategien**

**Zählstrategien**
Die von Schüler/innen neben den einfachen Zählstrategien (z. B. alles abzählen) am häufigsten angewandten **weiterentwickelten Zählstrategien** sind:

- **Weiterzählen** vom größeren Summanden aus (mit oder ohne Benutzen der Finger):
  Bei 6 + 4 oder 4 + 6 wird weitergezählt: 7, 8, 9, **10**
- **Rückwärtszählen** bei der Subtraktion (mit oder ohne Benutzen der Finger):
  Bei 8 – 3 wird gezählt 8, 7, **6**
- **Draufzählen** bei Ergänzungen (mit oder ohne Benutzen der Finger):
  Bei 5 + □ = 9 wird gezählt 6, 7, 8, 9, also + 4 (siehe Weiterzählen doch mit anderer Schlussfolgerung!)

**Auswendiglernen der/einiger Grundaufgaben und Ableitungsstrategien**
Um zu schnellerem und sicherem Rechnen und zu größerer Flexibilität zu gelangen, um komplexere Rechnungen und Rechnungen in größeren Zahlenräumen (bis 100, 1000 ...) anstellen zu können, ist es notwendig, das zählende Rechnen durch eine Kombination von Auswendiglernen der/einiger Grundaufgaben im Zahlenraum bis 10 und durch das Anwenden von Ableitungsstrategien zu überwinden/ersetzen.

Ob ein Kind die Grundaufgaben der Addition und Subtraktion auswendig weiß, können Sie mit Hilfe der Kapitel 6.1.7, 6.2.7, 6.3.7, 6.4.7, 6.5.6 im Band II ermitteln.

**Ableitungsstrategien kennen und anwenden**
In diesem Kapitel wird der Versuch unternommen, zu ermitteln, ob das Kind (einige) Ableitungsstrategien kennt und anwendet.
Das Anwenden von Ableitungsstrategien setzt Einsichten in die Zahlbeziehungen sowie in die Eigenschaften der Rechenoperationen voraus.

Es handelt sich um folgende Ableitungsstrategien:

- **Tauschaufgaben** (2 + 7 = 7 + 2 = 9; wenn 9 – 1 = 8, dann ist 9 – 8 = 1)
- **Umkehraufgaben/Probeaufgaben** (5 + 4 = 9; 9 – 4 = 5 und umgekehrt)
- **Aufgabenfamilien** (4 + 3 = 7; 3 + 4 = 7; 7 – 4 = 3; 7 – 3 = 4)
- **Nachbaraufgaben** (wenn 3 + 3 = 6 ist, dann ist 3 + 4 = ?)
- **Dekadische Analogien** (z. B. wenn 6 + 2 = 8 ist, wie viel ist dann 60 + 20? Oder
  wenn 1 + 4 = 5 ist, wie viel ist dann 31 + 4?)

[50] Eine ausführliche Darstellung dieser Thematik finden Sie auf Seite 127 ff. in „Handbuch des Förderns im Mathematikunterricht" von Lorenz/Radatz (Schroedel Verlag 1993).

### 6.1.1 Lösungs- und Ableitungsstrategie: Tauschaufgabe

#### 6.1.1.1 Zu Plus- und Minusaufgaben Tauschaufgaben finden – unterstützt durch zeichnerisch dargestellte Punktemengen

**Anweisung:**
Sie benötigen das Material zu 6.1.1.1 (Seite 199).
Zeigen Sie auf das erste Beispiel. Demonstrieren und kommentieren Sie dazu:

*„Hier sind Punktebilder gezeichnet. Zu jedem Punktebild ist eine passende Plusaufgabe aufgeschrieben. Zu jeder Plusaufgabe gibt es eine Tauschaufgabe. Zu der Plusaufgabe* ***1 + 5 = 6*** (Zeigen Sie auf Beispiel a) *gehört die* ***Tauschaufgabe 5 + 1 = 6*** (Schreiben Sie bei Beispiel a).

*Kannst du nun weitermachen und zu jeder Plusaufgabe eine* ***Tauschaufgabe aufschreiben****?“*

Wiederholen Sie die **Anweisung den Minusaufgaben entsprechend** am Beispiel d).
(**6 – 2 = 4**; Tauschaufgabe dazu: **6 – 4 = 2**!).

**Auswertung:**

| | ✍ | x ✍ | | | |
|---|---|---|---|---|---|
| **Rechenaufgabe** | **vom Kind dazu notierte Tauschaufgabe** | **richtig** | **falsch** | **nicht bearbeitet** | **Bemerkungen** |
| a) 1 + 5 = 6 | | | | | |
| b) 3 + 7 = 10 | | | | | |
| c) 2 + 6 = 8 | | | | | |
| d) 6 – 2 = 4 | | | | | |
| e) 7 – 1 = 6 | | | | | |
| f) 8 – 3 = 5 | | | | | |
| | | | | | **Summen** |

**Aufgabenbezogenes Lösungsverhalten:**

| | x ✍ | | | |
|---|---|---|---|---|
| **Das Kind** kann die zugehörige Tauschaufgabe angeben ... | **a)** bei (fast) **allen** Aufgaben | **b)** bei **einem Teil** der Aufgaben | **c)** bei (fast) **keiner** Aufgabe | **Bemerkungen** |
| bei Plusaufgaben und Minusaufgaben. | | | | |
| nur bei Plusaufgaben. | | | | |
| nur bei Minusaufgaben. | | | | |
| Es geht die Aufgabenstellung nicht an. | | | | |

### 6.1.1.2 Zu Plus- und Minusaufgaben Tauschaufgaben finden – ohne zeichnerische Unterstützung

**Anweisung:**
Zeigen Sie auf das erste Beispiel des Materials zu 6.1.1.2. Demonstrieren und kommentieren Sie dazu:
*„Hier sind Plusaufgaben aufgeschrieben. Zu jeder Plusaufgabe gibt es eine Tauschaufgabe. Zu dieser Plusaufgabe 2 + 5 = 7* (Zeigen Sie auf Beispiel a) *gehört die* ***Tauschaufgabe 5 + 2 = 7*** (schreiben Sie bei Beispiel a) auf).

*Kannst du nun weitermachen und zu jeder Plusaufgabe eine Tauschaufgabe aufschreiben?"*

Wiederholen Sie die **Anweisung den Minusaufgaben entsprechend** am Beispiel d).
(**6 – 1 = 5**; Tauschaufgabe dazu: **6 – 5 = 1**!)

**Auswertung:**

| | ✍ | x✍ | | | |
|---|---|---|---|---|---|
| **Rechenaufgabe** | **vom Kind dazu notierte Tauschaufgabe** | **richtig** | **falsch** | **nicht bear-beitet** | **Bemerkungen** |
| a) 2 + 5 = 7 | (5 + 2 = 7) | | | | |
| b) 1 + 8 = 9 | | | | | |
| c) 3 + 4 = 7 | | | | | |
| d) 6 – 1 = 5 | (6 – 5 = 1) | | | | |
| e) 8 – 2 = 6 | | | | | |
| f) 9 – 4 = 5 | | | | | |
| | | | | | **Summen** |

**Aufgabenbezogenes Lösungsverhalten:**

| | x✍ | | | |
|---|---|---|---|---|
| **Das Kind** kennt die zugehörige Tauschaufgabe auch ohne zeichnerische Darstellung ... | **a)** bei (fast) **allen** | **b)** bei **einem Teil** | **c)** bei (fast) **keiner** | **Bemerkungen** |
| bei Plus- und Minusaufgaben. | | | | |
| nur bei Plusaufgaben. | | | | |
| nur bei Minusaufgaben. | | | | |
| geht die Aufgabenstellung nicht an. | | | | |

**Anmerkung:**
Es ist möglich, dass das Kind Tauschaufgaben auf der Symbolebene (6.1.1.2) finden kann, aber ihm die zeichnerische Darstellung wie in 6.1.1.1 keine Hilfe bietet.

## Material zu 6.1.1.1 – Tauschaufgaben mit zeichnerischer Darstellung

a) Beispiel Plusaufgabe:

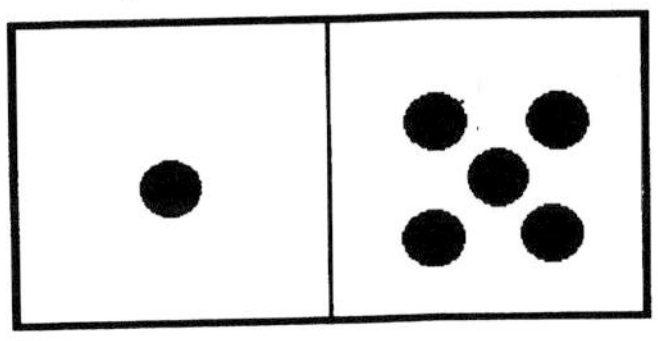

1 + 5 = 6

b)

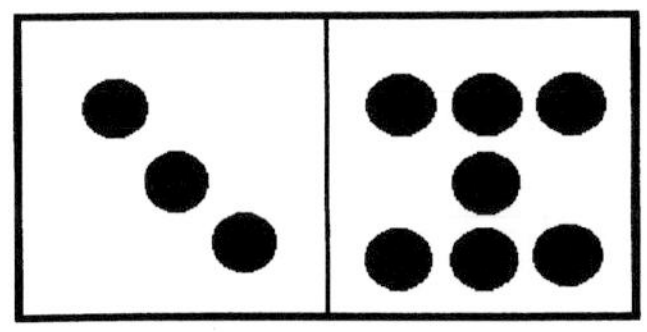

3 + 7 = 10

c)

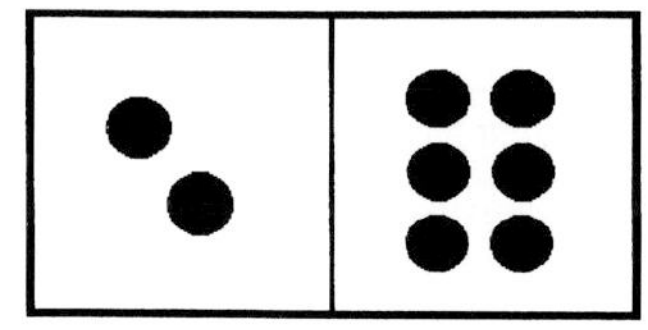

2 + 6 = 8

d) Beispiel Minusaufgabe:

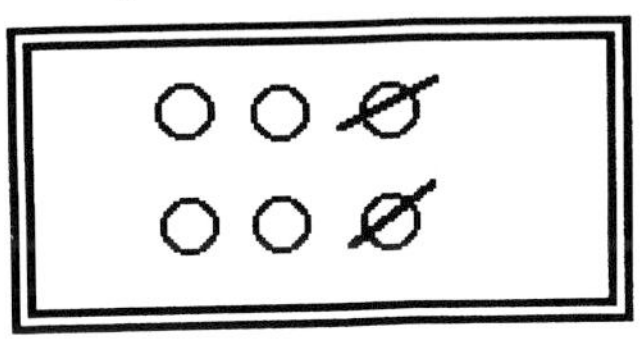

6 – 2 = 4

e)

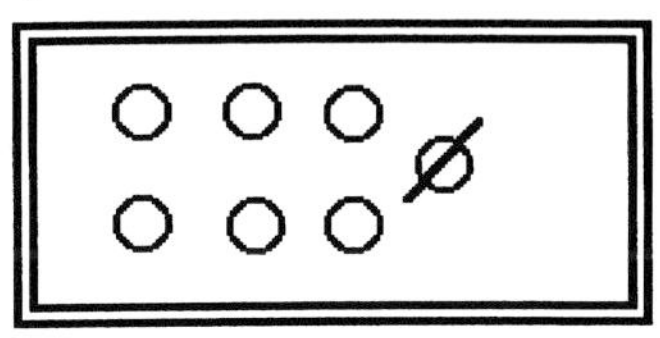

7 – 1 = 6

f)

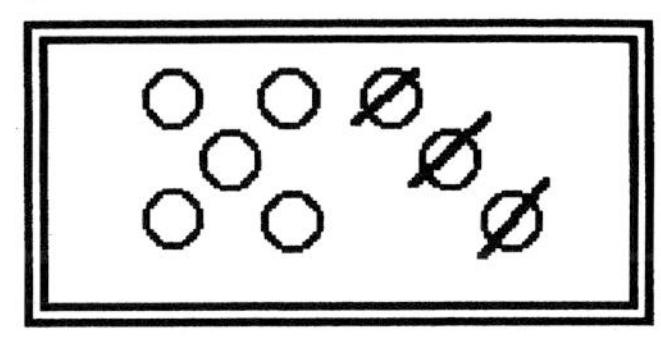

8 – 3 = 5

---

## Material zu 6.1.1.2 – Tauschaufgaben ohne zeichnerische Darstellung

a) Beispiel Plusaufgabe:

2 + 5 = 7

b)

1 + 8 = 9

c)

3 + 4 = 7

d) Beispiel Minusaufgabe:

6 – 1 = 5

e)

8 – 2 = 6

f)

9 – 4 = 5

### 6.1.1.3 Tauschaufgaben anwenden

**Anweisung:**
*„Wie rechnest du (gegebenenfalls wie denkst du) bei ...?“*
(Nennen Sie die Aufgaben aus der Auswertungstabelle)

**Auswertung:**

| | ✍ | x✍ | | | |
|---|---|---|---|---|---|
| **Rechen-aufgaben** | **Antwort des Kindes** | **Kind verwendet dabei Tauschaufgabe** | | **nicht bear-beitet** | **Bemerkungen** |
| | | **ja** | **nein** | | |
| a) 1 + 6 | | | | | |
| b) 2 + 8 | | | | | |
| c) 4 + 10* | | | | | |
| d) 1 + 19* | | | | | |
| e) 3 + 87* | | | | | |
| | | | | | **Summen** |

*Nur falls der Zahlenraum schon erarbeitet wurde.

**Aufgabenbezogenes Lösungsverhalten:**

| | x✍ | | | |
|---|---|---|---|---|
| **Das Kind ...** | **a)** bei (fast) **allen** Plusaufgaben | **b)** bei **einem Teil** der Plusaufgaben | **c)** bei (fast) **keiner** Plusaufgabe | **Bemerkungen** |
| wendet die zugehörige Tauschaufgabe an. | | | | |

## 6.1.2 Lösungs- und Ableitungsstrategie: Umkehraufgabe (Probeaufgabe)

### 6.1.2.1 Zu Plus- und Minusaufgaben Umkehraufgaben finden – unterstützt[51] durch zeichnerisch dargestellte Punktemengen

**Anweisung:**
Zeigen Sie auf das Material zu 6.1.2.1 (siehe Seite 203). Demonstrieren und kommentieren Sie dazu:
*„Hier sind Punktebilder gezeichnet. Zu jedem Punktebild ist eine passende Plusaufgabe aufgeschrieben. Zu jeder* ***Plusaufgabe*** *gibt es* ***eine Umkehraufgabe mit „minus“****.* (Zeigen Sie auf Beispiel a): *Zu der Plusaufgabe* **2 + 4 = 6** *gehört die* ***Umkehraufgabe 6 – 4 = 2.“***
*„Kannst du jetzt weitermachen und zu jeder Plusaufgabe eine Umkehraufgabe mit „minus“ aufschreiben?“*
Wiederholen Sie die **Anweisung den Minusaufgaben entsprechend** am Beispiel d):
**5 – 3 = 2**; Umkehraufgabe dazu: **2 + 3 = 5**.

[51] Es ist möglich, dass die zeichnerische Darstellung dem Kind keine Hilfe bietet, weil es sie nicht deuten kann. In einem solchen Falle reicht es natürlich aus, wenn es die Umkehraufgaben auf der Symbolebene (6.1.2.2) bewältigt.

**Auswertung:**

| | ✍ | x✍ | | | |
|---|---|---|---|---|---|
| **Rechen-aufgabe** | **vom Kind dazu notierte Umkehraufgabe** | **richtig** | **falsch** | **nicht bear-beitet** | **Bemerkungen** |
| a) 2 + 4 = 6 | 6 – 4 = 2 | | | | |
| b) 5 + 4 = 9 | | | | | |
| c) 6 + 1 = 7 | | | | | |
| d) 5 – 3 = 2 | 2 + 3 = 5 | | | | |
| e) 7 – 1 = 6 | | | | | |
| f) 8 – 4 = 4 | | | | | |
| | | | | | **Summen** |

Zur Ermittlung des aufgabenbezogenen Lösungsverhaltens können Sie die Tabellen auf Seite 202 verwenden.

### 6.1.2.2 Zu Plus- und Minusaufgaben Umkehraufgaben finden – ohne zeichnerische Unterstützung

**Anweisung:**
Zeigen Sie auf das Material zu 6.1.2.2 (siehe Seite 203). Demonstrieren und kommentieren Sie dazu: „*Hier sind Plusaufgaben aufgeschrieben. Zu jeder **Plusaufgabe** gibt es eine **Umkehraufgabe** mit **‚minus'**.*
Zeigen Sie auf Beispiel a): *Zu dieser Plusaufgabe **3 + 2 = 5** gehört die Umkehraufgabe **5 – 2 = 3.**"*

*„Kannst du nun weitermachen und zu jeder Plusaufgabe eine Umkehraufgabe mit Minus aufschreiben?"*

Wiederholen Sie die Anweisung den Minusaufgaben entsprechend am Beispiel d):
*„**9 – 1 = 8**, Umkehraufgabe dazu: **8 + 1 = 9**."*

**Auswertung:**

| | ✍ | x✍ | | | |
|---|---|---|---|---|---|
| **Rechenaufgabe** | **vom Kind dazu notierte Umkehr-aufgabe** | **richtig** | **falsch** | **nicht bear-beitet** | **Bemerkungen** |
| a) 3 + 2 = 5 | (5 – 2 = 3) | | | | |
| b) 6 + 4 = 10 | | | | | |
| c) 3 + 3 = 6 | | | | | |
| d) 9 – 1 = 8 | (8 + 1 = 9) | | | | |
| e) 7 – 3 = 4 | | | | | |
| f) 8 – 4 = 4 | | | | | |
| | | | | | **Summen** |

Zur Ermittlung des aufgabenbezogenen Lösungsverhaltens können Sie die Tabellen auf Seite 202 verwenden.

### 6.1.2.3 Umkehraufgaben im Kopf bilden

**Anweisung:**
*„Kannst du die Umkehraufgabe zu **7 + 2 = 9** sagen?"*

Falls das Kind den Begriff Umkehraufgabe nicht kennt: *„Kannst du die passende Minusaufgabe zu **7 + 2 = 9** sagen?" bzw. „Kannst du die passende Plusaufgabe zu **9 – 3 = 6** sagen?"*

Stellen Sie dem Kind weitere solche Aufgaben nach den Angaben in der Auswertungstabelle.

**Auswertung:**

| | ✍ | | x ✍ | | |
|---|---|---|---|---|---|
| **Rechenaufgabe** | **vom Kind dazu benannte Umkehraufgabe** | **richtig** | **falsch** | **nicht bear-beitet** | **Bemerkungen** |
| a) 7 + 2 = 9 | 6 – 4 = 2 | | | | |
| b) 3 + 3 = 6 | | | | | |
| c) 15 + 5 = 20* | | | | | |
| d) 75 + 25 = 100* | | | | | |
| e) 8 – 3 = 5 | 5 + 3 = 8 | | | | |
| f) 10 – 5 = 5 | | | | | |
| g) 14 – 7 = 7* | | | | | |
| h) 50 – 25 = 25* | | | | | |
| i) 30 – 29 = 1* | | | | | |
| j) 90 – 88 = 2* | | | | | |
| | | | | | **Summen** |

*Nur falls der Zahlenraum schon erarbeitet wurde.

**Aufgabenbezogenes Lösungsverhalten für die Aufgabenstellungen 6.1.2.1 bis 6.1.2.3:**

| **Das Kind** notiert/benennt die zugehörige Umkehraufgabe ... | x ✍ | **Bemerkungen** |
|---|---|---|
| a) bei (fast) allen Aufgaben. | | |
| b) bei einigen Aufgaben. | | |
| c) nur bei den Aufgaben mit Punktebildern. | | |
| d) nur bei den schriftlich vorgegebenen Rechenaufgaben. | | |
| e) nur bei den mündlich gestellten Rechenaufgaben. | | |
| f) nur bei Plusaufgaben. | | |
| g) nur bei Minusaufgaben. | | |
| h) bei (fast) keiner Aufgabe. | | |

**Material zu 6.1.2.1 – Umkehraufgabe (Probeaufgabe) mit zeichnerischer Darstellung**

a) Beispiel Plusaufgaben:

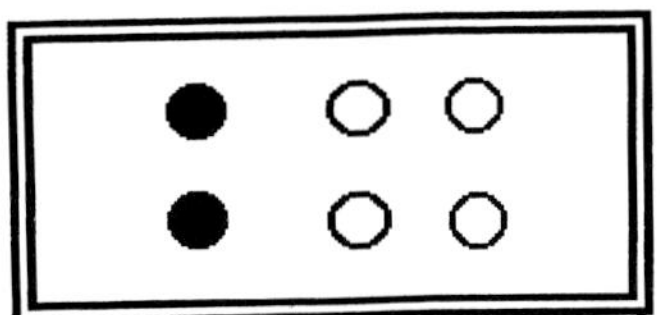

2 + 4 = 6

6 – 4 = 2

b)

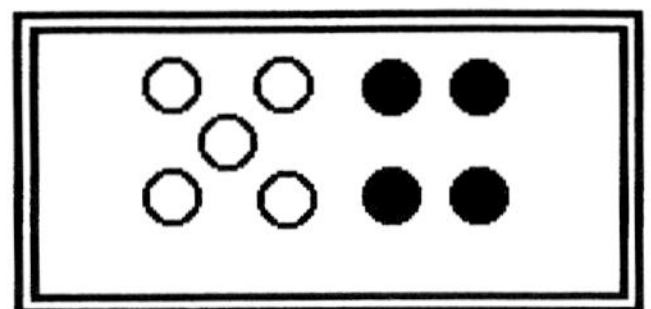

5 + 4 = 9

c)

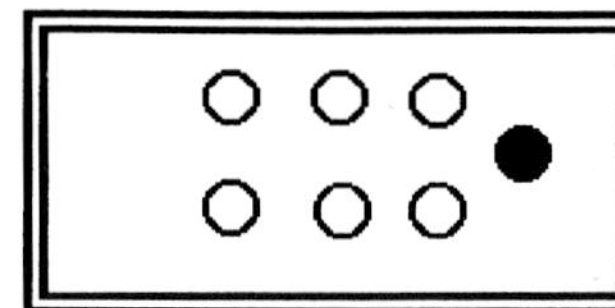

6 + 1 = 7

d) Beispiel Minusaufgaben:

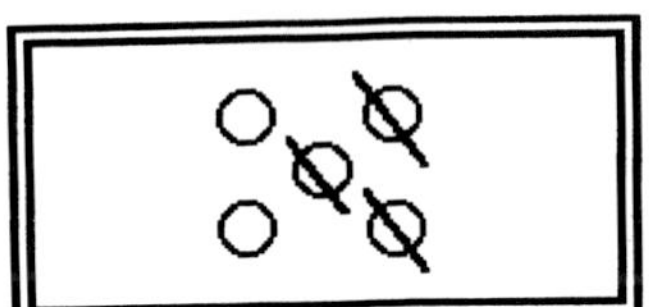

5 – 3 = 2

2 + 3 = 5

e)

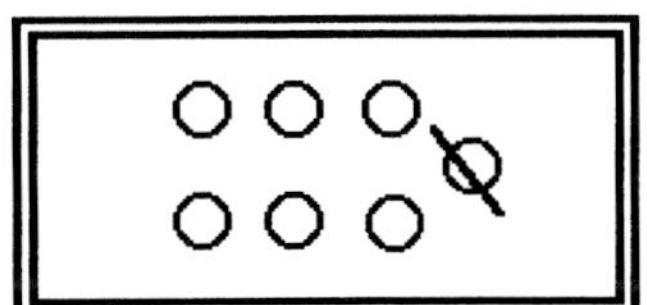

7 – 1 = 6

f)

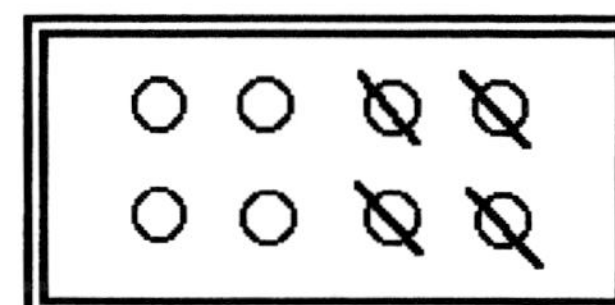

8 – 4 = 4

---

**Material zu 6.1.2.2 – Umkehraufgabe (Probeaufgabe) ohne zeichnerische Darstellung**

a) Beispiel Plusaufgaben:

3 + 2 = 5

5 – 2 = 3

b)

6 + 4 = 10

c)

3 + 3 = 6

d) Beispiel Minusaufgaben:

9 – 1 = 8

8 + 1 = 9

e)

7 – 3 = 4

f)

8 – 4 = 4

### 6.1.3 Lösungs- und Ableitungsstrategie: Aufgabenfamilie

#### 6.1.3.1 Zu zeichnerisch dargestellten Punktemengen passende Plus- und Minusaufgaben finden

**Anweisung:**
Zeigen Sie auf das Material zu 6.1.3.1 (siehe Seite 207). Demonstrieren und kommentieren Sie dazu: *„Hier sind Punktebilder gezeichnet. Zu jedem **Punktebild** kann ich **zwei passende Plusaufgaben** und **zwei passende Minusaufgaben** aufschreiben.*
(Zeigen Sie auf das erste Beispiel) *Zu diesem Punktebild mit **2** schwarzen **und 4** weißen **Punkten** wurde aufgeschrieben: ... (Lesen Sie dem Kind die Beispielaufgaben vor!)"*

*„Kannst du jetzt zu jedem Punktebild zwei passende Plusaufgaben und zwei passende Minusaufgaben aufschreiben?"*

**Auswertung:**

| | ✍ | x✍ | | | | |
|---|---|---|---|---|---|---|
| **Punktebild** | **vom Kind dazu notierte Aufgaben (-familie)** | **richtig** | **falsch** | **unvoll-ständig** | **nicht bear-beitet** | **Bemerkungen** |
| a) 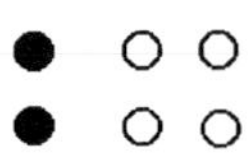 | $2+4=6$<br>$4+2=6$<br>$6-2=4$<br>$6-4=2$ | | | | | zur Demonstration |
| b) 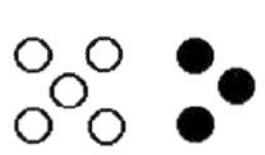 | | | | | | |
| c) 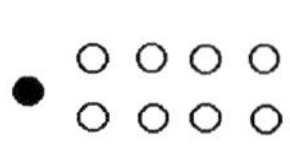 | | | | | | |
| | | | | | | **Summen** |

**Aufgabenbezogenes Lösungsverhalten:**

| | x✍ | | | |
|---|---|---|---|---|
| **Das Kind ...** | **a)** bei (fast) **allen** Aufgaben | **b)** bei **einem Teil** der Aufgaben | **c)** bei (fast) **keiner** Aufgabe | **Bemerkungen** |
| schreibt zu den Punktebildern die vollständige Aufgabenfamilie auf. | | | | |
| schreibt nur 3, 2, oder 1 passende Aufgaben. | | | | |
| schreibt nur passende Plusaufgaben. | | | | |
| schreibt nur passende Minusaufgaben. | | | | |
| geht die Aufgabenstellung nicht an. | | | | |

### 6.1.3.2 Zahlen in Rechenbeziehung zueinander bringen durch Erstellen passender Plus- und Minusaufgaben

**Anweisung:**
Zeigen Sie auf das Material zu 6.1.3.2 (siehe Seite 207). Demonstrieren und kommentieren Sie dazu:
*„Hier sind immer 3 Zahlen aufgeschrieben. Ich nehme Rechenzeichen dazu und kann so **zwei passende Plusaufgaben und zwei passende Minusaufgaben** aufschreiben.* (Zeigen Sie auf Beispiel a). *Zu diesen Zahlen 2, 3, 5 kann ich die Rechenaufgaben ...* (lesen Sie dem Kind die Beispielaufgaben vor!) *aufschreiben.“*
*„Kannst du nun zu den Zahlen Rechenaufgaben ausdenken und immer zwei passende Plusaufgaben und zwei passende Minusaufgaben aufschreiben?“*

**Auswertung:**

| | ✍ | x✍ | | | | |
|---|---|---|---|---|---|---|
| **Zahlenangaben** | **vom Kind dazu notierte Aufgaben (-familie)** | **richtig** | **falsch** | **unvollständig** | **nicht bearbeitet** | **Bemerkungen** |
| a) 2, 3, 5 | $2 + 3 = 5$<br>$3 + 2 = 5$<br>$5 - 2 = 3$<br>$5 - 3 = 2$ | | | | | |
| b) 1, 8, 9 | | | | | | |
| c) 4, 6, 10 | | | | | | |
| d) 8, 12, 20* | | | | | | |
| e) 5, 95, 100* | | | | | | |
| | | | | | | **Summen** |

*Nur falls der Zahlenraum schon erarbeitet wurde.

**Aufgabenbezogenes Lösungsverhalten:**

| | x✍ | | | |
|---|---|---|---|---|
| **Das Kind ...** | **a)** bei (fast) **allen** Aufgaben | **b)** bei **einem Teil** der Aufgaben | **c)** bei (fast) **keiner** Aufgabe | **Bemerkungen** |
| schreibt zu den Zahlen die vollständige Aufgabenfamilie auf. | | | | |
| schreibt nur 3, 2 oder 1 passende Aufgaben. | | | | |
| schreibt nur passende Plusaufgaben. | | | | |
| schreibt nur passende Minusaufgaben. | | | | |
| geht die Aufgabenstellung nicht an. | | | | |

### 6.1.3.3 Aufgabenfamilien – Kopfrechnen

**Anweisung:**
*„Ich sage dir 3 Zahlen. Daraus sollst du passende Rechenaufgaben machen, und zwar 2 Plusaufgaben und zwei Minusaufgaben. Also* ***zu den Zahlen 1, 6, 7 kannst du sagen:*** *... "*
(Siehe Auswertungstabelle.)
Stellen Sie dem Kind weitere solche Aufgaben nach den Angaben in der Auswertungstabelle.

**Auswertung:**

| | ✍ | x✍ | | | | |
|---|---|---|---|---|---|---|
| **Zahlen-angaben** | **vom Kind dazu benannte Auf-gaben(-familie)** | **richtig** | **falsch** | **unvoll-ständig** | **nicht bear-beitet** | **Bemerkungen** |
| a) 1, 6, 7 | $1 + 6 = 7$<br>$6 + 1 = 7$<br>$7 - 1 = 6$<br>$7 - 6 = 1$ | | | | | |
| b) 2, 8, 10 | | | | | | |
| c) 4, 5, 9 | | | | | | |
| d) 3, 17, 20* | | | | | | |
| e) 2, 48, 50* | | | | | | |
| | | | | | | **Summen** |

*Nur falls der Zahlenraum schon erarbeitet wurde.

**Aufgabenbezogenes Lösungsverhalten:**

| | x✍ | | | |
|---|---|---|---|---|
| **Das Kind ...** | **a)** bei (fast) **allen** Aufgaben | **b)** bei **einem Teil** der Aufgaben | **c)** bei (fast) **keiner** Aufgabe | **Bemerkungen** |
| benennt zu den Zahlen die vollständige Aufgabenfamilie. | | | | |
| benennt nur 3, 2, oder 1 passende Aufgaben. | | | | |
| benennt nur passende Plusaufgaben. | | | | |
| benennt nur passende Minusaufgaben. | | | | |
| geht die Aufgabenstellung nicht an. | | | | |

**Material zu 6.1.3.1 – Aufgabenfamilien mit zeichnerischer Darstellung**

a) Beispiel

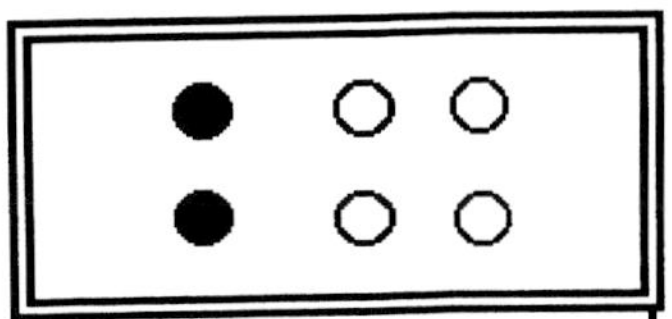

| |
|---|
| 2 + 4 = 6 |
| 4 + 2 = 6 |
| 6 – 2 = 4 |
| 6 – 4 = 2 |

b)

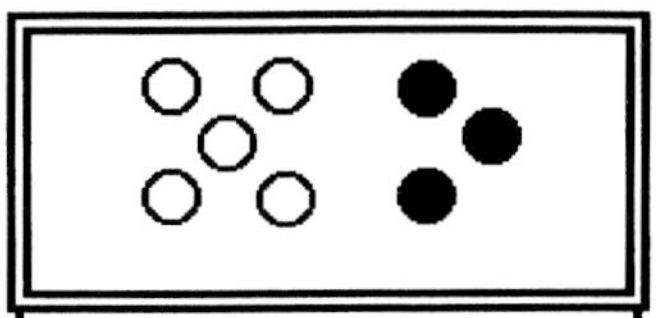

| |
|---|
| |
| |
| |
| |

c)

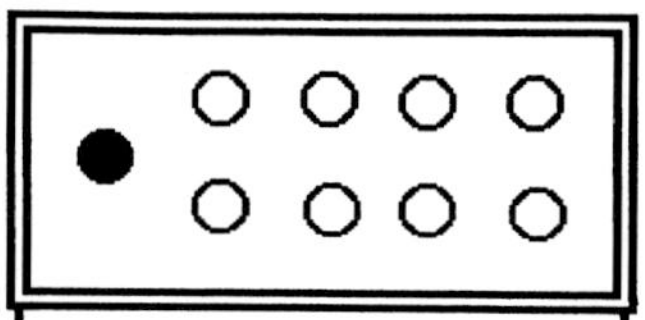

| |
|---|
| |
| |
| |
| |

**Material zu 6.1.3.2 – Aufgabenfamilien**

a) Beispiel

| 2, 3, 5 |
|---|
| 2 + 3 = 5 |
| 3 + 2 = 5 |
| 5 – 2 = 3 |
| 5 – 3 = 2 |

b)

| 1, 8, 9 |
|---|
| |
| |
| |
| |

c)

| 4, 6, 10 |
|---|
| |
| |
| |
| |

d)

| 8, 12, 20 |
|---|
| |
| |
| |
| |

e)

| 5, 95, 100 |
|---|
| |
| |
| |
| |

### 6.1.4 Lösungs- und Ableitungsstrategie: Nachbaraufgabe

**Anweisung:**
Diese Aufgaben werden verbal gestellt. Das Kind darf für die Antwort nur wenige Sekunden Zeit bekommen.

Falls sich nach einigen Aufgabenstellungen herausstellt, dass das Kind sich die Zahlensätze nicht oder schlecht merken kann, kann das Material zu 6.1.4 (siehe Seite 210) zur Unterstützung des Gedächtnisses vorgelegt werden. Dies sollte aber dann in der Auswertungstabelle vermerkt werden. Die Aufgabenstellung erfolgt wie oben beschrieben, nur dass Sie dabei auf die vorgelesenen Zahlensätze zeigen oder sie markieren.

Stellen Sie dem Kind die Aufgaben nach den Angaben in der Auswertungstabelle.

**Auswertung für den Zahlenraum bis 10:**

| | ✍ | x✍ | | | |
|---|---|---|---|---|---|
| **Wenn-dann-Aufgabenstellungen im Zahlenraum bis 10** | **vom Kind benannte Lösung** | **richtig** | **falsch** | **nicht bearbeitet** | **Bemerkungen** |
| a) Wenn 5 + 2 = 7 ist, wie viel ist dann 5 + 3? | z. B. 8 | | | | |
| b) Wenn 1 + 7 = 8 ist, wie viel ist dann 2 + 7? | | | | | |
| c) Wenn 3 + 3 = 6 ist, wie viel ist dann 4 + 3? | | | | | |
| d) Wenn 6 + 3 = 9 ist, wie viel ist dann 6 + 4? | | | | | |
| e) Wenn 5 + 5 = 10 ist, wie viel ist dann 5 + 4? | | | | | |
| f) Wenn 7 – 2 = 5 ist, wie viel ist dann 7 – 3? | | | | | |
| g) Wenn 8 – 4 = 4 ist, wie viel ist dann 8 – 3? | | | | | |
| h) Wenn 10 – 5 = 5 ist, wie viel ist dann 10 – 6? | | | | | |
| i) Wenn 10 – 5 = 5 ist, wie viel ist dann 9 – 5? | | | | | |
| j) Wenn 9 – 9 = 0 ist, wie viel ist dann 9 – 8? | | | | | |
| | | | | | **Summen** |

**Auswertung für den Zahlenraum bis 20:**

| | ✍ | x✍ | | | |
|---|---|---|---|---|---|
| **Wenn-dann-Aufgabenstellungen im Zahlenraum bis 20** | **vom Kind benannte Lösung** | **richtig** | **falsch** | **nicht bear-beitet** | **Bemerkungen** |
| k) Wenn 5 + 5 = 10 ist, wie viel ist dann 5 + 6? | | | | | |
| l) Wenn 12 + 2 = 14 ist, wie viel ist dann 12 + 3? | | | | | |
| m) Wenn 15 + 5 = 20 ist, wie viel ist dann 15 + 4? | | | | | |
| n) Wenn 7 + 7 = 14 ist, wie viel ist dann 7 + 8? | | | | | |
| o) Wenn 12 – 6 = 6 ist, wie viel ist dann 12 – 7? | | | | | |
| p) Wenn 16 – 8 = 8 ist, wie viel ist dann 16 – 7? | | | | | |
| | | | | | **Summen** |

**Auswertung für den Zahlenraum bis 100:**

| | ✍ | x✍ | | | |
|---|---|---|---|---|---|
| **Wenn-dann-Aufgabenstellungen im Zahlenraum bis 100** | **vom Kind benannte Lösung** | **richtig** | **falsch** | **nicht bear-beitet** | **Bemerkungen** |
| r) Wenn 63 + 10 = 73 ist, wie viel ist dann 63 + 9? | | | | | |
| s) Wenn 57 + 10 = 67 ist, wie viel ist dann 57 + 11? | | | | | |
| t) Wenn 45 + 40 = 85 ist, wie viel ist dann 45 + 41? | | | | | |
| u) Wenn 26 + 30 = 56 ist, wie viel ist dann 26 + 29? | | | | | |
| v) Wenn 63 – 10 = 53 ist, wie viel ist dann 63 – 9? | | | | | |
| w) Wenn 63 – 10 = 53 ist, wie viel ist dann 63 – 11? | | | | | |
| x) Wenn 48 – 30 = 18 ist, wie viel ist dann 48 – 29? | | | | | |
| y) Wenn 48 – 30 = 18 ist, wie viel ist dann 48 – 31? | | | | | |
| | | | | | **Summen** |

**Material zu 6.1.4 – Nachbaraufgaben**

### Zahlenraum bis 10

a) 5 + 2 = 7
5 + 3 =

b) 1 + 7 = 8
2 + 7 =

c) 3 + 3 = 6
4 + 3 =

d) 6 + 3 = 9
6 + 4 =

e) 5 + 5 = 10
5 + 4 =

f) 7 – 2 = 5
7 – 3 =

g) 8 – 4 = 4
8 – 3 =

h) 10 – 5 = 5
10 – 6 =

i) 10 – 5 = 5
9 – 5 =

j) 9 – 9 = 0
9 – 8 =

### Zahlenraum bis 20

k) 5 + 5 = 10
5 + 6 =

l) 12 + 2 = 14
12 + 3 =

m) 15 + 5 = 20
15 + 4 =

n) 7 + 7 = 14
7 + 8 =

o) 12 – 6 = 6
12 – 7 =

p) 16 – 8 = 8
16 – 7 =

### Zahlenraum bis 100

r) 63 + 10 = 73
63 + 9 =

s) 57 + 10 = 67
57 + 11 =

t) 45 + 40 = 85
45 + 41 =

u) 26 + 30 = 56
26 + 29 =

v) 63 – 10 = 53
63 – 9 =

w) 63 – 10 = 53
63 – 11 =

x) 48 – 30 = 18
48 – 29 =

## 6.1.5 Lösungs- und Ableitungsstrategie: dekadische Analogien

### 6.1.5.1 Dekadische Analogien passiv anwenden

**Anweisung:**
*„Wenn ich weiß, dass 6 + 3 = 9 sind, dann kann ich daraus 60 + 30 = 90 errechnen. Ich nenne dir jetzt solche zusammengehörenden Aufgaben und du sagst nur das Ergebnis. Also: ...“*

Stellen Sie dem Kind die Aufgaben verbal nach den Angaben in der Auswertungstabelle. Das Kind darf für die Antwort nur wenige Sekunden Zeit bekommen.

**Auswertung:**

| | ✍ | x✍ | | | |
|---|---|---|---|---|---|
| **Wenn-dann-Aufgabenstellungen** | **vom Kind benannte Lösung** | **richtig** | **falsch** | **nicht bearbeitet** | **Bemerkungen** |
| a) Wenn 5 + 3 = 8 ist, wie viel ist dann 50 + 30? | z. B. 80 | | | | |
| b) Wenn 2 + 7 = 9 ist, wie viel ist dann 20 + 70? | | | | | |
| c) Wenn 4 + 5 = 9 ist, wie viel ist dann 14 + 5? | | | | | |
| d) Wenn 3 + 4 = 7 ist, wie viel ist dann 63 + 4? | | | | | |
| e) Wenn 7 + 3 = 10 ist, wie viel ist dann 87 + 3? | | | | | |
| f) Wenn 2 + 8 = 10 ist, wie viel ist dann 42 + 8? | | | | | |
| g) Wenn 6 – 3 = 3 ist, wie viel ist dann 60 – 30? | | | | | |
| h) Wenn 7 – 5 = 2 ist, wie viel ist dann 17 – 5? | | | | | |
| i) Wenn 8 – 7 – 1 ist, wie viel ist dann 38 – 7? | | | | | |
| j) Wenn 10 – 4 = 6 ist, wie viel ist dann 80 – 4? | | | | | |
| k) Wenn 10 – 7 = 3 ist, wie viel ist dann 90 – 7? | | | | | |
| | | | | | **Summen** |

### 6.1.5.2 Dekadische Analogien aktiv herstellen und anwenden

Hier soll der Versuch gemacht werden, zu ermitteln, ob ein Kind aktiv dekadische Analogien als Lösungshilfen benutzt. Dabei ist zu bedenken, dass auch andere Lösungsstrategien sinnvoll sein können bzw. dass sich das Kind seiner Lösungsstrategien nicht mehr bewusst ist, da die Lösungen dieser Grundrechenaufgaben schon automatisiert sind. In letzterem Falle wäre aber dann ein zügiges Rechentempo zu beobachten, sodass sich eine Förderung auf diesem Gebiet erübrigt.
Für Kinder, die durch Zählstrategien zu einer Lösung kommen, ist es angebracht dekadische Analogiebildungen mit Übungen, wie unter 6.1.5.1 aufgezeigt, anzubahnen.

**Anweisung:**
Sie benötigen das Material zu 6.1.5.2 sowie einen Stift.

*„Hier sind Rechenaufgaben aufgeschrieben. Du schreibst immer das Ergebnis (die Lösung) einer Rechenaufgabe auf. Anschließend sagst du mir dann, was du dabei gedacht hast (wie du gerechnet hast).“*

*„Ich mache es dir am ersten Beispiel vor:* ***Hier steht 20 + 60.*** *Ich überlege und* ***schreibe 80 auf****. Ich habe* ***zuerst an 2 + 6 = 8 gedacht*** *und* ***dann wusste ich, dass 20 + 60 = 80 sind****.“*

*„Kannst du nun die nächste Rechenaufgabe ausrechnen und dann sagen, an was du dabei im Kopf gedacht hast (wie du gerechnet hast)?“*

**Auswertung:**

| | ✍ | x✍ | | | | |
|---|---|---|---|---|---|---|
| **Zahlensätze** | **vom Kind dazu benannte Lösungsstrategie** | **richtige dekadische Analogie** | **andere sinnvolle Lösungs-strategie** | **falsche Lösungs-strategie** | **nicht bear-beitet** | **Bemerkungen** |
| a) 20 + 60 | z. B. 2 + 6 = 8 | | | | | |
| b) 40 + 40 | | | | | | |
| c) 13 + 5 | | | | | | |
| d) 84 + 3 | | | | | | |
| e) 76 + 4 | | | | | | |
| f) 51 + 9 | | | | | | |
| g) 90 – 60 | | | | | | |
| h) 18 – 7 | | | | | | |
| i) 49 – 7 | | | | | | |
| j) 60 – 5 | | | | | | |
| k) 100 – 8 | | | | | | |
| | | | | | | **Summen** |

**Material zu 6.1.5.2 – Dekadische Analogien**

| | | | |
|---|---|---|---|
| a) | 20 + 60 = | g) | 90 – 60 = |
| b) | 40 + 40 = | h) | 18 – 7 = |
| c) | 13 + 5 = | i) | 49 – 7 = |
| d) | 84 + 3 = | j) | 60 – 5 = |
| e) | 76 + 4 = | k) | 100 – 8 = |
| f) | 51 + 9 = | | |

- - - - - - - - - - - - - - - - - - - - - - - - - - - - - - - - - - - -

## 6.2 Lösungs- und Ableitungsstrategien bei Multiplikation und Division

### 6.2.1 Multiplikation

#### 6.2.1.1 Lösungs- und Ableitungsstrategie: Nachbaraufgabe

**Anweisung:**
Diese Aufgaben werden verbal gestellt. Das Kind soll für die Antwort nur wenige Sekunden Zeit bekommen.

Falls sich nach einigen Aufgabenstellungen herausstellt, dass das Kind sich die Zahlensätze nicht oder schlecht merken kann, kann das Material zu 6.2.1.1 (siehe Seite 215) als Merkhilfe vorgelegt werden. Dies sollte aber dann in der Auswertungstabelle vermerkt werden. Die Aufgabenstellung erfolgt wie oben beschrieben, zeigen Sie jedoch dabei auf die vorgelesenen Zahlensätze oder markieren Sie sie.

Stellen Sie dem Kind die Aufgaben nach den Angaben in der Auswertungstabelle. Fragen Sie das Kind nach der Lösung der Aufgaben c), g) und l) jeweils: „*Wie hast du das gerechnet?*“. Vermerken Sie die Antwort des Kindes unter Bemerkungen in der Auswertungstabelle.

**Auswertung:**

| | ✍ | x✍ | | | |
|---|---|---|---|---|---|
| **Wenn-dann-Aufgabenstellungen** | **vom Kind benannte Lösung** | **richtig** | **falsch** | **nicht bear-beitet** | **Bemerkungen** |
| a) Wenn 2 · 6 = 12 ist, wie viel ist dann 3 · 6? | z. B. 9 | | | | |
| b) Wenn 6 · 5 = 30 ist, wie viel ist dann 7 · 5? | | | | | |
| c) Wenn 5 · 4 = 20 ist, wie viel ist dann 6 · 4? | | | | | |
| d) Wenn 2 · 8 = 16 ist, wie viel ist dann 3 · 8? | | | | | |
| e) Wenn 5 · 8 = 40 ist, wie viel ist dann 6 · 8? | | | | | |
| f) Wenn 6 · 7 = 42 ist, wie viel ist dann 7 · 7? | | | | | |
| g) Wenn 10 · 3 = 30 ist, wie viel ist dann 9 · 3? | | | | | |
| h) Wenn 5 · 5 = 25 ist, wie viel ist dann 4 · 5? | | | | | |
| i) Wenn 8 · 3 = 24 ist, wie viel ist dann 7 · 3? | | | | | |
| j) Wenn 10 · 9 = 90 ist, wie viel ist dann 9 · 9? | | | | | |
| k) Wenn 8 · 4 = 32 ist, wie viel ist dann 7 · 4? | | | | | |
| l) Wenn 5 · 3 = 15 ist, wie viel ist dann 4 · 3? | | | | | |
| | | | | | **Summen** |

**Aufgabenbezogenes Lösungsverhalten:**

| | x✍ | | | | |
|---|---|---|---|---|---|
| **Das Kind ...** | **a)** bei (fast) **allen** Aufgaben **spontan** | **b)** bei (fast) **allen** Aufgaben **nach längerem Nachdenken** | **c)** bei einem **Teil** der **Aufgaben** | **d)** bei **keiner** Aufgabe | **Bemerkungen** |
| benennt das Ergebnis der Multiplikation richtig. | | | | | |
| geht die Aufgabenstellung nicht an. | | | | | |

| **Das Kind ...** | x✍ | **Bemerkungen** |
|---|---|---|
| beschreibt Lösungsweg als Ableitung von der Nachbaraufgabe. | | |
| beschreibt anderen Lösungsweg (gegebenenfalls welchen?). | | |
| geht die Aufgabenstellung nicht an. | | |

**Material zu 6.2.1.1 – Nachbaraufgaben Multiplikation**

(Eventuell in Kärtchen zerschneiden oder Aufgaben markieren.)

a)
$2 \cdot 6 = 12$
$3 \cdot 6 =$

b)
$6 \cdot 5 = 30$
$7 \cdot 5 =$

c)
$5 \cdot 4 = 20$
$6 \cdot 4 =$

d)
$2 \cdot 8 = 16$
$3 \cdot 8 =$

e)
$5 \cdot 8 = 40$
$6 \cdot 8 =$

f)
$6 \cdot 7 = 42$
$7 \cdot 7 =$

g)
$10 \cdot 3 = 30$
$9 \cdot 3 =$

h)
$5 \cdot 5 = 25$
$4 \cdot 5 =$

i)
$8 \cdot 3 = 24$
$7 \cdot 3 =$

j)
$10 \cdot 9 = 90$
$9 \cdot 9 =$

k)
$8 \cdot 4 = 32$
$7 \cdot 4 =$

l)
$5 \cdot 3 = 15$
$4 \cdot 3 =$

### 6.2.1.2 Lösungs- und Ableitungsstrategie: Tauschaufgabe

Hier soll das Kind zu Malaufgaben Tauschaufgaben finden und aufschreiben.

**Anweisung:**
Zeigen Sie auf das Beispiel a) aus Material (1) zu 6.2.1.2 (siehe Seite 218). Demonstrieren und kommentieren Sie dazu:
*„Hier sind Malaufgaben aufgeschrieben. Zu jeder Malaufgabe gibt es eine Tauschaufgabe. Zu dieser* ***Malaufgabe 2 · 8 = 16*** *gehört die* ***Tauschaufgabe 8 · 2 = 16***“ (zeigen Sie darauf).

*„Kannst du nun weitermachen und zu jeder Malaufgabe eine Tauschaufgabe aufschreiben?“*

**Auswertung:**

| | ✍ | x✍ | | | |
|---|---|---|---|---|---|
| **Malaufgabe** | **vom Kind dazu notierte Tauschaufgabe** | **richtig** | **falsch** | **nicht bearbeitet** | **Bemerkungen** |
| a) 2 · 8 = 16 | | | | | |
| b) 4 · 6 = 24 | | | | | |
| c) 9 · 3 = 27 | | | | | |
| d) 7 · 5 = 35 | | | | | |
| | | | | | **Summen** |

**Aufgabenbezogenes Lösungsverhalten:**

| | x✍ | | | |
|---|---|---|---|---|
| **Das Kind ...** | **a)** bei (fast) **allen** Aufgaben | **b)** bei **einem Teil** der Aufgaben | **c)** bei (fast) **keiner** Aufgabe | **Bemerkungen** |
| benennt die zugehörige Tauschaufgabe mit ‚mal‘ richtig. | | | | |
| geht die Aufgabenstellung nicht an. | | | | |

Wenn das Kind die Aufgabenstellungen von Material (1) zu 6.2.1.2 (siehe Seite 218) nicht lösen konnte, kann das Material (2) zu 6.2.1.2 bearbeitet werden. Hier soll das Kind unterstützt durch zeichnerisch dargestellte Punktemengen zu Malaufgaben Tauschaufgaben finden.

**Anweisung:**
Zeigen Sie auf das erste Beispiel aus Material (2) zu 6.2.1.2 (siehe Seite 218).
Demonstrieren und kommentieren Sie dazu:
*„Ich zeige dir jetzt Punktebilder. Zu jedem* ***Punktebild*** *gibt es* ***zwei Malaufgaben****. Zu diesem Punktebild heißt die Malaufgabe* ***2 · 6 = 12****."* (Fahren Sie mit dem Finger die beiden 6er-Reihen ab.)
*„Jetzt drehe ich das Punktebild* (drehen Sie das Punktebild um 90°). *Kannst du jetzt eine andere Malaufgabe sehen, sagen und aufschreiben?"* (Fahren Sie mit dem Finger die 6 Zweierreihen ab.)

Stellen Sie dem Kind weitere solche Aufgaben nach den Angaben in der Auswertungstabelle.

Als vollständige Lösung im Sinne der Kenntnis von **Tauschaufgaben** gilt nur, wenn das Kind ohne Zögern auch das Ergebnis der zweiten Malaufgabe benennt.

**Auswertung:**

| | ✍ | x✍ | | | |
|---|---|---|---|---|---|
| **Malaufgabe** | **vom Kind dazu benannte/ geschriebene Tauschaufgabe** | **richtig** | **falsch** | **nicht bear- beitet** | **Bemerkungen** |
| a) 2 · 6 = 12 | | | | | |
| b) 3 · 5 = 15 | | | | | |
| c) 6 · 4 = 24 | | | | | |
| d) 3 · 7 = 21 | | | | | |
| | | | | | **Summen** |

**Aufgabenbezogenes Lösungsverhalten:**

| | x✍ | | | |
|---|---|---|---|---|
| **Das Kind ...** | **a)** bei (fast) **allen** Aufgaben | **b)** bei **einem Teil** der Aufgaben | **c)** bei (fast) **keiner** Aufgabe | **Bemerkungen** |
| benennt/schreibt die Tauschaufgabe richtig. | | | | |
| benennt/schreibt nur den Zahlensatz mit „mal" richtig (z. B. nur 6 · 2 statt 6 · 2 = 12). | | | | |
| geht die Aufgabenstellung nicht an. | | | | |

**Material (1) zu 6.2.1.2 – Tauschaufgabe bei der Multiplikation**

a) Beispiel:

| $2 \cdot 8 = 16$ |
|---|
| $8 \cdot 2 = 16$ |

b)

| $4 \cdot 6 = 24$ |
|---|
| |

c)

| $9 \cdot 3 = 27$ |
|---|
| |

d)

| $7 \cdot 5 = 35$ |
|---|
| |

---

**Material (2) zu 6.2.1.2 – Tauschaufgaben**

Nur verwenden, wenn das Kind Material (1) zu 6.2.1.2 nicht bearbeiten kann.
(Entlang der Doppellinien in Kärtchen zerschneiden.)

a)

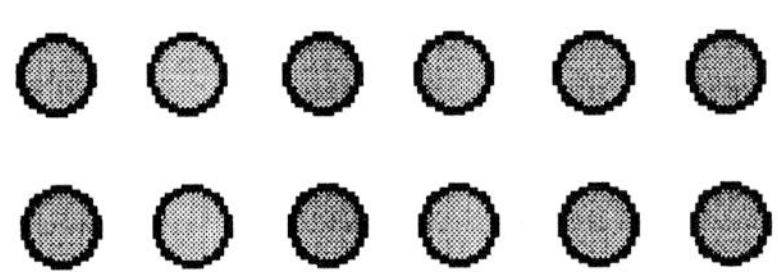

$2 \cdot 6 = 12$

Tauschaufgabe:

b)

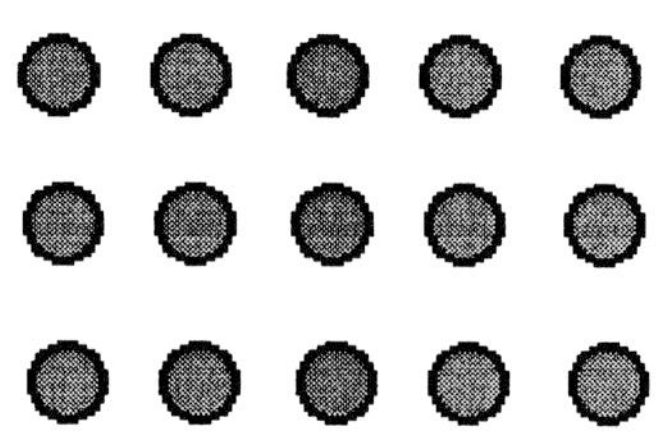

$3 \cdot 5 = 15$

Tauschaufgabe:

c)

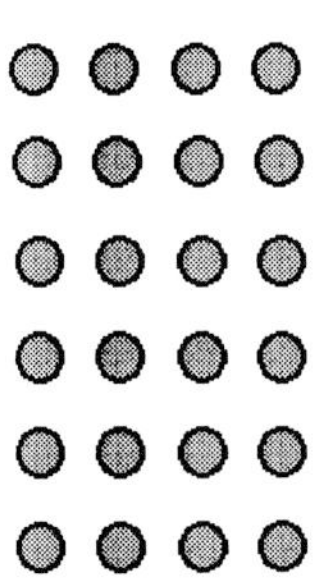

$6 \cdot 4 = 24$

Tauschaufgabe:

d)

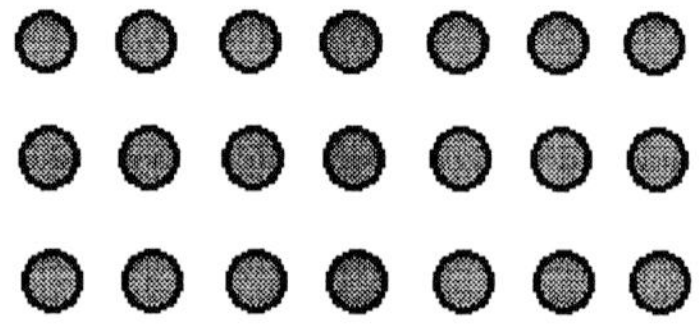

$3 \cdot 7 = 21$

Tauschaufgabe:

### 6.2.1.3 Lösungs- und Ableitungsstrategie: Verdoppeln und Halbieren

Diese Lösungs- und Ableitungsstrategie sollte nur überprüft werden, wenn sie im Unterricht auch angeboten und trainiert wurde.

**Anweisung:**
Diese Aufgaben werden verbal gestellt. Das Kind soll für die Antwort nur wenige Sekunden Zeit bekommen.

Falls sich nach einigen Aufgabenstellungen herausstellt, dass das Kind sich die Zahlensätze nicht oder schlecht merken kann, kann das Material zu 6.2.1.3 als Merkhilfe vorgelegt werden. Dies sollte aber dann in der Auswertungstabelle vermerkt werden. Die Aufgabenstellung erfolgt wie oben beschrieben, nur dass Sie dabei auf die vorgelesenen Zahlensätze zeigen oder sie markieren.

Stellen Sie dem Kind die Aufgaben nach den Angaben in der Auswertungstabelle.

Fragen Sie das Kind nach der Lösung der Aufgaben c) und h) jeweils: *„Wie hast du das gerechnet?“*
Vermerken Sie die Antwort des Kindes unter Bemerkungen in der Auswertungstabelle.

**Auswertung:**

| | ✍ | x✍ | | | |
|---|---|---|---|---|---|
| **Wenn-dann-Aufgabenstellungen** | **vom Kind benannte Lösung** | **richtig** | **falsch** | **nicht bear-beitet** | **Bemerkungen** |
| a) Wenn 2 · 3 = 6 ist, wie viel ist dann 4 · 3? | | | | | |
| b) Wenn 3 · 5 = 15 ist, wie viel ist dann 6 · 5? | | | | | |
| c) Wenn 4 · 5 = 20 ist, wie viel ist dann 8 · 5? | | | | | |
| d) Wenn 2 · 7 = 14 ist, wie viel ist dann 4 · 7? | | | | | |
| e) Wenn 3 · 8 = 24 ist, wie viel ist dann 6 · 8? | | | | | |
| f) Wenn 4 · 8 = 32 ist, wie viel ist dann 8 · 8? | | | | | |
| g) Wenn 10 · 4 = 40 ist, wie viel ist dann 5 · 4? | | | | | |
| h) Wenn 10 · 8 = 80 ist, wie viel ist dann 5 · 8? | | | | | |
| i) Wenn 10 · 9 = 90 ist, wie viel ist dann 5 · 9? | | | | | |
| | | | | | **Summen** |

**Aufgabenbezogenes Lösungsverhalten:**

| | x✍ | | | | |
|---|---|---|---|---|---|
| **Das Kind ...** | **a)** bei (fast) **allen** Aufgaben **spontan** | **b)** bei (fast) **allen** Aufgaben **nach längerem Nachdenken** | **c)** bei einem **Teil** der Aufgaben | **d)** bei **keiner** Aufgabe | **Bemerkungen** |
| benennt das Ergebnis der Multiplikation richtig. | | | | | |
| geht die Aufgabenstellung nicht an. | | | | | |

| **Das Kind ...** | x✍ | **Bemerkungen** |
|---|---|---|
| beschreibt Lösungsweg richtig als Ableitung durch Verdoppeln. | | |
| beschreibt Lösungsweg richtig als Ableitung durch Halbieren. | | |
| beschreibt anderen Lösungsweg (gegebenenfalls welchen?). | | |
| geht die Aufgabenstellung nicht an. | | |

**Material zu 6.2.1.3 – Verdoppeln und Halbieren bei der Multiplikation**

(Eventuell in Kärtchen zerschneiden oder Aufgaben markieren.)

| | | |
|---|---|---|
| a)<br>$2 \cdot 3 = 6$<br>$4 \cdot 3 =$ | d)<br>$2 \cdot 7 = 14$<br>$4 \cdot 7 =$ | g)<br>$10 \cdot 4 = 40$<br>$5 \cdot 4 =$ |
| b)<br>$3 \cdot 5 = 15$<br>$6 \cdot 5 =$ | e)<br>$3 \cdot 8 = 24$<br>$6 \cdot 8 =$ | h)<br>$10 \cdot 8 = 80$<br>$5 \cdot 8 =$ |
| c)<br>$4 \cdot 5 = 20$<br>$8 \cdot 5 =$ | f)<br>$4 \cdot 8 = 32$<br>$8 \cdot 8 =$ | i)<br>$10 \cdot 9 = 90$<br>$5 \cdot 9 =$ |

## 6.2.2 Division

### 6.2.2.1 Lösungs- und Ableitungsstrategie: Nachbaraufgabe

**Anweisung:**
Diese Aufgaben werden verbal gestellt. Das Kind soll für die Antwort nur wenige Sekunden Zeit bekommen.

Falls sich nach einigen Aufgabenstellungen herausstellt, dass das Kind sich die Zahlensätze nicht oder schlecht merken kann, kann das Material zu 6.2.2.1 als Merkhilfe vorgelegt werden. Dies sollte aber dann in der Auswertungstabelle vermerkt werden. Die Aufgabenstellung erfolgt wie oben beschrieben, nur dass Sie dabei auf die vorgelesenen Zahlensätze zeigen oder sie markieren.

Stellen Sie dem Kind die Aufgaben nach den Angaben in der Auswertungstabelle.

Fragen Sie das Kind nach der Lösung der Aufgaben c), g) und h) jeweils: *„Wie hast du das gerechnet?“*

Vermerken Sie die Antwort des Kindes unter Bemerkungen in der Auswertungstabelle.

**Auswertung:**

| | ✍ | x✍ | | | |
|---|---|---|---|---|---|
| **Wenn-dann-Aufgabenstellungen** | **vom Kind benannte Lösung** | **richtig** | **falsch** | **nicht bearbeitet** | **Bemerkungen** |
| a) Wenn 10 : 5 = 2 ist, wie viel ist dann 15 : 5? | z. B. 3 | | | | |
| b) Wenn 20 : 4 = 5 ist, wie viel ist dann 24 : 4? | | | | | |
| c) Wenn 30 : 5 = 6 ist, wie viel ist dann 35 : 5? | | | | | |
| d) Wenn 14 : 7 = 2 ist, wie viel ist dann 21 : 7? | | | | | |
| e) Wenn 40 : 8 = 5 ist, wie viel ist dann 48 : 8? | | | | | |
| f) Wenn 42 : 7 = 6 ist, wie viel ist dann 49 : 7? | | | | | |
| g) Wenn 30 : 3 = 10 ist, wieviel ist dann 27 : 3? | | | | | |
| h) Wenn 25 : 5 = 5 ist, wie viel ist dann 20 : 5? | | | | | |
| i) Wenn 80 : 8 = 10 ist, wie viel ist dann 72 : 8? | | | | | |
| j) Wenn 30 : 6 = 5 ist, wie viel ist dann 24 : 6? | | | | | |
| | | | | | **Summen** |

**Aufgabenbezogenes Lösungsverhalten:**

| | x✍ | | | | |
|---|---|---|---|---|---|
| **Das Kind ...** | **a)** bei (fast) **allen** Aufgaben **spontan** | **b)** bei (fast) **allen** Aufgaben **nach längerem Nachdenken** | **c)** bei einem **Teil** der Aufgaben | **d)** bei **keiner** Aufgabe | **Bemerkungen** |
| benennt das Ergebnis der Division richtig. | | | | | |
| geht die Aufgabenstellung nicht an. | | | | | |

| **Das Kind ...** | x✍ | **Bemerkungen:** |
|---|---|---|
| beschreibt Lösungsweg als Ableitung von der Nachbardivisionsaufgabe. | | |
| beschreibt anderen Lösungsweg (gegebenenfalls welchen?). | | |
| geht die Aufgabenstellung nicht an. | | |

**Material zu 6.2.2.1 – Nachbaraufgaben Division**

(Eventuell in Kärtchen zerschneiden oder Aufgaben markieren.)

| | | |
|---|---|---|
| a)<br>10 : 5 = 2<br>15 : 5 = | e)<br>40 : 8 = 5<br>48 : 8 = | h)<br>25 : 5 = 5<br>20 : 5 = |
| b)<br>20 : 4 = 5<br>24 : 4 = | f)<br>42 : 7 = 6<br>49 : 7 = | i)<br>80 : 8 = 10<br>72 : 8 = |
| c)<br>30 : 5 = 6<br>35 : 5 = | g)<br>30 : 3 = 10<br>27 : 3 = | j)<br>30 : 6 = 5<br>24 : 6 = |
| d)<br>14 : 7 = 2<br>21 : 7 = | | |

### 6.2.2.2 Lösungs- und Ableitungsstrategie: Tauschaufgabe

**Anweisung:**
Zeigen Sie auf das erste Beispiel des Materials zu 6.2.2.2 (siehe unten). Demonstrieren und kommentieren Sie dazu:
*„Hier sind Geteiltaufgaben aufgeschrieben. Zu jeder Geteiltaufgabe gibt es eine Tauschaufgabe."* (Zeigen Sie auf Beispiel a).
*Zu dieser* ***Geteiltaufgabe 15 : 5 = 3*** *gehört die* ***Tauschaufgabe 15 : 3 = 5****."* (Zeigen Sie darauf.)
*„Kannst du nun weitermachen und zu jeder Geteiltaufgabe die Tauschaufgabe mit „geteilt" aufschreiben?"*

**Auswertung:**

| | ✍ | x✍ | | | |
|---|---|---|---|---|---|
| **Geteiltaufgabe** | **vom Kind dazu notierte Tauschaufgabe** | **richtig** | **falsch** | **nicht bearbeitet** | **Bemerkungen** |
| a) 15 : 5 = 3 | | | | | |
| b) 12 : 3 = 4 | | | | | |
| c) 70 : 7 = 10 | | | | | |
| d) 30 : 6 = 5 | | | | | |
| | | | | | **Summen** |

**Aufgabenbezogenes Lösungsverhalten:**

| | x✍ | | | |
|---|---|---|---|---|
| **Das Kind ...** | **a)** bei (fast) **allen** Aufgaben | **b)** bei **einem Teil** der Aufgaben | **c)** bei (fast) **keiner** Aufgabe | **Bemerkungen** |
| benennt/schreibt die zugehörige Tauschaufgabe mit „geteilt" richtig. | | | | |
| geht die Aufgabenstellung nicht an. | | | | |

---

**Material zu 6.2.2.2 – Tauschaufgabe bei der Division**

a) Beispiel:

| |
|---|
| 15 : 5 = 3 |
| 15 : 3 = 5 |

b)

| |
|---|
| 12 : 3 = 4 |
| |

c)

| |
|---|
| 70 : 7 = 10 |
| |

d)

| |
|---|
| 30 : 6 = 5 |
| |

### 6.2.2.3 Lösungs- und Ableitungsstrategie: Verdoppeln und Halbieren

**Anweisung:**
Diese Aufgaben werden verbal gestellt. Das Kind soll für die Antwort nur wenige Sekunden Zeit bekommen.

Falls sich nach einigen Aufgabenstellungen herausstellt, dass das Kind sich die Zahlensätze nicht oder schlecht merken kann, kann das Material zu 6.2.2.3 (siehe Seite 225) als Merkhilfe vorgelegt werden. Dies sollte aber dann in der Auswertungstabelle vermerkt werden. Die Aufgabenstellung erfolgt wie oben beschrieben, nur dass Sie dabei auf die vorgelesenen Zahlensätze zeigen oder sie markieren.

Stellen Sie dem Kind die Aufgaben nach den Angaben in der Auswertungstabelle.

Fragen Sie das Kind nach der Lösung der Aufgaben c), d) und g), h) jeweils: *„Wie hast du das gerechnet?“*
Vermerken Sie die Antwort des Kindes unter Bemerkungen in der Auswertungstabelle.

**Auswertung:**

| | ✍ | x✍ | | | |
|---|---|---|---|---|---|
| **Wenn-dann-Aufgabenstellungen** | **vom Kind benannte Lösung** | **richtig** | **falsch** | **nicht bear-beitet** | **Bemerkungen** |
| a) Wenn 12 : 6 = 2 ist, wie viel ist dann 24 : 6? | | | | | |
| b) Wenn 21 : 7 = 3 ist, wie viel ist dann 42 : 7? | | | | | |
| c) Wenn 20 : 5 = 4 ist, wie viel ist dann 40 : 5? | | | | | |
| d) Wenn 14 : 7 = 2 ist, wie viel ist dann 28 : 7? | | | | | |
| e) Wenn 32 : 8 = 4 ist, wie viel ist dann 64 : 8? | | | | | |
| f) Wenn 15 : 5 = 3 ist, wie viel ist dann 30 : 5? | | | | | |
| g) Wenn 40 : 4 = 10 ist, wie viel ist dann 20 : 4? | | | | | |
| h) Wenn 70 : 7 = 10 ist, wie viel ist dann 35 : 7? | | | | | |
| | | | | | **Summen** |

**Aufgabenbezogenes Lösungsverhalten:**

| | x✍ | | | | |
|---|---|---|---|---|---|
| **Das Kind ...** | **a)** bei (fast) **allen** Aufgaben **spontan** | **b)** bei (fast) **allen** Aufgaben **nach längerem Nachdenken** | **c)** bei einem **Teil** der **Aufgaben** | **d)** bei **keiner** Aufgabe | **Bemerkungen** |
| benennt das Ergebnis der Division richtig. | | | | | |
| geht die Aufgabenstellung nicht an. | | | | | |

| **Das Kind ...** | x✍ | **Bemerkungen** |
|---|---|---|
| beschreibt Lösungsweg richtig als **Ableitung durch Verdoppeln.** | | |
| beschreibt Lösungsweg richtig als **Ableitung durch Halbieren.** | | |
| beschreibt **anderen Lösungsweg** (gegebenenfalls welchen?). | | |
| geht die Aufgabenstellung nicht an. | | |

**Material zu 6.2.2.3 – Verdoppeln und Halbieren bei der Division**

(Eventuell in Kärtchen zerschneiden oder Aufgaben markieren.)

| | | |
|---|---|---|
| a) 12 : 6 = 2<br>24 : 6 = | d) 14 : 7 = 2<br>28 : 7 = | g) 40 : 4 = 10<br>20 : 4 = |
| b) 21 : 7 = 3<br>42 : 7 = | e) 32 : 8 = 4<br>64 : 8 = | h) 70 : 7 = 10<br>35 : 7 = |
| c) 20 : 5 = 4<br>40 : 5 = | f) 15 : 5 = 3<br>30 : 5 = | |

### 6.2.3 Lösungs- und Ableitungsstrategie Umkehraufgabe (Probeaufgabe)

#### 6.2.3.1 Zu Mal- bzw. Geteiltaufgaben Umkehraufgaben aufschreiben

**Anweisung:**
Zeigen Sie auf das Material zu 6.2.3.1. Demonstrieren und kommentieren Sie dazu:
*„Hier sind Malaufgaben aufgeschrieben. Zu jeder Malaufgabe gibt es eine Umkehraufgabe mit ‚geteilt'."*
Zeigen Sie auf Beispiel a: *„Zu dieser* ***Malaufgabe 9 · 2 = 18*** *gehört die* ***Geteiltaufgabe 18 : 2 = 9.“***

*„Kannst du nun weitermachen und zu jeder Malaufgabe eine passende Geteiltaufgabe aufschreiben?"*

Wiederholen Sie die Anweisung den Geteiltaufgaben entsprechend am Beispiel d):
*„16 : 8 = 2 Umkehraufgabe dazu 2 · 8 = 16."*

**Auswertung:**

| | ✍ | x✍ | | | |
|---|---|---|---|---|---|
| **Rechenaufgabe** | **vom Kind dazu notierte Umkehraufgabe** | **richtig** | **falsch** | **nicht bear-beitet** | **Bemerkungen** |
| a) 9 · 2 = 18 | 18 : 2 = 9 | | | | |
| b) 6 · 4 = 24 | | | | | |
| c) 3 · 7 = 21 | | | | | |
| d) 16 : 8 = 2 | 2 · 8 = 16 | | | | |
| e) 35 : 5 = 7 | | | | | |
| f) 36 : 9 = 4 | | | | | |
| | | | | | **Summen** |

**Aufgabenbezogenes Lösungsverhalten:**

| **Das Kind ...** | x✍ | **Bemerkungen** |
|---|---|---|
| schreibt zu Malaufgaben Umkehraufgabe mit „geteilt“ richtig auf. | | |
| schreibt zu Geteiltaufgaben Umkehraufgabe mit „mal“ richtig auf. | | |
| geht die Aufgabenstellung nicht an. | | |

**Material zu 6.2.3.1 – Umkehraufgabe (Probeaufgabe) bei Multiplikation und Division**

Malaufgaben:

a) Beispiel:

| $9 \cdot 2 = 18$ |
|---|
| |

b)

| $6 \cdot 4 = 24$ |
|---|
| |

c)

| $3 \cdot 7 = 21$ |
|---|
| |

Geteiltaufgaben:

d) Beispiel:

| $16 : 8 = 2$ |
|---|
| |

e)

| $35 : 5 = 7$ |
|---|
| |

f)

| $36 : 9 = 4$ |
|---|
| |

- - - - - - - - - - - - - - - - - - - - - - - - - - - - - - - - - - - - - - - -

**Material zu 6.2.4.1 – Aufgabenfamilien bei Multiplikation und Division**

a) Beispiel:

| **4, 5, 20** |
|---|
| $4 \cdot 5 = 20$ |
| $5 \cdot 4 = 20$ |
| $20 : 5 = 4$ |
| $20 : 4 = 5$ |

b)

| **2, 8, 16** |
|---|
| |
| |
| |
| |

c)

| **3, 9, 27** |
|---|
| |
| |
| |
| |

### 6.2.3.2 Zu Mal- bzw. Geteiltaufgaben Umkehraufgaben im Kopf bilden

**Anweisung:**
*„Kannst du die Umkehraufgabe mit „geteilt" zu 3 · 4 = 12 sagen?"*

(Falls das Kind den Begriff Umkehraufgabe nicht kennt:
*„Kannst du die passende Geteiltaufgabe zu 3 · 4 = 12 sagen*
bzw. *Kannst du die passende Malaufgabe zu 18 : 6 = 3 sagen?")*

Gegebenenfalls jeweils zu den Aufgaben a) und d) die Umkehraufgabe als Beispiel benennen. Dies sollte dann in der Auswertungstabelle vermerkt werden.

Stellen Sie dem Kind ... weitere solche Aufgaben nach den Angaben in der Auswertungstabelle.

**Auswertung:**

| | ✍ | x✍ | | | |
|---|---|---|---|---|---|
| **Rechenaufgabe** | **vom Kind dazu benannte Umkehraufgabe** | **richtig** | **falsch** | **nicht bear-beitet** | **Bemerkungen** |
| a) 3 · 4 = 12 | | | | | |
| b) 5 · 8 = 40 | | | | | |
| c) 6 · 5 = 30 | | | | | |
| d) 18 : 6 = 3 | | | | | |
| e) 25 : 5 = 5 | | | | | |
| f) 32 : 8 = 4 | | | | | |
| | | | | | **Summen** |

**Aufgabenbezogenes Lösungsverhalten:**

| **Das Kind ...** | x✍ | **Bemerkungen** |
|---|---|---|
| kennt den Begriff Umkehraufgabe. | | |
| benennt zu den Malaufgaben Umkehraufgabe mit „geteilt" richtig. | | |
| benennt zu Geteiltaufgaben Umkehraufgabe mit „mal" richtig. | | |
| geht die Aufgabenstellung nicht an. | | |

### 6.2.4 Lösungs- und Ableitungsstrategie: Aufgabenfamilie

#### 6.2.4.1 Zahlen in Rechenbeziehung zueinander bringen durch Erstellen passender Mal- und Geteiltaufgaben (Aufgabenfamilien aufschreiben)

**Anweisung:**
Zeigen Sie auf das Material zu 6.2.4.1. Demonstrieren und kommentieren Sie dazu:
*„Hier sind immer 3 Zahlen aufgeschrieben. Aus diesen Zahlen kann ich dann 2 passende Mal- und 2 passende Geteiltaufgaben machen. Zu den Zahlen 4, 5, 20 habe ich deshalb die Rechenaufgaben ...* (Lesen Sie dem Kind Beispielaufgaben vor.) aufgeschrieben.“
*„Kannst du nun zu den anderen Zahlen immer* ***zwei passende Malaufgaben*** *und* ***zwei passende Geteiltaufgaben*** *aufschreiben?“*

**Auswertung:**

| | ✍ | x✍ | | | | |
|---|---|---|---|---|---|---|
| **Zahlenangaben** | **vom Kind dazu notierte Aufgaben (-familie)** | **richtig** | **falsch** | **unvoll-ständig** | **nicht bear-beitet** | **Bemerkungen** |
| a) 4, 5, 20 | $4 \cdot 5 = 20$<br>$5 \cdot 4 = 20$<br>$20 : 4 = 5$<br>$20 : 5 = 4$ | | | | | |
| b) 2, 8, 16 | | | | | | |
| c) 3, 9, 27 | | | | | | |
| | | | | | | **Summen** |

**Aufgabenbezogenes Lösungsververhalten:**

| | x✍ | | | |
|---|---|---|---|---|
| **Das Kind ...** | **a)** bei (fast) **allen** Aufgaben | **b)** bei **einem Teil** der Aufgaben | **c)** bei (fast) **keiner** Aufgabe | **Bemerkungen** |
| schreibt die vollständige Aufgabenfamilie mit den zugehörigen Mal- und Geteiltaufgaben richtig auf. | | | | |
| schreibt nur die beiden zugehörigen Malaufgaben richtig auf. | | | | |
| schreibt nur die beiden zugehörigen Geteiltaufgaben richtig auf. | | | | |
| schreibt nur eine Malaufgabe richtig auf. | | | | |
| schreibt nur eine Geteiltaufgabe richtig auf. | | | | |
| geht die Aufgabenstellung nicht an. | | | | |

### 6.2.4.2 Aufgabenfamilien – Kopfrechnen

**Anweisung:**
*„Kannst du zu den Zahlen **2, 5, 10 zwei passende Malaufgaben** und **zwei passende Geteiltaufgaben** sagen?"*
(Sie können gegebenenfalls dem Kind alle 4 zugehörigen Rechenaufgaben als Beispiel benennen.)
Stellen Sie dem Kind weitere solche Aufgaben nach den Angaben in der Auswertungstabelle.

**Auswertung:**

| | ✍ | x✍ | | | | |
|---|---|---|---|---|---|---|
| **Zahlenangaben** | **vom Kind dazu benannte Aufgaben (-familie)** | **richtig** | **falsch** | **unvollständig** | **nicht bearbeitet** | **Bemerkungen** |
| a) 2, 5, 10 | $2 \cdot 5 = 10$<br>$5 \cdot 2 = 10$<br>$10 : 2 = 5$<br>$10 : 5 = 2$ | | | | | |
| b) 3, 6, 18 | | | | | | |
| c) 3, 7, 21* | | | | | | |
| d) 5, 8, 40* | | | | | | |
| | | | | | | **Summen** |

*Nur falls der Zahlenraum schon erarbeitet wurde.

**Aufgabenbezogenes Lösungsverhalten:**

| | x✍ | | | |
|---|---|---|---|---|
| **Das Kind ...** | **a)** bei (fast) **allen** Aufgaben | **b)** bei **einem Teil** der Aufgaben | **c)** bei (fast) **keiner** Aufgabe | **Bemerkungen** |
| benennt die vollständige Aufgabenfamilie mit den zugehörigen Mal- und Geteiltaufgaben richtig. | | | | |
| benennt nur die beiden zugehörigen Malaufgaben richtig. | | | | |
| benennt nur die beiden zugehörigen Geteiltaufgaben richtig. | | | | |
| benennt nur eine Malaufgabe richtig. | | | | |
| benennt nur eine Geteiltaufgabe richtig. | | | | |
| geht die Aufgabenstellung nicht an. | | | | |

# Rechenschwäche erkennen und wirksam behandeln!

**Bergedorfer® Kopiervorlagen und Unterrichtsideen für Mathematik**

Pränumerischer Bereich

Gerhard Goldau/Annemarie Kiehne-Fröhner

## Einfaches Rechnen

**Fünf Bände für die Sonderschule und den Förderunterricht in der Grundschule**
54, 50, 58 bzw. 56 Kopiervorlagen, DIN A4

- **Band 1 – Pränumerischer Bereich** Best.-Nr. **2136**
- **Band 2 – Zahlenraum bis 3** Best.-Nr. **2137**
- **Band 3 – Zahlenraum bis 6** Best.-Nr. **2138**
- **Band 4 – Zahlenraum bis 12** Best.-Nr. **2139**
- **Band 5 – Zahlenraum bis 20** Best.-Nr. **2140**

Kinder behutsam in die Welt der Zahlen einzuführen ist (k)eine Kunst! Mit den Arbeitsblättern dieser Reihe erwerben **förderungsbedürftige Kinder** in Grund- und Sonderschulen die elementaren mathematischen Grundlagen garantiert. Die praxisorientierten Mappen enthalten viele Bildseiten, die jede Menge Spiel- und Sprechanlässe für die Auseinandersetzung mit mathematischen Inhalten bieten. Sie eignen sich besonders auch für **differenzierende Maßnahmen** und den Unterricht in **Integrationsklassen**.

Petra Scherer

## Produktives Lernen für Kinder mit Lernschwächen: Fördern durch Fordern

- **Band 1: Zwanzigerraum**
  **Mit Kopiervorlagen**
  248 Seiten, DIN A4, kartoniert Best.-Nr. **3857**
- **Band 2: Addition und Subtraktion im Hunderterraum**
  **Mit Kopiervorlagen**
  160 Seiten, DIN A4, kartoniert Best.-Nr. **3858**
- **Band 3: Multiplikation und Division im Hunderterraum**
  **Mit Kopiervorlagen**
  116 Seiten, DIN A4, kartoniert Best.-Nr. **3859**

Es gibt Kinder, die immer wieder Zahlen verdrehen, falsch aussprechen oder schreiben. Oft helfen nur mühsame Abzählstrategien um Zahlenmengen zu erfassen und Rechenaufgaben zu lösen ...
Für diese Kinder bieten die vorliegenden Bände vielfältige Hilfen:

- Möglichkeiten einer **kompetenzorientierten Diagnostik** zu elementaren Fertigkeiten wie Lesen und Schreiben von Zahlen oder der Anzahlbestimmung.
  Darüber hinaus finden sich Testaufgaben für die Überprüfung der elementaren Operationen.
- **Lern- und Übungsangebote** für grundlegende Orientierungen im Hunderterraum anhand verschiedener Arbeitsmittel und Veranschaulichungen; Anregungen für einführende und vertiefende Übungen der Addition und Subtraktion sowie anwendungsorientierte Aktivitäten, insbesondere zum Größenbereich Geld.

Die vorgestellten Lern- und Übungsangebote motivieren ohne zu überfordern und ermöglichen an vielen Stellen Differenzierungen. Sowohl die diagnostischen Aufgaben als auch die Übungsangebote sind durch konkrete Erfahrungen und Schülerdokumente illustriert.

## BESTELLCOUPON

Persen

Ja, bitte senden Sie mir/uns mit Rechnung

____ Expl. ____________________ Best.-Nr. ______

____ Expl. ____________________ Best.-Nr. ______

____ Expl. ____________________ Best.-Nr. ______

____ Expl. ____________________ Best.-Nr. ______

☐ Ja, bitte schicken Sie mir kostenlos Ihren aktuellen Gesamtkatalog zu.

| Bestellcoupon bitte kopieren und einsenden an: | Oder bestellen Sie bequem direkt bei uns! |
|---|---|
| **Persen Verlag GmbH**<br>**Postfach 1656**<br>**D-21606 Buxtehude** | **Tel.: 0 41 61 / 7 49 60-40**<br>**Fax: 0 41 61 / 7 49 60-50**<br>**www.persen.de** |

Meine Anschrift lautet:

*Name/Vorname*

*Straße*

*PLZ/Ort*

*Telefon (für eventuelle Rückfragen)*

*E-Mail*

*Schultyp*

*Fächer*

*Datum/Unterschrift*

Die Bestelldaten werden für eigene Zwecke unter Beachtung der einschlägigen Datenschutzgesetze gespeichert.
Mit der Angabe meiner E-Mail-Adresse erteile ich die jederzeit widerrufliche Zustimmung zum Erhalt von Informationen per E-Mail.